中等职业教育规划教材

Organic Chemistry

有机化学

柳 阳 主编
杨永杰 主审

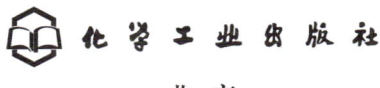

化学工业出版社

·北京·

有机化学课程是化工、石油、制药、能源、环境、医学、食品等专业的入门基础必修课程。

《有机化学》根据中等职业院校学生的学情特点，精选教学内容与例题，条理清晰、语言简练。全书共分为十四章，主要内容包括有机化合物简介、烷烃、不饱和烃、脂环烃、脂肪族卤代烃、醇和醚、芳烃、酚和芳醇、醛和酮、羧酸及其衍生物、含氮有机化合物、杂环化合物、糖类和蛋白质、高分子化合物。通过本书的学习，可以使学生具备有机化学的基本理论和基础知识，掌握有机化学基本操作技能、技巧，了解有机化学与生产、生活的关系，了解国内外有机化学发展情况，本教材着重要求知识点的实用性、实际性，为后续课程的学习奠定基础。为方便教学，本书配有电子课件。

《有机化学》可作为中等职业院校化工、石油、制药、能源、环境、医学、食品等专业及其他相关专业的专业教材，也可以供相关企业、科技人员参考。

图书在版编目（CIP）数据

有机化学/柳阳主编. —北京：化学工业出版社，
2018.8（2024.2重印）
ISBN 978-7-122-32642-3

Ⅰ.①有…　Ⅱ.①柳…　Ⅲ.①有机化学-中等专业
学校-教材　Ⅳ.①O62

中国版本图书馆 CIP 数据核字（2018）第 153702 号

责任编辑：旷英姿　　　　　　　　　　文字编辑：陈　雨
责任校对：秦　姣　　　　　　　　　　装帧设计：史利平

出版发行：化学工业出版社（北京市东城区青年湖南街 13 号　邮政编码 100011）
印　　装：北京捷迅佳彩印刷有限公司
787mm×1092mm　1/16　印张 19¼　字数 634 千字　2024 年 2 月北京第 1 版第 3 次印刷

购书咨询：010-64518888　　售后服务：010-64518899
网　　址：http://www.cip.com.cn

凡购买本书，如有缺损质量问题，本社销售中心负责调换。

定　　价：49.00 元（含练习册）

前 言
FOREWORD

有机化学课程是化工、石油、制药、能源、环境、医学、食品等专业的基础必修课。有机化学是一门理论与实践并重的学科，很多新物质、新材料的发明与发现，最终都可以在有机化学中寻找到答案。有机化学的发展历史可以追溯近千年，随着现代科学技术的不断创新，有机化学和生物、制药、新材料、新能源又互相渗透、互相交叉。

化学工业出版社结合目前中等职业教育的情况，组织了本教材编写组。按照国家中等职业化工类专业标准和基础化学课程教学要求，编写人员充分分析了中等职业学生的学习特点，精选例题，避免了教材内容偏多、偏深、偏难的现象，条例清晰，图文并茂，知识结构和语言结构通俗易懂，所举例题由浅入深。本教材着重注意了与初中化学教材内容的衔接，尽量做到降低难度，力求言简意赅。在编写过程中，重视理论与生活、理论与实际生产相结合，设置了对接生活、对接生产环节。为了培养学生良好的实验素养和动手操作能力，突出实验的基本操作技能，设置了有机化学实验环节，并在每章后面设置了实验大爆发内容。

全书共分为十四章，主要内容包括了有机化合物简介、烷烃、不饱和烃、脂环烃、脂肪族卤代烃、醇和醚、芳烃、酚和芳醇、醛和酮、羧酸及其衍生物、含氮有机化合物、杂环化合物、糖类和蛋白质、高分子化合物。书中标有"＊"的为选学内容。本书主要体现了以下编写特色。

1. 教材内容注重基础性，在保证教学内容的科学性、教学体系的完善性的同时，教材没有刻意追求高、精、尖，弱化了杂化轨道等概念，教材本着教师能够讲清，学生能够学懂的原则，每章重要知识点后都配备随堂练一练，使学生尽量能够达到"当堂学，当堂会"的教学效果。

2. 教材突出中等职业教育特色，知识够用、实用、好用，突出实用性，避免过重、过多的反应理论，删减了共轭效应、诱导效应、纽曼投影等理论。

3. 教材编写由浅入深、注意了与初中化学的知识衔接，层次清晰，教材难度符合学生的认知规律，依据教材，学生可以达到自学、自测的水平。

4. 教材中设置对接生活、对接生产环节，符合学生对专业岗位的相关要求，能够体现有机化学与职业生涯的密切关系。

5. 教材中体现教、学、做、练各环节统一，例题具有启发性，理论讲解配备了大量图片，增加了教材的可读性、生动性。

6. 教材在章前设置有通过本次学习可以掌握的内容，章后有小结，教材配有《有机化学练习册》可供练习。

本教材由天津市化学工业学校柳阳任主编并编写第一至第三章，山东省化工技师学院张浩编写第四至第六章，浙江省平湖市职业中等专业学校姜晶编写第七至第九章，天津生物工程职业技术学院曹佳编写第十章，南京市莫愁中等专业学校刘丽娟编写第十一章，天津市第一轻工学校王艳芬编写第十二至第十四章，全书由柳阳统稿。本书由天津市渤海职业技术学院杨永杰教授担任主审，并邀请了部分中职、高职院校的专家对书稿进行审阅，专家们提出了许多宝贵的意见和建议。编写过程中参考了相关的教材、文献和资料，在此向各位老师及作者一并表示感谢。

由于编者水平有限，书中不妥之处在所难免，敬请使用本书的师生指正。

编　者
2018 年 3 月

目录
CONTENTS

第一章

绪 论

 读一读

早在 18 世纪初，瑞典科学家贝采里乌斯第一次提出"有机化学"这一名词，当时的理论认为从动物或植物等生物体中获得的物质称为有机化合物，认为只有依靠"生命力"在生物体内得到的物质才能称得上是有机物质，从非生物体或矿物质中获得的物质称为无机化合物。人们将有机物质赋予了生命力这层神秘的色彩，直到德国化学家维勒人工合成尿素，打破了生命力论。1828 年，维勒在加热氰酸铵水溶液时，意外得到了一种新的物质——尿素。

此后，越来越多的有机化合物在实验室被合成出来，生命力的神秘学说被抛弃，但是"有机化合物"这个名词却沿用至今，随着合成方法的改进，越来越多的新物质被合成出来。1845 年，科学家库柏人工合成了乙酸，科学家又相继合成酒石酸、柠檬酸等一系列有机酸。

 完成本章的学习后，你可以做到

① 了解有机化学的科学含义，知道有机化学与我们生活息息相关；知道有机化合物的定义；

② 了解有机化学工业；

③ 熟知有机化学发展历史，知道有机化学四个重要发展阶段；

④ 掌握有机化合物的表达方式，知道构造式、结构简式、键线式的特征；

⑤ 掌握有机化合物分类，能够指出所给有机化合物的类别和分类依据；

⑥ 能够根据自身学习特点，制定符合自我特点的学习方法和学习计划。

第一节
了解有机化学

一、有机化学的基本概念

 新知识

1. 有机化学

有机化学是与生活息息相关的一门学科，有机化学主要研究的是有机化合物的组成、结构、性质和变化规律的一门学科，它是化学学科的一个分支。有机化学萌发于 17 世纪，创立并逐渐成熟完善于 18 世纪、19 世纪，20 世纪已经发展成为涵盖面广泛、内容丰富多样的一门学科。20 世纪，无论从微观世界到宏观世界，从人类社会生活到宇宙空间，有机化学都在不断地前进着。21 世纪，随着合成技术和检测手段的发展，有机化学即将迈进崭新的高速发展阶段。

人类的衣、食、住、行都离不开有机化合物，例如穿的服装材料棉、麻、毛、丝；吃的粮食、食用油、糖类、蛋白质；建筑行业使用的防火涂料；交通运输工具消耗的汽油、柴油；农业上使用的杀虫剂、化肥；治疗疾病使用的药物等都与有机化学息息相关。

想一想

① CH_3COOH；② Na_2CO_3；③ C_2H_5OH；④ $HC\equiv CH$ 。

这四种化合物中，哪些是有机化合物？ 哪些是无机化合物？

解答

有机化合物有①、③、④。

无机化合物有②。

2. 有机化合物

科学家们通过大量的实验和研究发现，所有的有机化合物都含有碳元素，绝大多数的有机化合物含有氢元素，将这类物质称为烃类化合物。

有些有机化合物还含有氮、磷、氧、硫等元素，这类即含有碳氢元素又含有其他元素的化合物称为烃类化合物的衍生物。

有机化合物是指烃类化合物和烃类化合物的衍生物，简称有机物。

3. 有机化学工业

有机化学工业是指以煤、石油、天然气、农林产品等有机化合物为原料生产、制造有机原料、化工产品的工业。按照产品在有机化学工业和国民经济中所起的作用，有机化学工业又可以分为：基本有机化学工业、精细有机化学工业、高分子化学工业。有机化学与物理学、数学、生物学等学科相互交叉，逐步形成新学科，例如：金属有机化学、超分子化学、生物化学等。以有机化学为基础的石油、医药、食品、材料行业逐渐成为我国国民经济的支

柱产业。

想一想

　　社会上有一种观点，认为化工行业的存在就是对环境的污染，认为只要是化工生产企业就会在生产中给环境带来废气、废水、废渣，因此要停止所有化工企业，停止生产来保护环境；还有一种观点认为化工行业必不可少，否则汽车不能正常行驶，粮食也因没有化肥而减产，所以要大力发展化工产业，同时，减少对环境的污染。请同学们查阅资料，谈谈自己的观点。

4. 有机化学发展历史

(1) 萌芽阶段　早在公元前，人类就已经学会了酿酒、酿醋、布料染色、熬制中草药的方法。神农尝遍百草，撰写了《神农百草经》，从那时就已经对有机化合物开始应用。据考古发掘出土的酿酒器，距今五千多年，古代人们已经可以掌握利用"酒曲"进行酿酒的工艺和方法。早在周朝就开始有使用植物染料的记载，设置"染草之官"，又称为"染人"，管理染色事务，秦代设立"染色司"。图 1-1 是有机化学的萌芽阶段。

图 1-1　有机化学的萌芽阶段

(2) 初期阶段　1806 年，贝采里乌斯［图 1-2（a）］首次提出"有机化学"这一名词。19 世纪初期，科学家认为生物体内存在所谓的"生命力"，提出了"生命力学说"。"生命力学说"认为：只有具有生命力的生物体（动物或植物）才能产生有机化合物，而无机化合物则只能存在于无生命的矿藏中。"生命力学说"极有创造力地用"有机"这个词来表示来自动物或植物体的化合物，但是也错误地认为人类只能提取而不能合成有机化合物。

(3) 发展阶段　1828 年，德国化学家维勒［图 1-2（b）］从加热的氰酸铵水溶液中，意外得到了一种新的物质——尿素，从此打破了从无机化合物中不能得到有机化合物的人为神话，有机化学进入了新时代。法国化学家拉瓦锡［图 1-2（c）］发现了有机化合物燃烧后生成二氧化碳和水；德国化学家李比希发现了同分异构体。随后碳原子价键、空间结构等理论逐渐完善，建立起有机化学官能团体系，使有机化学成为一门较为完整的学科。

(4) 辉煌时期　20 世纪，随着数学、物理等学科的一系列研究成果的出现，有机化学进入新的发展阶段。1965 年，我国成功合成人工结晶牛胰岛素，如图 1-3 所示。有机化学进入了生命科学时代，破译并合成蛋白质，从分子水平上揭示生命的奥秘，提出了 DNA 分子双螺旋结构。在能源、材料、环境等领域里，有机化学推动着科技发展，人们利用有机合成材料制成的人造心脏、隐形眼镜、心脏支架，如图 1-4 所示。

　　20 世纪，有机化学与生命科学、药学相结合，合成或半合成一系列新药。许多细菌性传染病，如肺炎、流行性脑炎、细菌性痢疾长期危害人类生命健康，科学家通过合成和半合

(a) 贝采里乌斯　　　　　　　　(b) 维勒　　　　　　　　(c) 拉瓦锡

图 1-2　科学家贝采里乌斯、维勒、拉瓦锡

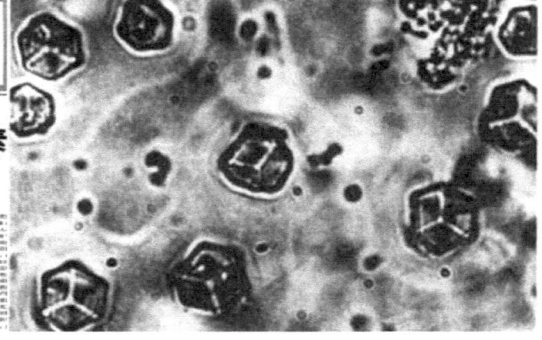

图 1-3　人工结晶牛胰岛素

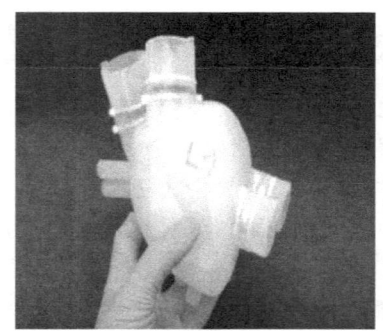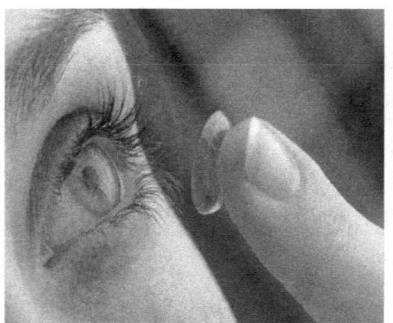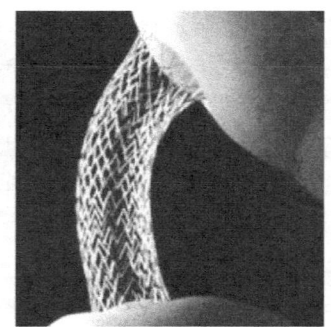

(a) 人造心脏　　　　　　　　(b) 隐形眼镜　　　　　　　　(c) 心脏支架

图 1-4　有机合成材料产品

成方法得到了青霉素、链霉素、头孢菌素等抗生素，为抵抗细菌感染做出了重要贡献。

二、有机化合物的表达方式

新概念

有机化合物（简称有机物）常用的表达方式有分子构造式、结构简式、键线式三种，主要用来表示有机物分子中原子之间按照一定的顺序相互连接的方式。有机化合物有以下三种表示方式。

分子构造式　能用来表示分子内各个原子连接顺序和各个原子连接方式的化学式称为分子构造式，又称为分子结构式，一般由元素符号和短横线来表示原子的排列和价键的连接。

结构简式　在分子构造式的基础上，省略掉碳原子与氢原子之间的单键短线，即得到结构简式。

键线式　省略掉碳、氢元素，只表示出碳骨架，而不写出碳原子和其他原子的连接方式，每个拐点或者终点表示有一个碳原子，这种表达方式称为键线式。

新知识

(1) 分子构造式表示方法　用一条短横线"—"表示一个单键共价键，原子和原子之间以短横线相连接。例如：

$$C—C \qquad\qquad \begin{array}{c} H \\ | \\ H—C—H \\ | \\ H \end{array}$$

甲烷

用两条短横线"═"表示一个双键共价键，原子和原子之间以两个短横线连接。例如：

$$\begin{array}{ccc} H & H & H \\ | & | & | \\ H—C{=}C—C—H \\ & & | \\ & & H \end{array} \qquad\qquad \begin{array}{cc} H & H \\ | & | \\ H—C{=}C—H \end{array}$$

1-丙烯   乙烯

用三条短横线"≡"表示一个三键共价键，原子和原子之间以三个短横线连接。例如：

$$\begin{array}{c} H \\ | \\ H—C{\equiv}C—C—H \\ | \\ H \end{array}$$

$$H—C{\equiv}C—H$$

乙炔   丙炔

(2) 结构简式表示方法

$$CH_3CH_2CH_2CH_2CH_3 \qquad\qquad CH_3CH_2CH_2CH_2CH{=}CH_2$$

正戊烷   1-己烯

$$\begin{array}{c} CH_3CHCH_2CH_3 \\ | \\ OH \end{array} \qquad\qquad \begin{array}{c} CH_2 \\ \diagup \;\; \diagdown \\ CH_2{-}CH_2 \end{array}$$

2-丁醇   环丙烷

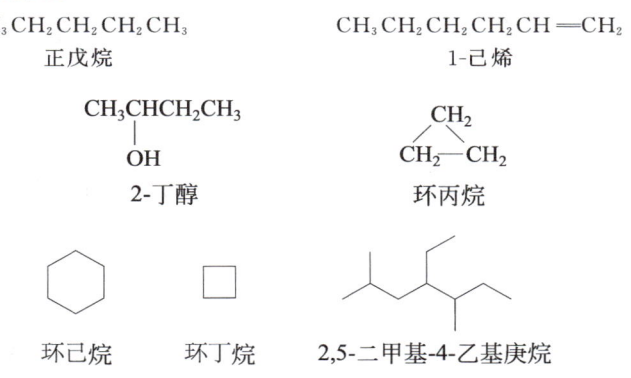

环己烷   环丁烷   2,5-二甲基-4-乙基庚烷

常见有机化合物表达方式比照表见表 1-1。

表 1-1　常见有机化合物表达方式比照表

有机化合物	分子构造式	结构简式	键线式
正丁烷	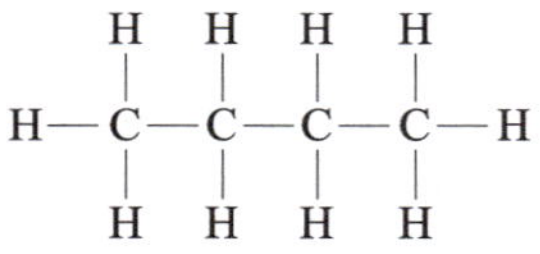	$CH_3CH_2CH_2CH_3$	
1-丁烯	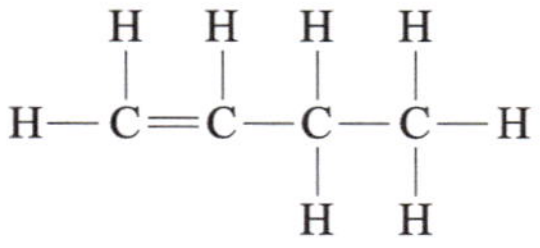	$CH_2\!=\!CH\!-\!CH_2\!-\!CH_3$	
2-丁醇	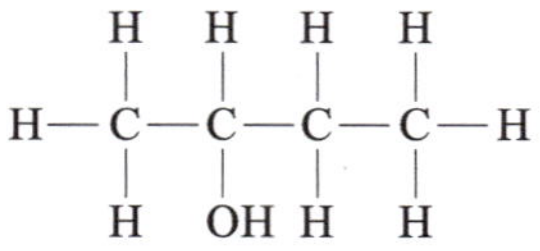	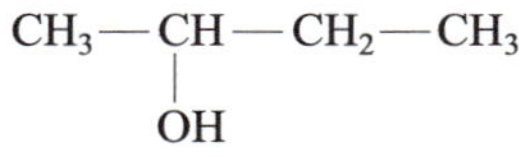 $CH_3\!-\!\underset{OH}{CH}\!-\!CH_2\!-\!CH_3$	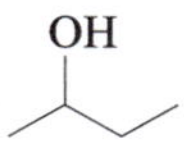
苯	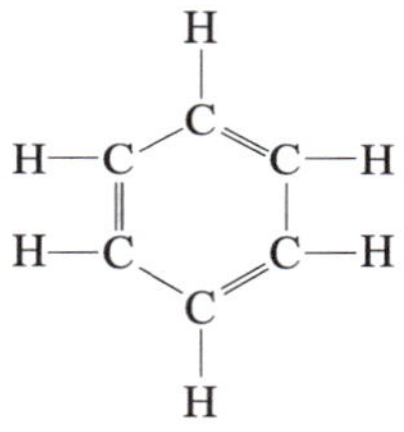	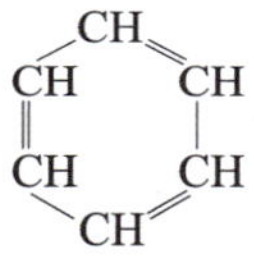	

第二节

<h1 align="center">有机化合物的分类及特点</h1>

有机物的种类和数量众多，已经知道的有机物已经达几千万种，并且每年还在增加，结构相似的有机物在性质上也有相似之处，为了便于学习和研究，根据有机物的结构特征对有机物进行分类。

新知识

有机物通常有两种分类方法：第一种方法是按照有机物的碳骨架分类；第二种方法是按照有机物的官能团分类。

一、按碳骨架分类

根据有机物碳骨架的不同，可以将有机物分为三大类：开链化合物、碳环化合物、杂环化合物。

1. 开链化合物

开链化合物的特征是碳原子和碳原子、碳原子和其他原子之间相互连接成链状。开链化合物最初是从动植物油脂中提炼得到的，因此，开链化合物也称为脂肪族化合物。例如：

$$CH_3CH_3 \qquad\qquad CH_2=CH_2 \qquad\qquad CH_3-CH_2-CH_2-OH$$
$$\text{乙烷} \qquad\qquad\quad \text{乙烯} \qquad\qquad\qquad\qquad \text{正丙醇}$$

2. 碳环化合物

碳环化合物的特征是碳原子之间连接成环状。根据性质和成环的特点，碳环化合物又分为两类：脂环族化合物和芳香族化合物。

(1) 脂环族化合物 脂环族化合物由碳原子连接形成环状构造，性质与脂肪族化合物相似。例如：

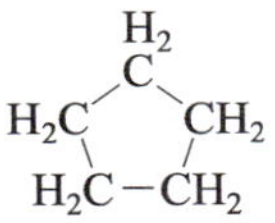

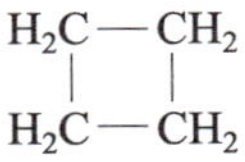

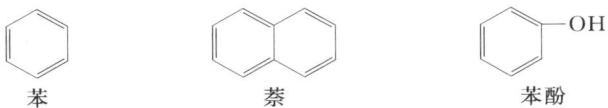

(2) 芳香族化合物 芳香族化合物的特征是分子中具有苯环结构。芳香族化合物最初是从天然香树脂和香树精油中提取的，具有特殊的"芳香性"。例如：

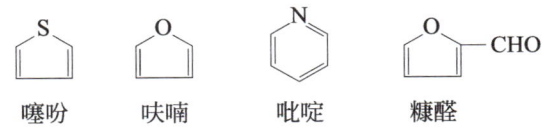

3. 杂环化合物

杂环化合物的特征是分子中具有环状结构，但是成环原子中，除了碳原子以外还有其他原子存在，如氧原子、硫原子、氮原子。例如：

二、按官能团分类

官能团是指有机化合物分子中比较活泼且极易发生化学反应的原子或者基团。

一旦反应条件具备，有机化合物的反应主要发生在官能团上，官能团决定着有机化合物的主要物理性质和化学性质，含有相同官能团的一系列有机化合物具有类似的物理性质或化学性质。例如，甲醇和乙醇都具有醇羟基（—OH）官能团，都有具有类似酒精气味的物理性质，具有与活泼金属、卤代氢发生反应等相似的化学性质；乙炔和丙炔具有碳碳三键结构（≡），能发生催化加氢反应，能使溴-四氯化碳溶液褪色，因此按照官能团分类，有利于研究有机化合物的典型反应。表 1-2 列有一些常见有机物的官能团。

表 1-2　常见有机物的官能团

化合物类别	官能团		举例
	官能团结构	官能团名称	
烯烃	$\diagdown C = C \diagup$	碳碳双键	$H_2C = CH_2$ 乙烯
炔烃	$- C \equiv C -$	碳碳三键	$HC \equiv CH$ 乙炔
卤代烃	$-X$	卤原子	CH_3CH_2Cl 氯乙烷
醇	$-OH$	醇羟基	$CH_3CH_2CH_2-OH$ 正丙醇
酚	$-OH$	酚羟基	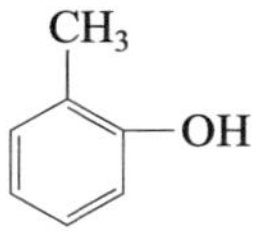 邻甲基苯酚
醚	$-O-$	醚键	$CH_3-O-CH_2CH_3$ 甲乙醚
醛	$-\overset{}{\underset{O}{C}}-H$	醛基	$CH_3CH_2\overset{O}{C}-H$ 丙醛
酮	$-\overset{O}{C}-$	酮基	$CH_3-\overset{O}{C}-CH_2-CH_3$ 丁酮
羧酸	$-\overset{}{\underset{O}{C}}-OH$	羧基	$H-\overset{OH}{C}=O$ 甲酸
胺	$-NH_2$	氨基	$CH_3CH_2NH_2$ 乙胺
腈	$-CN$	氰基	CH_3CN 乙腈
硝基 化合物	$-NO_2$	硝基	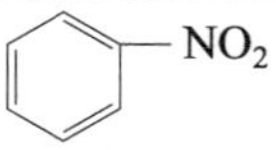 硝基苯
磺酸	$-SO_3H$	磺酸基	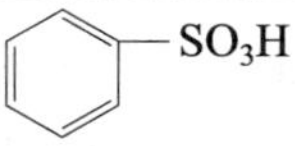 苯磺酸
重氮 化合物	$-N^+ \equiv N$	重氮基	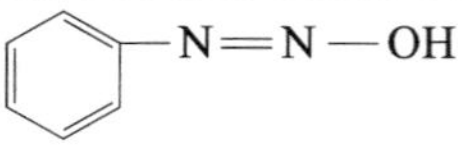 苯基重氮酸
偶氮 化合物	$-N = N-$	偶氮基	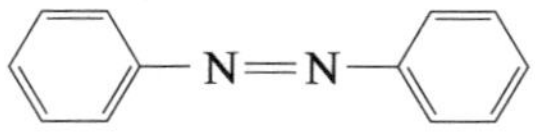 偶氮苯

三、有机化合物的特点

1. 数量大、种类多

和无机物相比较，有机物数量大、种类繁多，有机物已经发现的数量大约在几千万种，而无机物仅发现十几万种。由于碳原子可以结合成链状，又可以结合成环状，可以形成单键、双键或者三键，并且在有机物中，还存在同分异构体现象，几种因素共同影响，使有机物数量十分庞大。

2. 容易燃烧、热稳定性差

一般来讲，绝大多数的有机物都是容易燃烧的，而大多数无机物是不易燃烧的，即使有些无机物能够燃烧，也不能燃尽。有机物中的碳元素和氢元素容易和氧气结合，在点燃的情况下，生成二氧化碳和水并同时释放出大量的热量，人们常利用有机物燃烧放出热量这个性质来提供能源，例如：天然气、酒精、汽油等燃烧，可以提供出大量能源。但是有的有机物却难以燃烧，例如，四氯化碳不易燃烧，可用来灭火。

3. 熔点和沸点低

由于有机物中原子之间多以共价键结合，大多数的有机物熔点较低，不超过 400℃，在常温下，有机物通常以气体、液体或者低熔点的固体存在。而无机物一般熔点较高，原子之间多以离子键结合，如氯化钠的熔点为 800℃，而具有相当分子量的丙酮熔点仅为 -95.2℃。纯净的有机物有固定的熔点和沸点，当其中掺有杂质时，熔点一般会降低。所以，可以利用测定有机物熔点和沸点的方法来鉴别其纯度。

4. 化学反应速率慢、副反应多

有机物发生化学反应时，一般反应速率较慢，且副反应多。新的有机物生成要经历旧的共价键的断裂和新的共价键的形成这个复杂过程，通常过程缓慢，有的有机反应往往需要采用加热、加压、加催化剂、光照等方法来加快反应速率，在共价键断裂的过程中，常常发生从几个部位同时断裂的情况。因此，有机化学反应的副反应常常伴随着主反应发生。

5. 难溶于水而易溶于有机溶剂

有机物原子间以共价键相结合，一般为非极性或弱极性化合物，根据"相似相溶"原理，有机化合物难溶或不易溶于水，例如油脂、汽油等不易溶于水，但易溶于有机溶剂，因此，有机化学反应多在有机溶剂中进行，也有一些有机化合物因含有极性较强的基团而易溶于水，例如乙醇、乙酸。

第三节

有机化学的学习方法

有机化学和其他学科的学习一样，良好的学习习惯是决定学习效果的关键因素。这门课程与我们每个人的生活密切相关，要想学好这门专业基础课，要做到以下几点。

1. 提前预习新课

提前预习可以起到了解课程整体进度、大体掌握本节课程内容的作用，预习可以使同学们对一节课的内容做到"心中有数"。通过提前预习，可以掌握简单的知识，对存有疑问的重难点提前知晓。

2. 巩固基础知识

学习有机化学，对于同一类有机物的基本结构、基本物理性质、基本化学性质达到了熟练掌握的程度，那么同类物质的性质可以推导出来。例如，能由乙烯的化学性质推导出其他烯烃的化学性质，能由乙炔参加的反应推导出其他炔烃的化学性质。

3. 学会举一反三

学习有机化学这门课程时，要学会"透过现象看本质"的本领，要有一双"慧眼"。对于有机化学反应，不要仅仅停留在理解记忆的层面，要对化学反应有一种"领悟"的感觉，一个知识点，一系列知识点，一小节内容，一章节内容，同学们应该去积极寻找同类、同章知识的本质，思考同章的各个小节内容有哪些本质联系，思考同小结不同知识点有哪些本质联系。因此，学会举一反三对学好有机化学十分重要。

本章小结

基本概念

① 有机化合物是指烃类化合物和烃类化合物的衍生物，简称有机物。

② 有机化学工业是指以煤、石油、天然气、农林产品等有机化合物为原料生产、制造有机原料、化工产品的工业。

③ 有机化学工业又可以分为：基本有机化学工业、精细有机化学工业、高分子化学工业。

表达方式

① 分子构造式：能用来表示分子内各个原子连接顺序和各个原子连接方式的表达方式称为分子构造式。

② 结构简式：在分子构造式的基础上，省略掉碳原子与氢原子之间的单键短线，即得到结构简式。

③ 键线式：省略掉碳、氢元素，只表示出碳骨架，而不写出碳原子和其他原子的连接方式，每个拐点或者终点表示有一个碳原子，这种表达方式称为键线式。

分类方法

一、按照有机物的碳骨架分类

1. 开链化合物

开链化合物的特征是碳原子和碳原子、碳原子和其他原子之间相互连接成链状。

2. 碳环化合物

脂环族化合物；

脂环族化合物由碳原子连接形成环状构造；

芳香族化合物；

芳香族化合物特征是分子中具有苯环结构。

3. 杂环化合物

杂环化合物的特征是分子中具有环状结构。

二、按官能团分类

官能团是指有机物分子中比较活泼且极易发生化学反应的原子或者基团。

第二章

烷 烃

 读一读

　　在荷兰的一个小山村里，曾经发生过这样一件怪事：一位村民家中饲养着一头黄牛，近日来这头黄牛吃不下饲料，但是肚子却涨得溜圆。 于是农夫请来村里有名的兽医，兽医用手指敲了敲牛的肚子，黄牛的肚皮发出"咚咚"的响声，仿佛是打满气的气球一样，兽医打算用探针插进牛的咽喉，当他在牛的嘴巴前点燃火把准备向里面观察时，突然牛嘴里喷出长长的火舌。

　　兽医大吃一惊，急忙后退几步，牛见火也受惊了，挣断了缰索，在牛棚里东蹿西跳，燃着了牧草，引起一场冲天大火，虽然农夫和兽医众人全力灭火，但也无济于事，致使整个牛棚和牧草化为一片灰烬。

　　这头牛为什么会喷火呢？通过这一章的学习我们就可以找到答案！

 完成本章的学习后，你可以做到

① 认识甲烷的结构；
② 知道烷烃的通式及同分异构现象；
③ 能运用习惯命名法和系统命名法给烷烃命名；
④ 能熟练书写烷烃卤代反应、氧化反应方程式，了解烷烃裂解反应；
⑤ 了解重要烷烃及其物理性质。

第一节
烷烃的结构

🔄 新概念

　　烃（tīng）的定义　仅由碳和氢两种元素组成的碳氢化合物称为烃。

　　饱和烃定义　烃分子中的碳原子都以碳碳单键相连，碳原子剩余的价键均与氢原子结合，每个碳原子的化合价都已充分利用，达到"饱和"的状态，这种烃称为饱和烃。

一、甲烷的结构

🔄 新知识

　　甲烷的分子式是 CH_4。

　　甲烷的分子结构式：

$$H-\overset{\displaystyle H}{\underset{\displaystyle H}{C}}-H$$

　　甲烷的电子式：

$$H\overset{\displaystyle H}{\underset{\displaystyle H}{:\overset{\times}{\underset{\times}{C}}:}}H$$

　　甲烷的分子模型，见图 2-1。

　　[1] 球棍模型　又称为凯库勒模型，用短棍代表原子之间连接的化学键，短棍上不同颜色的球代表不同种类的原子。

　　[2] 比例模型　又称为斯陶特模型，按照现代价键理论，依据真实分子的原子半径实测比例做成的模型。

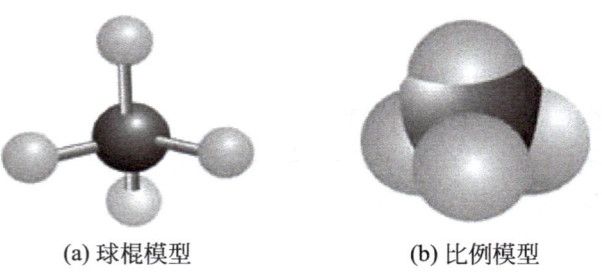

(a) 球棍模型　　　　　　(b) 比例模型

图 2-1　甲烷的分子模型

▶ 理论剖析助手

　　请分析甲烷的正四面体结构。

分析与解答

经过实验证实甲烷分子中四个 C—H 键的键长、键角都是等同的。甲烷分子是以碳原子为中心，四个氢原子位于四个顶点的正四面体结构，碳原子与四个氢原子并不在同一个平面上，四个 C—H 键的键能、键长、键角都是相等的，键角为 $109°28'$，甲烷的正四面体结构如图 2-2 所示。

甲烷来自沼气池底部产生的沼气，煤矿坑道所产生的坑道气、天然气。在隔绝空气的情况下，植物残体经过微生物发酵作用而生成甲烷。明白甲烷的来源，就很容易弄清那头牛为什么会喷火了。牛吃的饲料是牧草、麦秆、茎叶、杂草，由于牛患病后，消化功能衰弱，在胃里进行异常发酵产生了大量的甲烷引起了肠胃胀气。当兽医点燃火把后并插入探针就像一根导管一样把气体引了出来，甲烷易燃所以遇火即燃引起了这场大火。

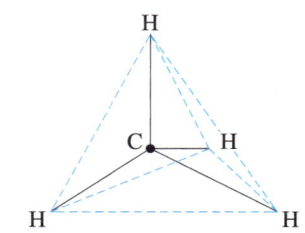

图 2-2　甲烷的正四面体结构示意图

对接生产

"西气东输"中'气'的主要成分——甲烷

改革开放以来，我国能源产业迅速发展，能源需求量猛增，但我国能源结构不合理，其中煤炭能源在一次能源生产和消费中的比重过高，达 72% 左右，燃煤的大范围使用，使大气环境不断被污染，雾霾指数逐年升高，因此，发展新能源、调整能源布局迫在眉睫。"西气东输"是横贯我国大江南北的一项能源大工程，"西气东输"引进的天然气每年可代替 7000 多万吨标煤的使用，减少二氧化碳排放量达 1.3 亿吨，减少氮化物和工业粉尘 240 多万吨，对改善环境质量发挥着举足轻重的作用。

我国西部地区的塔里木盆地、柴达木盆地、陕甘宁和四川盆地蕴藏着 26 万亿立方米的天然气资源和丰富的石油资源，约占全国陆上天然气资源的 87%。我国距离最长、口径最大的输气管道，西起塔里木盆地的轮南，东至上海，见图 2-3。项目第一期投资预测为 1200 亿元，上游气田开发、主干管道铺设和城市管网总投资超过 3000 亿元。

图 2-3　"西气东输"管道

随堂练一练

1. 只有＿＿＿＿＿＿和＿＿＿＿＿＿两种元素组成的化合物才称为烃。

2. 下列物质中属于烃的是（　　　）。

A. CH_3OH　　　　B. CH_3COOH　　　　C. CH_4　　　　D. CH_3CH_2OH

3. 甲烷的分子式为＿＿＿＿＿＿＿＿，每个碳氢键的键角为＿＿＿＿＿＿＿＿。

4. 天然气是清洁燃料，为了减少大气污染，我国花费巨资，从西部铺设一条天然气运输管线，那么天然气的主要成分属于哪一类化合物呢（　　　）?

A. 羧酸类　　　　B. 烯烃类　　　　C. 烷烃类　　　　D. 醇类

5. 甲烷分子不是平面结构，是以碳原子为中心的（　　　）结构。

A. 线型　　　　B. 正三棱锥　　　　C. 正四面体　　　　D. 正六面体

6. 为了减少环境的污染，开发了一种由垃圾、粪便分解而成的新能源，在隔绝空气的条件下发酵，会产生大量的某种可燃性气体。这种可燃性气体的主要成分是（　　　）。

A. CH_4　　　　B. CO_2　　　　C. CO　　　　D. H_2

二、烷烃的通式及同分异构现象

新概念

1. 同分异构现象

化合物有相同的分子式，但是由于分子中原子的排列方式不同而引起的现象称为同分异构现象。

2. 同分异构体

分子式相同，而原子的排列方式不同的化合物称为同分异构体，简称异构体。同分异构体又分为构造异构体和立体异构体，本书只介绍构造异构体。

IUPAC（国际纯粹和应用化学联合会 International Union of Pure and Applied Chemistry）建议：由于原子或基团的连接次序不同而产生的异构体称为构造异构体。甲烷、乙烷、丙烷分子中的碳原子只有一种排列方式，因此没有构造异构体。丁烷分子式为 C_4H_{10}，含有四个碳原子，可以有两种排列方式，所以丁烷有两种构造异构体：一种是直链的正丁烷，一种是有一个支链的异丁烷。

$$CH_3CH_2CH_2CH_3 \qquad\qquad\qquad CH_3 — CH — CH_3$$
$$|$$
$$CH_3$$

正丁烷　　　　　　　　　　　　　　异丁烷

▶▶▶ 理论剖析助手

请分析并写出戊烷的所有构造异构体。

分析与解答

① 先写出戊烷的最长的直链骨碳架，直链碳骨架包含五个碳原子：

$$C^1 — C^2 — C^3 — C^4 — C^5$$

② 写出少一个碳原子的直链作主链，即主链上有四个碳原子，剩余的一个碳原子作为

支链取代基：

$$C—C—C—C \longrightarrow A$$
$$\quad\quad\quad |$$
$$\quad\quad\quad C$$

注意：a. 支链不能连接在端位的碳原子上。

b. 支链的位置可能产生构造式相同的物质，只能保留一种，其余舍去，例如，此题中，将支链向左移动一个位置后，可以得到：

$$C—C—C—C \longrightarrow B$$
$$\quad\quad |$$
$$\quad\quad C$$

A 和 B 其实是一种物质，从外观看起来，支链取代基的位置不同，但是如果用系统命名法给取代基定位，取代基的位置都在 2 号碳原子上，因此，A 和 B 只保留一个。

③ 写出含有三个碳原子作主链的直链烷烃，剩余两个碳原子作为支链取代基：

$$\quad\quad C$$
$$\quad\quad |$$
$$C—C—C$$
$$\quad\quad |$$
$$\quad\quad C$$

④ 将写好的碳骨架根据碳四价原则补写上所有的氢原子：

$$CH_3—CH_2—CH_2—CH_2—CH_3$$

正戊烷

$$CH_3—CH—CH_2—CH_3$$
$$\quad\quad\quad |$$
$$\quad\quad\quad CH_3$$

异戊烷

$$\quad\quad\quad CH_3$$
$$\quad\quad\quad |$$
$$CH_3—C—CH_2$$
$$\quad\quad\quad |$$
$$\quad\quad\quad CH_3$$

新戊烷

新知识

三种烷烃的结构简式、分子式、碳原子数和氢原子数见表 2-1。

表 2-1　三种烷烃的结构简式、分子式、碳原子数和氢原子数

烷烃	结构简式	分子式	碳原子数	氢原子数
甲烷	CH_4	CH_4	1	4
乙烷	CH_3CH_3	C_2H_6	2	6
丙烷	$CH_3CH_2CH_3$	C_3H_8	3	8

想一想

烷烃中碳原子数和氢原子数有什么规律？

不难发现，氢原子数 = 2×碳原子数 + 2。

烷烃的通式为：C_nH_{2n+2}。

新概念

同系列　烷烃的分子组成相差一个或几个 CH_2，像这种一系列化合物称为同系列。

同系物　同系列中的各个化合物互称为同系物，同系物具有相似的化学性质。

同系差　相邻两同系物间的组成差别称为同系差，烷烃同系差为 CH_2。

新知识

同系物具有相似的化学性质，同系物的物理性质随着碳原子数的增加呈现规律性变化，同系物中的第一个化合物一般具有明显的特性。

随堂练一练

1. 烷烃的分子组成相差一个或几个_____，像这种一系列化合物称为同系列。

2. 烷烃的通式为_____。

3. 分子式相同，而结构不同的化合物称为_____。

4. 戊烷有_____种同分异构体。

5. 有机化学中，把化学性质_____，物理性质随分子量的改变而有规律的变化，在组成上相差若干个_____，具有_____通式的一系列化合物称为_____物。

6. 丙烷和戊烷属于_____，丁烷和2-甲基丙烷属于_____（选择同分异构体，同系物）。

有机化学实验室

有机化学实验安全知识

操作有机化学实验前，应该树立安全第一的思想，做到充分预习、认真操作、遵守实验室制度。

① 实验操作之前，应充分预习，书写实验预习报告，整理实验思路，了解实验反应过程，药品的物理、化学性质及易引起的危险灾害和操作的注意事项。

② 检查仪器是否有破损，掌握正确的安装要点，弄清水、电、气的管线走向，必要时采用防护措施，有些实验应在通风橱中进行。

③ 各种药品应妥善保管，不得随意遗弃和丢失，实验过程中产生的"三废"应按照环保规定进行处理。

第二节
烷烃的命名

温故知新

上一节中，在理论剖析助手环节中分析了戊烷的三种同分异构体，分别命名为正戊烷、异戊烷、新戊烷，如果在学习时遇到碳主链更长，支链连接更复杂的烷烃，应该怎样命名呢？

🔷 新概念

伯、仲、叔、季碳原子的概念　从烷烃分子结构可以看出，碳原子和氢原子连接位置、数目各有不同，可以将碳原子分为四类：伯碳、仲碳、叔碳、季碳。

（1）**伯碳（一级碳原子）**　只与一个碳原子相连接的碳原子称为伯碳原子，用 1° 表示。与伯碳原子连接的氢原子称为伯氢原子。

（2）**仲碳（二级碳原子）**　与两个碳原子相连接的碳原子称为仲碳原子，用 2° 表示。与仲碳原子连接的氢原子称为仲氢原子。

（3）**叔碳（三级碳原子）**　与三个碳原子相连接的碳原子称为叔碳原子，用 3° 表示。与叔碳原子连接的氢原子称为叔氢原子。

（4）**季碳（四级碳原子）**　与四个碳原子相连接的碳原子称为季碳原子，用 4° 表示。

例如：

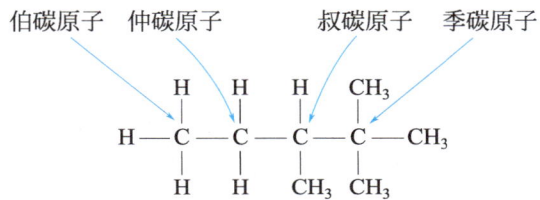

烷基：从烷烃分子中去掉一个氢原子后剩下的基团称为烷基，烷基的通式是 $—C_nH_{2n+1}$，烷基常用 R— 来表示。常用烷基见表 2-2。

表 2-2　常用烷基

甲基	乙基	正丙基	异丙基
$CH_3—$	$CH_3—CH_2—$	$CH_3—CH_2—CH_2—$	$CH_3—CH—$ $\quad\quad\ \ \|$ $\quad\quad\ CH_3$
正丁基	仲丁基	异丁基	叔丁基
$CH_3\text{—}(CH_2\text{—})_2CH_2—$	$CH_3—CH—CH_2—CH_3$ $\quad\quad\ \ \|$	$CH_3—CH—CH_2—$ $\quad\quad\quad\ \|$ $\quad\quad\quad CH_3$	$\quad\quad\quad CH_3$ $\quad\quad\quad\ \|$ $CH_3—C—$ $\quad\quad\quad\ \|$ $\quad\quad\quad CH_3$

🔷 新知识

一、普通命名法

普通命名法又称习惯命名法。命名法则有如下几方面。

① 碳原子数在十以下的烷烃，依次命名为甲烷、乙烷、丙烷、丁烷、戊烷、己烷、庚烷、辛烷、壬烷、癸烷；

② 碳原子数在十以上的烷烃依次命名为十一烷、十二烷、十三烷；

③ 把直链烷烃称为"正"某烷；从端位起，第二个碳原子连有一个甲基支链的烷烃称为"异"某烷；从端位起，第二个碳原子连有两个甲基支链的烷烃称为"新"某烷。

例如：

$$CH_3-CH_2-CH_2-CH_2-CH_3$$

正戊烷

$$CH_3-\underset{\underset{CH_3}{|}}{CH}-CH_2-CH_3$$

异戊烷

$$CH_3-\underset{\underset{CH_3}{|}}{\overset{\overset{CH_3}{|}}{C}}-CH_3$$

新戊烷

> **想一想**
>
> ### 普通命名法的优缺点是什么？
>
> 普通命名法优点是简单方便，缺点是普通命名法只能用于化学结构比较简单的烷烃，对于结构比较复杂的烷烃则必须采用系统命名法。

二、系统命名法

系统命名法是根据国际纯粹和应用化学联合会 IUPAC（International Union of Pure and Applied Chemistry）命名原则，中国化学会参考 IUPAC 命名法，结合我国汉字的特点，制订的系统命名法。

读一读

国际纯粹与应用化学联合会（IUPAC）

国际纯粹与应用化学联合会(IUPAC，会标见图 2-4)是一个致力于促进化学发展的非政府组织。IUPAC 组织于 1919 年在法国巴黎成立，是世界上最大、最具权威性的化学组织，各国仅可通过其全国性组织代表该国化学工作者参会。其工作主要包括对全球化学和化学工作者制定必要的规则和标准，如化学元素的确认与命名，物质量的定义、测定方法和认定，化合物的命名法则，乃至化学工作者应遵守的科学道德准则和化学教育标准等；促进各国化学工作者间的合作与交流；培养年轻的化学工作者；普及化学知识；开展化学安全教育；促进化学科研成果为人类福祉服务等。

图 2-4　国际纯粹与应用化学联合会会标

系统命名法则有以下几个方面。

1. 选取主链

① 在烷烃的结构式中，选择一条含碳原子数最多的碳链作为主链（或称为母体），根据主链碳原子数称为"某"烷，支链则作为取代基。

② 烷烃分子中有两条以上等长碳链时，则选取支链较多的一条作为主链。

▶ 理论剖析助手

请分析下列烷烃结构式的主链。

① CH₃—CH—CH₂—CH₂—CH₂—CH₃
　　　　｜
　　　　CH₃

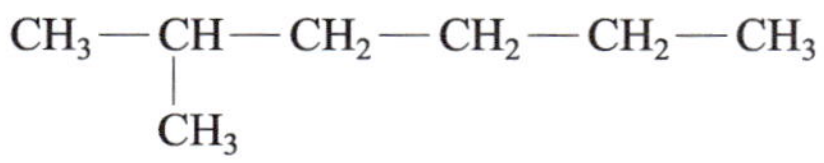

②
　　　　CH₃　　　　CH₃　CH₃
　　　　｜　　　　　｜　　｜
② CH₃—CH—CH₂—CH—CH—CH—CH₃
　　　　　　　　　　｜
　　　　　　　　　　CH₂
　　　　　　　　　　｜
　　　　　　　　　　CH₂
　　　　　　　　　　｜
　　　　　　　　　　CH₃

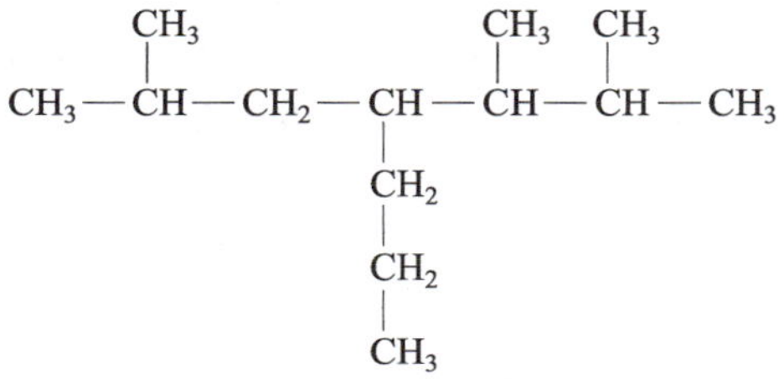

分析与解答

①　　　　　　　　　　　　　　　　　→ 主链
① CH₃—CH—CH₂—CH₂—CH₂—CH₃
　　　　｜
　　　　CH₃

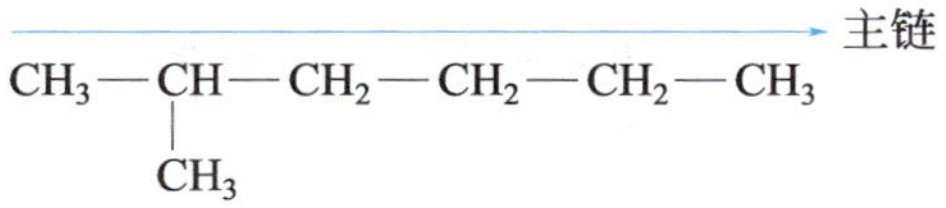

上式中最长碳原子数为 6，因此选取该碳链作为主链。

　　　　CH₃　　　　CH₃　CH₃
　　　　｜　　　　　｜　　｜　　　→ 1
② CH₃—CH—CH₂—CH—CH—CH—CH₃
　　　　　　　　　｜
　　　　　　　　　CH₂
　　　　　　　　　｜
　　　　　　　　　CH₂
　　　　　　　　　｜
　　　　2　CH₃　3

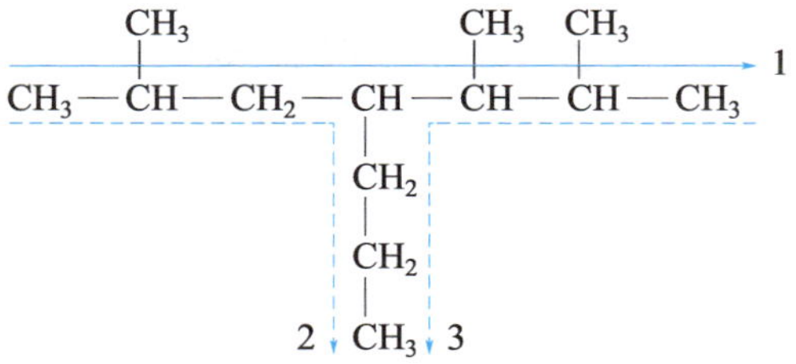

上式有三条碳链，并且每条碳链的碳原子数都是 7，1 号主链上有四个支链，2 号主链上有两个支链，3 号主链上有三个支链，根据选主链的第二条原则，应选择含有支链最多的作为主链，因此上式应选择 1 号碳链作为主链。

2. 给主链编号

① 应从靠近主链最近的支链一端开始编号，依次用阿拉伯数字 1，2，3…进行编号，取代基的位次用主链上碳原子的数字表示。给碳链编号时，应遵守"最低系列"原则，即遇到取代基位次最小的，先编号。

▶ 理论剖析助手

请给下面分子的主链编号。

分析与解答

①

主链

离支链近端 ┃ $^1CH_3$ — $^2CH_2$ — ^3CH — ^4CH — $^5CH_2$ — $^6CH_2$ — $^7CH_3$ ┃ 离支链远端

CH_3　　CH_2 — CH_3

上式中 1 号碳原子一端距离 3 号碳原子连接的支链较近，7 号碳原子一端距离 4 号碳原子连接的支链较远，因此，应根据原则从距离支链较近一端开始编号。

②　CH_3 — CH — CH_2 — CH — CH — CH_2 — CH_3

CH_3　　　CH_3　CH_3

上式中，从左到右，离主链一端最近的甲基是 2 号位，从右到左，离主链一端最近的甲基是 3 号位，根据遇到取代基位次最小的先编号原则，主链应从左向右编号。

③　CH_3 — CH — CH_2 — CH — CH — CH — CH_3

CH_3　　　CH_3　CH_3　CH_3

上式中，若从左向右给主链编号，取代基的位次号为 2，4，5，6。若从右向左给主链编号，则取代基的位次号为 2，3，4，6，两种情况的第一个取代基都是 2 号位，那么就要比较第二个取代基位次，从左向右编号，第二个取代基是 4 号位，从右向左编号，第二个取代基是 3 号位，因此，从右向左编号位次小，因此，应该从右向左给主链编号，取代基位次号依次是 2，3，4，6。

② 当距离主链两端等近的碳原子上有不同的支链时，应从较为简单的支链一端开始编号。常见的烷基优先次序排列：

CH_3 — $<$ CH_3CH_2 — $<$ $CH_3CH_2CH_2$ — $<$ $CH_3CH_2CH_2CH_2$ — $<$ CH_3CHCH_2 —

CH_3

$<$ CH_3CH — $<$ CH_3CH_2CH — $<$ $C(CH_3)_3$ —

CH_3　　　　　CH_3

▮▮▮➡ 理论剖析助手

请给下面分子的主链编号。

分析与解答

$^7CH_3$ — $^6CH_2$ — ^5CH — $^4CH_2$ — ^3CH — $^2CH_2$ — $^1CH_3$

CH_2　　　　CH_3　　较简单支链

CH_3

上式中甲基和乙基距离主链端位碳原子的距离相等，无论从左向右编号还是从右向左编号，甲基和乙基的位次都是 3，由于甲基较简单，因此应从右向左编号。

想一想

给主链编号有什么秘诀么？
① 首先选离支链最近一端开始编号。
② 同"近"时选"简"。

3. 写出烷烃名称

① 按照取代基位次、相同取代基数量、取代基名称、主链名称的顺序写出烷烃的全称。
② 若同时有几个取代基时，将较简单的取代基写在前面，较复杂的取代基写在后面。
③ 若有几个相同的取代基时，要依次表示出位次，位次数字之间要用"，"隔开。
④ 相同取代基的个数需要用大写中文数字"二、三、四…"表示。
⑤ 中文数字和中文与阿拉伯数字之间必须用短横线"-"间隔。

▶▶▶ **理论剖析助手**

请用系统命名法写出下列分子式的名称。

$$CH_3—CH—CH—CH_2—CH—CH_3$$
$$CH_3\ \ \ CH_2CH_3$$
$$CH_3$$

2,5-二甲基-3-乙基己烷

分析与解答

　　主链应选取含有 6 个碳原子的碳链，主链编号应从左向右，"2，5"代表甲基取代基位次，"二"代表有两个相同的甲基，"3"代表乙基取代基位次，由于主链上是 6 个碳原子，所以主链为己烷，该分子式为 2,5-二甲基-3-乙基己烷。

　　注意：命名原则表达了有机化合物结构的名称，但不一定是该结构唯一的名称。IUPAC 在 2004 年网站上公布的"有机化合物命名（预览稿）"和 2014 年后正式出版的蓝皮书中就提出了"IUPAC 首选名"和"IUPAC 一般名"。但是无论以任何方式命名，有机物的构造是唯一的。

随堂练一练

一、用习惯命名法命名下列化合物

1. $CH_3—CH—CH_3$
$|$
CH_3

命名为＿＿＿＿＿＿＿＿

2. $CH_3—CH_2—CH_2—CH_3$

命名为＿＿＿＿＿＿＿＿

二、用系统命名法命名下列化合物

1. $CH_3—CH—CH—CH_2—CH_3$
$CH_3\ \ \ CH_2—CH_3$

命名为＿＿＿＿＿＿＿＿

2.
$$CH_3$$
$$CH_3—C—CH—CH_2—CH_3$$
$$CH_3\ \ CH_3$$

命名为＿＿＿＿＿＿＿＿

第三节
烷烃的化学反应

> **你知道烷烃的物理性质吗？**
>
> **物态** 在室温下，$C_1 \sim C_4$ 的烷烃是气体，$C_5 \sim C_{16}$ 的烷烃为液体，C_{17} 以上的烷烃为固体。
>
> **沸点** 直链烷烃的沸点随分子中碳原子数的增加而升高；碳原子数相同的异构体中支链越多，沸点越低。
>
> **熔点** 直链烷烃的熔点随分子中碳原子数的增加而升高，偶数碳原子比奇数碳原子烷烃具有更高熔点，烷烃分子对称性越高，熔点越高。
>
> **相对密度** 直链烷烃的相对密度随碳原子数增加而增大，但都比水轻。
>
> **溶解度** 烷烃分子没有极性或者分子极性很小，不溶于较强极性溶剂，烷烃易溶于非极性或极性较弱的有机溶剂，如四氯化碳。

烷烃的化学性质很不活泼，与大多数强酸、强碱、强氧化剂、强还原剂不发生反应。但烷烃的稳定性不是绝对的，在光照、加热、催化剂条件下，也能发生卤代反应、氧化反应、裂化反应。

一、 烷烃的卤代反应

新概念

取代反应 烷烃分子中的氢原子被其他原子或基团代替的反应称为取代反应。

烷烃卤代反应 烷烃分子中的氢原子被卤素原子取代的反应称为卤代反应，又称为卤化反应。

新知识

甲烷和氯气在黑暗中或室温下并不发生反应，但如果在强光照射下则发生剧烈的化学反应，极易引起爆炸。甲烷和氯气在强光照射下，生成炭黑和氯化氢：

$$CH_4 + Cl_2 \xrightarrow{\text{强光}} C + HCl$$

甲烷分子如果在光照情况下，氢原子可逐步被氯原子取代，生成一氯甲烷、二氯甲烷、三氯甲烷、四氯化碳的混合物：

$$CH_4 + Cl_2 \xrightarrow{\text{光照}} CH_3Cl + HCl$$
一氯甲烷

$$CH_3Cl + Cl_2 \xrightarrow{\text{光照}} CH_2Cl_2 + HCl$$
二氯甲烷

$$CH_2Cl_2 + Cl_2 \xrightarrow{\text{光照}} CHCl_3 + HCl$$
三氯甲烷

$$CHCl_3 + Cl_2 \xrightarrow{\text{光照}} CCl_4 + HCl$$
$$\text{四氯化碳}$$

一氯甲烷是气体，二氯甲烷、三氯甲烷、四氯化碳是液体。一氯甲烷无色、可燃，是一种有毒气体，主要用于生产甲基氯硅烷、汽油抗爆剂、甲基纤维素等。二氯甲烷具有较强的溶解能力和毒性，可以用于制造安全电影胶片、涂料、气体烟雾喷射剂。三氯甲烷有特殊气味，易挥发，在医学上常用作麻醉剂，工业上主要用来生产氟利昂、染料等，在光照情况下，三氯甲烷容易被氧化成生成剧毒的光气（$COCl_2$）。四氯化碳曾经可以用作灭火剂，但是，在500℃以上时，可以与水发生反应，生成二氧化碳和有毒的光气，因此被停用，四氯化碳的用途被国家严格限制，仅用于非消耗臭氧层物质原料用途和特殊用途。

由于烷烃的氟化反应非常激烈，碘化反应又难以进行，因此烷烃的卤代反应通常指和氯代或溴代。

卤素与烷烃反应的相对活性顺序：$F_2 > Cl_2 > Br_2 > I_2$。

对接生活

涂改液的危害

涂改液又叫修正液，见图2-5，同学们并不陌生，写错字的时候，随手就将白色液体覆盖在错字上，等干透后可以继续书写。殊不知，这种广受同学们欢迎的涂改液却对人体健康有着严重的影响。涂改液有三种主要成分，其中一种有害成分是三氯乙烷，三氯乙烷对眼睛有很明显的刺激作用，经常使用会造成流泪、眼睛发红，个别人还会恶心、呕吐，严重者会侵害人的神经系统，引起头晕、神志不宁等。在2014年的"3.15"晚会中，曝光了涂改液的有毒成分，涂改液改字确实方便，但是长期使用会养成一种依赖性，呼吁同学们尽量少用或者不用涂改液，保护自己的健康同时也是保护我们共同生存的环境。

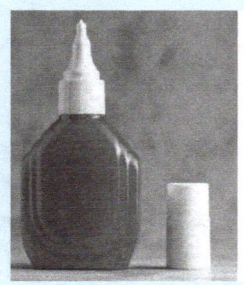

图2-5　涂改液

随堂练一练

1. 甲烷和氯气发生的反应属于_____反应，生成的几种有机物中常用作溶剂的是_____，常用作灭火剂的是_____，其中氯仿的化学式为_____。

2. 下列物质常温下为气态的是（　　）。

A. CH_3Cl　　　　　B. CH_2Cl_2　　　　　C. $CHCl_3$　　　　　D. CCl_4

3. 根据甲烷结构特点，请分析下列物质中，哪种结构和甲烷类似（　　）？

A. H_2SO_4　　　　　B. CH_2Cl_2　　　　　C. $NaOH$　　　　　D. CCl_4

二、氧化反应

新概念

氧化反应　有机化学中，通常把将分子中引入氧原子或脱去氢原子的反应称为氧化反应。

新知识

1. 完全氧化

在氧气充足的情况下，烷烃在空气中燃烧，生成二氧化碳和水，并释放出大量的热：

$$CH_4 + O_2 \xrightarrow{\text{燃烧}} CO_2 + H_2O + Q$$

$$C_2H_6 + O_2 \xrightarrow{\text{燃烧}} CO_2 + H_2O + Q$$

烷烃是人类可利用的主要能源之一，烷烃燃烧时释放的能量可以转化成热能、机械能等，这也是汽油、柴油能作为内燃机燃料的根据。

2. 催化氧化

在适当条件下，烷烃可以被氧化生成醇、醛、羧酸等有机含氧化合物。在工业上，以天然气中的甲烷为原料，在 NO 的催化下生产甲醛：

$$CH_4 + O_2 \xrightarrow[600℃]{NO} \underset{\text{甲醛}}{HCHO} + H_2O$$

对接生产

瓦斯爆炸

瓦斯是什么？瓦斯的主要成分是甲烷，其中还有少量的乙烷、丙烷、硫化物及微量的惰性气体。瓦斯在煤矿中从煤岩裂缝中喷出，矿井瓦斯爆炸是一种热连锁反应，当火源达到一定能量后，瓦斯混合物吸收能量，超过爆炸点临界温度，发生爆炸，瓦斯爆炸产生的高温高压，使燃烧源附近的气体以极大的速度向外冲击，破坏设备同时扬起大量煤尘，产生更大的破坏力，瓦斯爆炸后产生大量有毒气体，造成人员中毒死亡，如图 2-6 所示。矿井工作对瓦斯含量十分敏感，瓦斯含量关系到每个井下开采者的生命。2016 年 12 月 3 日 12 时左右，内蒙古赤峰市某煤矿发生瓦斯爆炸，死亡 32 人。2017 年 10 月 2 日 17 时许，达州某煤业有限公司发生较大瓦斯爆炸事故，造成 4 人死亡、3 人受伤，直接经济损失 883 万元。为防止瓦斯爆炸，防止瓦斯在开采过程中积聚，应安装通风系统，安装瓦斯浓度报警和自动检测系统，控制井下明火和违章用电等行为。

图 2-6　瓦斯爆炸

三、裂化反应

裂化反应 烷烃在高温并且没有氧气存在的条件下发生分解的反应称为裂化反应。

裂化反应是个复杂的反应过程，产物为多种化合物的混合物，如生成低级烷烃、烯烃混合物。裂化反应过程中常伴随 C—C 键或 C—H 键的断裂。例如：

$$CH_3—CH_2—CH_2—CH_3 \xrightarrow{500℃} \begin{cases} CH_4 + C_3H_6 \\ C_2H_6 + C_2H_4 \\ C_4H_8 + H_2 \end{cases}$$

在隔绝空气的情况下，将甲烷加热到 1000℃，甲烷发生分解：

$$CH_4 \xrightarrow{1000℃} C + H_2$$

甲烷在高温时裂解生成炭黑和氢气，炭黑是橡胶工业的重要原料，可以作为橡胶的补强剂，炭黑还可以用于生产油墨、油漆（作为黑色颜料使用），中国是世界上最早生产并使用炭黑的国家之一，在远古时候，人们就利用焚烧动植物油、松枝、秸秆等，收集形成的黑灰，黑灰制成墨和黑色颜料，古代称为"炱"。

在石油化工中，根据反应温度不同，裂化又可以分为热裂化、催化裂化、裂解三种反应形式。

1. 热裂化

热裂化是指在热作用下，不使用催化剂，使重质油发生裂化的反应，反应温度通常在 500～700℃，压力在 2～5MPa。热裂化可以使石油中的重油成分转化为轻油成分。

2. 催化裂化

在裂化反应中，使用催化剂的反应称为催化裂化。由于反应中有催化剂的加入，催化裂化的反应条件较为温和，温度在 400～500℃，压力在 0.1～0.2MPa。在催化裂化反应中，会产生多种带支链的烷烃和芳烃，催化裂化是炼油厂从重质油生产汽油的主要过程之一。

3. 裂解

采用比裂化更高的温度（700℃以上），使长链烃分子断裂的过程称为裂解。裂解是为了获得更多的低级烃，如乙烯、丙烯等。国际上常用乙烯的产量来衡量一个国家石油工业水平。

四、实验室制取甲烷

实验室中，经常采用碱石灰和无水乙酸钠混合加热来制取甲烷。碱石灰是氢氧化钠和氧化钙的混合物，生成的甲烷无色、无味、密度为 0.424g/cm^3，反应方程式如下：

$$CH_3COONa + NaOH \xrightarrow[\triangle]{CaO} CH_4 \uparrow + Na_2CO_3$$

 读一读

石油是如何形成的？　石油主要成分是什么？

石油主要由油质、胶纸、沥青质组成。其中主要成分有：各种烷烃、环烷烃、芳香烃。原油可以经过蒸馏等工序加工成煤油、汽油、石蜡、沥青等产品，见表 2-3。石油是当今世界工业最重要的能源，当前中国十大油田规模见表 2-4。

表 2-3　石油的主要馏分

馏分	轻馏分		中馏分			重馏分	
	石油气	汽油	煤油	柴油	重质油	润滑油	渣油
温度/℃	<35	35～190	190～260	260～320	320～360	360～530	>530

表 2-4　2017 年度中国十大油田排名

序号	油田名称	产量[①]/万吨	所属企业
1	长庆油田	5300	中石油
2	大庆油田	4000	中石油
3	渤海油田	2500	中海油
4	塔里木油田	2427	中石油
5	胜利油田	2422	中石化
6	西南油气田	1500	中石油
7	新疆油田	1340	中石油
8	延长油田	1220	延长石油
9	南海东部油田	1070	中海油
10	辽河油田	1000	中石油

① 均为油气当量产量。

随堂练一练

一、选择题

1. 实验室制取甲烷的方法是（　　）。

A. 乙酸钠和氢氧化钠混合加热制取甲烷

B. 无水乙酸钠和碱石灰混合加热制取甲烷

C. 电石和水反应制取甲烷

D. 乙醇和浓硫酸在加热条件下制取甲烷

2. 下列化合物是同系物的是（　　）。

A. C_4H_{10} 和 C_4H_8　　　　　　　　　　B. C_3H_4 和 C_6H_{14}

C. C_5H_{12} 和 C_6H_{12}　　　　　　　　　　D. C_6H_{14} 和 C_7H_{16}

3. 我国现阶段在汽油使用中严格禁止使用含铅汽油，原因是（　　）。

A. 含铅汽油成本高

B. 减少金属铅的消耗，增加铅的出口，以创汇

C. 防止燃烧后产生有毒气体、污染环境

D. 提高汽油燃烧效率

4. 下列性质中不属于烷烃的性质的是（　　）。

A. 烷烃通常不与强酸、强碱、强氧化剂反应

B. 极易溶于水

C. 与卤素单质在光照情况下可以发生取代反应

D. 可以与氧气点燃，生成二氧化碳和水

5. 下列实验不能成功的是（　　）。

① 用酒精灯加热甲烷气体制取炭黑和氢气

② 将甲烷和溴蒸气混合，在光照条件下制取纯净的一溴甲烷

③ 将甲烷气体通入碘水中制取碘甲烷

A. 只有①②　　　　　　　　　　　　　B. 只有②

C. 只有①　　　　　　　　　　　　　　D. ①②③

二、操作题

利用甲烷与氯气发生取代反应制取副产品盐酸的设想在工业上已成为现实，某化学兴趣小组拟在实验室中模拟上述过程，其设计的模拟装置如下，根据要求填空：

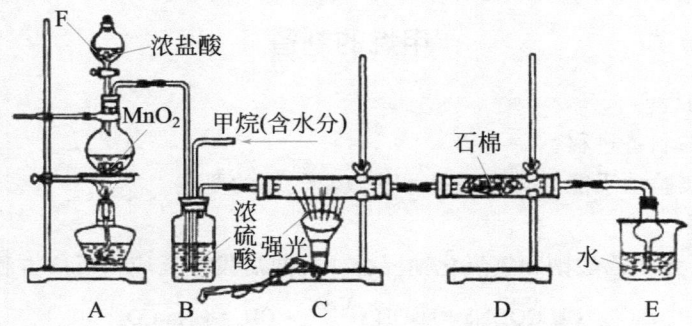

1. B 装置有三种功能：①控制气流速度；②_____；③_____。

2. D 装置中的石棉上均匀附着 KI 粉末，其作用是_____。

3. E 装置的作用是_____（填编号）。

A. 收集气体　　　　B. 吸收氯气　　　　C. 防止倒吸　　　　D. 吸收氯化氢

4. 装置中除了有盐酸生成外，还含有有机物，从 E 中分离出盐酸的最佳方法是_____。

5. 该装置还有缺陷，原因是没有进行尾气处理，其尾气的主要成分是_____。

A. CH_4　　　　　　B. CH_3Cl　　　　　　C. CH_2Cl_2

D. $CHCl_3$　　　　　　E. CCl_4

知识拓展

汽油的油号和乙醇汽油

汽车行驶在马路上，离不开动力之源——汽车燃料。目前世界上绝大多数国家的汽车使用的是汽油，汽油在日常出行中成为不可缺少的资源之一。在以前，我国的汽油标号是 90、93、97。随着人们环保意识的提高，我国绝大多数城市已经实行国 V 标准，汽油标号为 92、95、98。汽油标号越高，油价越贵，那么，使用低标号的汽油，是否就一定能省钱呢？汽油的标号表示汽油辛烷值的大小，辛烷值越大，汽油的抗爆性就越好。汽油中有两种有机物对抗爆性影响较大，分别是异辛烷和正庚烷。正庚烷越多，汽油越容易发生燃爆，对汽车发动机破坏力越大。汽油在发动机内，在点火前就发生了爆炸式燃爆，并使发动机震动同时发出响声的现象称为爆震。不同型号的汽车，在出厂时，对使用的燃油型号有具体的要求，92 号汽油价格较低，但是不一定适合所有车型，盲目地追求经济实惠，会对发动机造成不可逆的损坏。

国家发改委、国家能源局、财政部等十五部门联合印发了《关于扩大生物燃料乙醇生产和推广使用车用乙醇汽油的实施方案》。到 2020 年，全国范围内将基本实现车用乙醇汽油全覆盖，到 2025 年，力争实现纤维素乙醇规模化生产。那么什么是乙醇汽油呢？将燃料乙醇添加到汽油中，形成车用乙醇汽油，乙醇汽油可以有效地减少汽车尾气中碳的排放、细颗粒物排放以及其他有害物质的排放。乙醇汽油已经有超过 40 个国家和地区推广使用，美国早在 1992 年就推广使用乙醇汽油。目前我国推行的乙醇汽油是按照普通汽油 90%，燃料乙醇 10% 的比例调和而成的，也就是 E10 乙醇汽油。

实验大爆发

甲烷的制备

一、实验目的

① 了解甲烷的制备过程。

② 培养学生实验动手能力，掌握排水法收集气体的要点。

二、实验原理

在实验室中，无水乙酸钠和氢氧化钠混合，加热后发生反应，反应方程式如下：

$$CH_3COONa + NaOH \xrightarrow[\triangle]{CaO} CH_4\uparrow + Na_2CO_3$$

三、实验仪器、材料和药品

1. 实验仪器、材料

铁架台、酒精灯、托盘天平、托物台、药匙、火柴、大试管、试管夹、单孔橡皮塞、胶皮软管、玻璃导管、集气瓶、研钵、药匙、石棉网。

2. 实验药品

无水乙酸钠、碱石灰、氢氧化钠。

四、实验步骤

1. 试剂的预处理

① 用托盘天平称取 4.5g 无水乙酸钠，放入烘干箱中烘干 5min，取出后在研钵中混匀研细。

② 用托盘天平称取 1.5g 碱石灰，1.5g 氢氧化钠，由于碱石灰、氢氧化钠极易潮解，且

为块状物，在使用前，应将其放入烘干箱中烘干 5min，并在研钵中充分研磨，研磨应放在最后操作，以防受潮。

2. 实验方法分析

本实验可以采用排气收集法和排水收集法。若用排气收集法，只能根据产气速率和集气瓶容积的大小，凭经验收集，主观因素较多。而排水法收集甲烷，可以根据排出水的体积和液面的变化来判断气体的体积，因此该实验采用排水收集法。

3. 实验步骤

① 检查装置气密性，将装置装好，如图 2-7 所示，把导管的下端口浸入到水槽液面下，用双手紧握试管底部，如果观察到导管出气口处有气泡逸出，松开手后形成一段水柱，说明装置气密性良好。

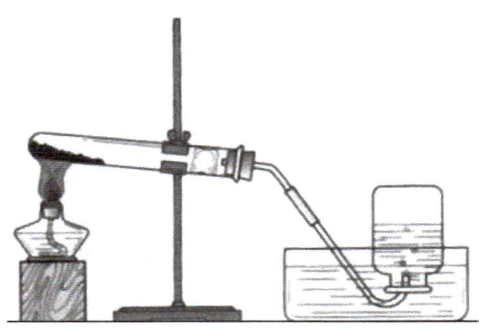

图 2-7　制取甲烷装置示意图

② 用折好的纸槽将药品装入大试管底部，试管口应略向下倾斜，塞上带导管的橡皮塞，并将大试管固定在铁架台上。

③ 点燃酒精灯，从前往后使大试管均匀预热，预热后，集中在试管底部加热。1min 后导气管口有气泡冒出，待气泡逸出速度均匀且连续时，用排水集气法收集气体。

④ 实验完毕后，应先取出导管再撤离酒精灯，以防水被倒吸。

五、实验关键操作和注意事项

① 该实验成功与否取决于药品是否干燥，在药品预处理环节中，即使是新采购的无水乙酸钠，也应进行烘干。市售的碱石灰含有指示剂，无水时是白色固体，吸水后呈现粉红色，在使用前也必须烘干，否则会导致实验失败。

② 实验中碱石灰主要成分 CaO 并不参加反应，作用是吸收氢氧化钠中的水分，水分的存在不利于甲烷的生成。

③ 高温时，氢氧化钠对玻璃容器有很强的腐蚀作用，CaO 的加入能防止氢氧化钠在高温时腐蚀玻璃，起到保护玻璃容器的作用。

④ 在反应物中 CaO 的加入使混合物变得稀松，更利于甲烷气体的逸出。

⑤ 使用酒精灯加热时，要从前往后缓慢移动进行预热，保证受热均匀，防止因突然集中受热而发生气流冲出药品的事故。

随堂练一练

1. 实验室利用无水乙酸钠和碱石灰共热制取甲烷，其化学方程式为：

_____。

2. 若将苯甲酸钠（C_6H_5COONa）和碱石灰的混合物加热，可以制取得到有机物苯（C_6H_6），若其反应原理与制取甲烷的原理类似，则其化学反应方程式应为：

_____。

3. 实验室用无水乙酸钠和碱石灰混合共热制取甲烷，方程式如下：

$$CH_3COONa + NaOH \xrightarrow[\triangle]{CaO} CH_4\uparrow + Na_2CO_3$$

将少量的 CH_3COOH 溶液和过量的 NaOH 溶液混合，加热至溶液蒸发，溶液蒸干后，继续充分加热直到化学反应停止，已知，在此过程中，发生了两个化学反应，请写出其反应方程式：

① _____。

② _____。

本章小结

基本概念

烃的定义：仅由碳和氢两种元素组成的碳氢化合物称为烃。

饱和烃定义：烃分子中的碳原子都以碳碳单键相连，碳原子剩余的价键均与氢原子结合，每个碳原子的化合价都已充分利用，达到"饱和"的状态，这种烃称为饱和烃。

同系列：烷烃的分子组成相差一个或几个 CH_2，像这种一系列的化合物称为同系列。

同系物：同系列中的各个化合物互称为同系物。

同系差：相邻两个同系物间的组成差别。烷烃同系差为 CH_2。

伯、仲、叔、季碳原子的概念：从烷烃分子结构可以看出，碳原子和氢原子连接位置、数目各有不同，可以将碳原子分为四类，即伯碳、仲碳、叔碳、季碳。

烷基：从烷烃分子中去掉一个氢原子后剩下的基团称为烷基，烷基的通式是—C_nH_{2n+1}，烷基常用 R—来表示。

取代反应：烷烃分子中的氢原子被其他原子或基团代替的反应称取代反应。

烷烃卤代反应：烷烃分子中的氢原子被卤素原子取代的反应称为卤代反应，又称为卤化反应。

氧化反应：有机化学中，通常把将分子中引入氧原子或脱去氢原子的反应称为氧化反应。

结　　构

甲烷的分子式是 CH_4。

甲烷分子是以碳原子为中心，四个氢原子位于四个顶点的正四面体结构。

同分异构

同分异构现象：化合物有相同的分子式，但是由于分子中原子的排列方式不同而引起的现象称为同分异构现象。

同分异构体：分子式相同，而原子的排列方式不同的化合物称为同分异构体，简称异构体。同分异构体又分为构造异构体和立体异构体。

化学反应

一、烷烃的卤代反应

$$CH_4 + Cl_2 \xrightarrow{强光} C + HCl$$

甲烷分子如果在光照情况下，氢原子可逐步被氯原子取代：

$$CH_4 + Cl_2 \xrightarrow{光照} CH_3Cl + HCl$$

$$CH_3Cl + Cl_2 \xrightarrow{光照} CH_2Cl_2 + HCl$$

$$CH_2Cl_2 + Cl_2 \xrightarrow{光照} CHCl_3 + HCl$$

$$CHCl_3 + Cl_2 \xrightarrow{光照} CCl_4 + HCl$$

1. 完全氧化

在氧气充足的情况下，烷烃在空气中燃烧，生成二氧化碳和水，并释放出大量的热：

$$CH_4 + O_2 \xrightarrow{燃烧} CO_2 + H_2O \quad +Q$$

$$C_2H_6 + O_2 \xrightarrow{燃烧} CO_2 + H_2O \quad +Q$$

2. 催化氧化

$$CH_4 + O_2 \xrightarrow[600℃]{NO} HCHO + H_2O$$

二、裂化反应

$$CH_3—CH_2—CH_2—CH_3 \xrightarrow{500℃} \begin{cases} CH_4 + C_3H_6 \\ C_2H_6 + C_2H_4 \\ C_4H_8 + H_2 \end{cases}$$

三、实验室制取甲烷

$$CH_3COONa + NaOH \xrightarrow[\triangle]{CaO} CH_4\uparrow + Na_2CO_3$$

命 名

一、普通命名法

普通命名法又称习惯命名法。

① 碳原子数在十以下的烷烃，依次命名为甲烷、乙烷、丙烷、丁烷、戊烷、己烷、庚烷、辛烷、壬烷、癸烷。

② 碳原子数在十以上的烷烃依次命名为十一烷、十二烷……

③ 把直链烷烃称为"正"某烷；从端位起，第二个碳原子连有一个甲基支链的烷烃称为"异"某烷；从端位起，第二个碳原子连有两个甲基支链的烷烃称为"新"某烷。

二、系统命名法

1. 选取主链

① 在烷烃的结构式中，选择一条含碳原子数最多的碳链作为主链（或称为母体），根据主链碳原子数称为"某"烷，支链则作为取代基。

② 烷烃分子中有两条以上等长碳链时，则选取支链较多的一条作为主链。

2. 给主链编号

① 应从靠近主链最近的支链一端开始编号，依次用阿拉伯数字1，2，3…进行编号，取

代基的位次用主链上碳原子的数字表示。

　　② 当距离主链两端等近的碳原子上有不同的支链时，应从较为简单的支链一端开始编号。

　　3. 写出烷烃名称

　　① 按照取代基位次、相同取代基数量、取代基名称、主链名称的顺序写出烷烃的全称。

　　② 若同时有几个取代基时，将较简单的取代基写在前面，较复杂的取代基写在后面。

　　③ 若有几个相同的取代基时，要逐个依次表示出位次，位次数字之间要用","隔开。

　　④ 相同取代基的个数需要用大写中文数字"二、三、四…"表示。

　　⑤ 中文数字和中文与阿拉伯数字之间必须用短横线"-"间隔。

第三章

不饱和烃

 读一读

在生活中，我们常常有这样的经验，将没有完全熟透的水果与熟透的香蕉放在一起，尚未熟透的水果就会在短时间内变熟。这是什么原因呢？答案很简单，这是因为熟透的香蕉会散发出微量的乙烯，而微量的乙烯可以诱导水果成熟，乙烯被认为是最重要的植物调节激素，同时乙烯也是最简单的烯烃，让我们一起来学习烯烃的相关知识。

 完成本章的学习后，你可以做到

① 了解烯烃、炔烃、二烯烃的概念；

② 会给简单烯烃、炔烃、二烯烃命名，熟练掌握系统命名法，会选取主链、会给主链编号，会给烯烃、炔烃、二烯烃命名；

③ 了解并知道烯烃、炔烃、二烯烃的物理性质，了解其颜色、气味、熔点、沸点、密度、溶解性等；

④ 掌握烯烃、炔烃、二烯烃典型的化学反应，如加成反应、氧化反应、聚合反应等；

⑤ 掌握几种不饱和烃的鉴别方法，并会书写鉴别过程；

⑥ 掌握制备乙炔的方法。

第一节
烯烃

新概念

　　不饱和烃　烃类有机化合物分子中若含有碳碳双键或碳碳三键，则这种烃类称为不饱和烃。最重要、最常见的不饱和烃包括烯烃和炔烃。

　　烯烃　有机化合物分子中含有碳碳双键（C＝C）的不饱和烃称为烯烃。烯烃分子中仅含有一个碳碳双键的称为单烯烃，烯烃分子中含有两个碳碳双键的称为二烯烃，因此烯烃的官能团是 C＝C。

新知识

一、烯烃的结构和通式

1. 乙烯的结构

乙烯的分子式为：C_2H_4。乙烯的分子结构式为：

$$\begin{array}{c} H \\ | \\ C \end{array} = \begin{array}{c} H \\ | \\ C \end{array}$$

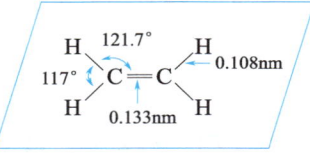

图 3-1　乙烯平面结构图

经研究表明，乙烯分子是平面形结构，两个碳原子和四个氢原子在同一平面内，如图 3-1 所示。

想一想

根据表 3-1 提供的数字，想一想碳碳双键 C＝C 的键长是碳碳单键 C—C 键长的 2 倍吗?

表 3-1　键长数据表

项目	C—C	C＝C
键长/nm	0.153	0.133

乙烯的立体结构有球棍模型和比例模型，如图 3-2 所示。

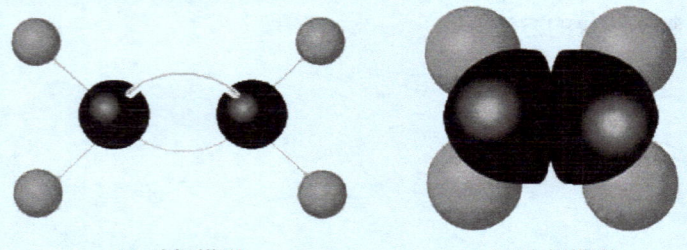

(a) 球棍模型　　　　　(b) 比例模型

图 3-2　乙烯的立体结构图

1. 烯烃的官能团是_____。
2. 烯烃的通式是_____。
3. 乙烯分子是_____结构，两个碳原子和四个氢原子在_____。
4. 烯烃分子中仅含有一个碳碳双键的称为_____。
5. 烯烃分子中含有两个碳碳双键的称为_____。
6. 烃类分子中若含有碳碳双键或碳碳三键，则这种烃类称为_____。

2. 烯烃的通式

温故知新

我们在前一章学过，烷烃分子中，碳原子间以碳碳单键（C—C）相结合，烷烃分子通式为 C_nH_{2n+2}，烯烃碳原子之间以碳碳双键结合（C＝C），碳原子间每增加一个共价键，就会相应减少 2 个氢原子，因此，烯烃分子中必然会比相同碳原子数的烷烃分子少两个氢原子，那么同学们想想，烯烃的通式是什么呢？

同学们推导出来了么？

烯烃的通式是 C_nH_{2n}（$n \geq 2$）。如果烯烃分子中有 n 个碳原子，那么就有 $2n$ 个氢原子。

二、烯烃的同系物和同分异构体

1. 烯烃的同系物

乙烯是最简单的烯烃，烯烃同系物分子之间相差若干个 $(CH_2)_n$。同系物的分子式随着碳原子数的变化而变化，想要了解同系物的性质，只需要掌握有代表性的几个化合物，就可以推导出其他同系物的性质，表 3-2 为几种常见的烯烃同系物。

表 3-2　几种常见的烯烃同系物

烯烃名称	结构简式	分子式
乙烯	$CH_2\!=\!CH_2$	C_2H_4
丙烯	$CH_2\!=\!CH—CH_3$	C_3H_6
1-丁烯	$CH_2\!=\!CH—CH_2—CH_3$	C_4H_8
1-戊烯	$CH_2\!=\!CH—CH_2—CH_2—CH_3$	C_5H_{10}

2. 烯烃的同分异构体

在烯烃的同系物中，乙烯没有同分异构体，碳原子数在三或三以上的烯烃，同分异构现象要比烷烃复杂很多，分为碳链异构、官能团异构、顺反异构（此书不做介绍），碳链异构和官能团异构属于构造异构，顺反异构属于立体异构。

碳链异构　烯烃分子中因碳链位置的改变或碳链成环而形成的同分异构称为碳链异构。

官能团异构　烯烃分子中含有碳碳双键（C＝C）官能团，因碳碳双键的位次变化而形成的同分异构称为官能团位置异构。

▰▰▰➡ **理论剖析助手**

请分析并写出分子式为（C_4H_8）的碳链异构体、官能团异构体。

分析与解答

分子式是 C_4H_8 的有机物分子具有四个碳原子，有两类同分异构体，一类是碳链异构体，一类是官能团异构体。

① 写出碳链异构体

首先写出分子式为 C_4H_8 的碳链异构体，当四个碳原子为直链时，碳碳双键在端位的支链烯烃，命名为 1-丁烯：

$$CH_2 =\!\!=CH-CH_2-CH_3$$
$$\text{1-丁烯}$$

然后写出主链为三个碳原子，一个甲基作为支链的端位烯烃，命名为 2-甲基丙烯：

$$CH_2 =\!\!= C - CH_3$$
$$| \quad\quad$$
$$CH_3$$

$$\text{2-甲基丙烯}$$

烯烃和同碳原子数的环烷烃是同分异构体，最后写出碳链成环状，碳原子数量相同的环烷烃：

$$H_2C - CH_2$$
$$|\quad\quad\quad|$$
$$H_2C - CH_2$$
$$\text{环丁烷}$$

② 写出官能团异构体

主链碳原子数是四的烯烃，将双键位置从原来的端位移动到 2 号位碳原子和 3 号位碳原子中间，形成一个新的异构体，这是官能团位置不同而产生的异构体，将此化合物命名为 2-丁烯：

$$CH_3-CH =\!\!=CH-CH_3$$
$$\text{2-丁烯}$$

通过以上的分析，我们可以得出分子式为 C_4H_8 的同分异构体共有 4 种。

🌀 **随堂练一练**

1. 写出 C_3H_6 的所有同分异构体。

2. 下列叙述正确的是（　　）。

A. 通式为 C_nH_{2n} 的有机物都是烯烃

B. 所有烯烃的碳原子都在一个平面上

C. 分子式相同的有机物，一定是同分异构体

D. 乙烯没有同分异构体

3. 写出 C_5H_{10} 的所有同分异构体。

4. 烯烃分子中因碳链位置的改变或碳链成环而形成的同分异构体称为_____。

5. 烯烃分子中含有碳碳双键（C =\!\!= C）官能团，因碳碳双键的位次变化而形成的同分异构体称为_____。

第二节

烯烃的命名

新概念

烯基　在烯烃分子中，去掉一个氢原子，剩下的基团称为烯基。

新知识

烯烃中常见的烯基如表 3-3 所示。

表 3-3　烯烃中常见的烯基

乙烯基	丙烯基	烯丙基	异丙烯基
$CH_2\!=\!CH-$	$CH_3-CH\!=\!CH-$	$CH_2\!=\!CH-CH_2-$	$CH_3-\underset{\parallel}{C}-CH_2$

一、烯烃的习惯命名法和衍生物命名法

1. 烯烃的习惯命名法

烯烃的习惯命名法又称为烯烃的普通命名法，只适合特定的几种烯烃，可将"正""异"词头加在烯烃名称之前，例如异丁烯：

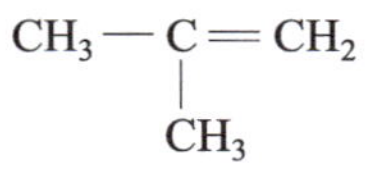

$$CH_3-\underset{\underset{CH_3}{|}}{C}\!=\!CH_2$$

异丁烯

2. 烯烃的衍生物命名法

以乙烯为母体，其他基团看成是乙烯的烷基衍生物，若两个相同的基团在碳碳双键两侧对称分布，则称为对称某乙烯，若两个相同基团在碳碳双键两侧分布不对称，则称为不对称某乙烯，我们将这种命名法称为烯烃的衍生物命名法。例如：

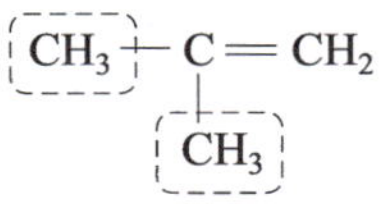

$$\boxed{CH_3}-\underset{\underset{\boxed{CH_3}}{|}}{C}\!=\!CH_2 \qquad\qquad \boxed{CH_3}-CH\!=\!CH-\boxed{CH_3}$$

对称二甲基乙烯

不对称二甲基乙烯

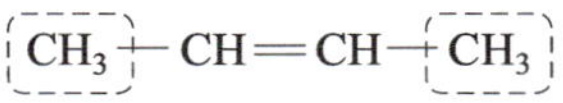

$$CH_3-\underset{\underset{CH_3}{|}}{C}\!=\!\underset{\underset{CH_3}{|}}{C}-CH_3 \qquad\qquad CH_2\!=\!CH-\underset{\underset{CH_3}{|}}{CH}-CH_3$$

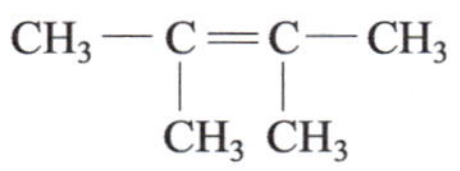

四甲基乙烯 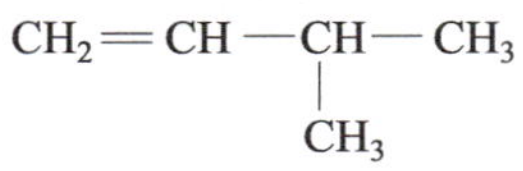　　　　　　　　　异丙基乙烯

二、 烯烃的系统命名法

1. 选主链或选母体

选取包含碳碳双键（C＝C）在内的最长碳链作为烯烃的主链，将支链作为取代基，根

据主链上碳原子的数量，将该烯烃命名为"某烯"。

① 主链碳原子数在 10 以下时，与烷烃命名主链时相似，采用甲、乙、丙、丁、戊、己、庚、辛、壬、癸等天干名字。若主链上碳原子数量大于 10 时，则用大写数字表示为"大写数字-碳烯"，例如：

$$\underrightarrow{CH_2 = CH - (CH_2)_{11}CH_3 \quad \text{大于10个碳}}$$
$$1\text{-十四碳烯}$$

② 若烯烃分子中存在两条及两条以上碳原子数相同的碳链，且都含有碳碳双键，则选取其中一条支链较多的作为主链，例如：

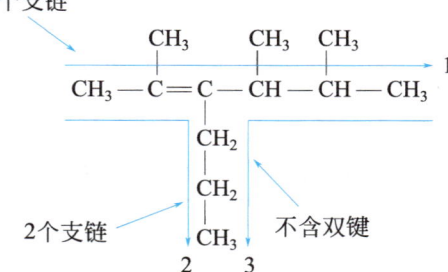

1 号碳链上，含有碳碳双键，碳原子数是 6 个，有 4 个支链；2 号碳链上，也含有碳碳双键，碳原子数是 6 个，有 2 个支链；3 号碳链上，虽然有 7 个碳原子，碳链最长，但是不含有碳碳双键，因此应该选择 1 号碳链作为主链。

2. 给主链编号

在选好的主链上，从最靠近碳碳双键（C═C）的一端开始编号，使碳碳双键的两个碳原子编号最小，数字与汉字之间用短横线"-"连接。例如：

$$\overset{1}{C}H_3 - \overset{2}{C} = \overset{3}{C}H - \overset{4}{C}H_2 - \overset{5}{C}H_3$$
$$\qquad\quad |$$
$$\qquad\quad CH_3$$

上式编号若按照从左向右的顺序编号，则双键位置序号为 3 和 3，若按照从右向左的顺序编号，则双键位置序号为 3 和 4，应使双键位置序号最小，则应按照从左向右的顺序进行编号。

3. 命名

按照取代基位次（含有多个相同取代基时，位次号用逗号","隔开）、取代基数量（大写数字）、取代基名称、双键碳原子位次最小序号、母体名称的顺序写出烯烃的名称。例如：

$$\qquad\qquad\qquad CH_3$$
$$\qquad\qquad\qquad |$$
$$CH_3 - C = CH - CH - CH - CH_3$$
$$\qquad\quad |\qquad\qquad\quad |$$
$$\qquad\quad CH_3\qquad\qquad CH_3$$

2,4,5-三甲基-2-己烯
├── 母体
├── 双键碳原子位次
├── 取代基数量和取代基名称
└── 取代基位次

🔵 随堂练一练

1. 用衍生物命名法给下列化合物命名。

① $CH_3-CH=CH-CH_3$　　　② $CH_3-\underset{\underset{CH_3}{|}}{C}=CH-CH_3$

2. 用系统命名法给下列化合物命名。

① $CH_3-\underset{\underset{CH_3}{|}}{C}=CH-CH_2-CH_3$　　　② $CH_3-CH_2-CH_2-\underset{\underset{CH_2}{||}}{C}-CH_2-\underset{\overset{CH_3}{|}}{CH}-CH_3$

3. 下列基团是丙烯基的构造式是（　　）。

A. $CH_2=CH-$ 　　　B. $CH_3-CH=CH-$

C. $CH_2=CH-CH_2-$ 　　　D. $CH_3-\underset{|}{C}=CH_2$

第三节

烯烃的化学反应

你知道烯烃的物理性质吗？

烯烃的物理性质与烷烃相似，在常温下，碳原子数量在 2～14 之间的烯烃为气体，碳原子数量在 5～18 之间的烯烃为液体，碳原子数量在 19 以上的烯烃为固体。烯烃的沸点随碳原子数量增加而升高，烯烃的熔点变化与沸点相似，熔点随分子中碳原子数量增加而升高。烯烃难溶于水，能溶于非极性或极性较小的有机溶剂，相对密度小于 1。烯烃是无色的有机化合物，液态烯烃具有类似汽油的气味。

新概念

α-碳原子　有机物分子中，与官能团直接相连的碳原子，称为 α-碳原子。

α-碳原子　　　　　α-碳原子

$$CH_3-\underset{\underset{\underset{α\text{-碳原子}}{}}{\overset{|}{CH_3}}}{C}=CH-CH_2-CH_3$$

α-氢原子　α-碳原子上的氢原子称为 α-氢原子。

新知识

一、烯烃的加成反应

烯烃中的碳碳双键不牢固，容易断裂，当烯烃与其他有机物分子 XY 反应时，断裂的双键分别加上 X 基团和 Y 基团。

烯烃的加成反应：我们将烯烃碳碳双键断裂，断裂后碳原子各自加上新的原子或基团的这种反应称为烯烃的加成反应。

$$\overset{}{C}{=}\overset{}{C} + X{-}Y \longrightarrow -\underset{\underset{X}{|}}{C}-\underset{\underset{Y}{|}}{C}-$$

碳碳键断裂

1. 催化加氢

烯烃在常温下和氢气不易发生加成反应，但在催化剂铂、钯、镍存在的条件下，烯烃与氢气可以发生加成反应，生成同碳原子数量的烷烃，同时放出大量的热，例如：

$$CH_2 = CH_2 + H_2 \xrightarrow{\text{催化剂}} CH_2 - CH_2$$
$$\quad\quad\quad\quad\quad\quad\quad\quad\quad | \quad\quad |$$
$$\quad\quad\quad\quad\quad\quad\quad\quad\quad H \quad\quad H$$
$$\text{乙烷}$$

对于任意一个烯烃分子，我们可将其表示为：

$$R^1 - CH = CH - R^2$$

那么对于任意烯烃，催化加氢的反应方程式可以写为：

$$R^1 - CH = CH - R^2 + H_2 \xrightarrow{\text{催化剂}} R^1 - CH - CH - R^2$$
$$\quad\quad\quad\quad\quad\quad\quad\quad\quad\quad\quad\quad\quad\quad\quad\quad | \quad\quad\quad |$$
$$\quad\quad\quad\quad\quad\quad\quad\quad\quad\quad\quad\quad\quad\quad\quad\quad H \quad\quad\quad H$$

烯烃催化加氢常用的催化剂有镍、铂、钯，一般认为烯烃和氢气都被吸附在催化剂的表面上，催化加氢无论在实验室还是在工业应用上都具有重要的意义。

粗汽油中经常含有少量的烯烃，导致粗汽油性能不稳定，通过烯烃的催化加氢反应，使粗汽油中的烯烃转化生成烷烃，提高汽油质量和油品的稳定性，加氢反应后的粗汽油称为加氢汽油。液体油脂中因含有少量的烯烃而变质，通过烯烃的催化加氢反应，将液体油脂变为固体，更有利于保存和运输，如图 3-3 所示。

图 3-3　生活中的汽油

2. 和卤素加成

烯烃与卤素容易发生加成反应，碳碳双键断裂后，每个碳原子加上一个卤素原子，生成邻二卤化物，卤素中氟与烯烃的反应非常剧烈，难以控制，而碘的活泼性很差，很难与烯烃发生反应，一般情况下，烯烃与卤素加成反应是指烯烃与氯或溴进行加成。工业上常采用加入催化剂 $FeCl_3$，用乙烯和氯气反应，制取 1,2-二氯乙烷。

$$CH_2 = CH_2 + Cl_2 \xrightarrow[40℃]{FeCl_3} CH_2 - CH_2$$
$$\quad\quad\quad\quad\quad\quad\quad\quad\quad\quad\quad\quad | \quad\quad |$$
$$\quad\quad\quad\quad\quad\quad\quad\quad\quad\quad\quad\quad Cl \quad\quad Cl$$
$$\text{1,2-二氯乙烷}$$

在常温、常压条件下，乙烯与溴发生加成反应，不需加入催化剂，反应可以迅速发生，生成 1,2-二溴乙烷：

$$CH_2 = CH_2 + Br_2 \longrightarrow CH_2 - CH_2$$
$$\quad\quad\quad\quad\quad\quad\quad\quad\quad\quad | \quad\quad |$$
$$\quad\quad\quad\quad\quad\quad\quad\quad\quad\quad Br \quad\quad Br$$
$$\text{（红棕色）}\quad\quad\text{1,2-二溴乙烷}\quad\quad\text{（无色）}$$

不同的烯烃与卤素发生加成反应，反应活性不同，顺序如下：

$$(CH_3)_2C = CHCH_3 > (CH_3)_2C = CH_2 > CH_3 - CH = CH_2 > CH_2 = CH_2$$

卤素与烯烃反应的活泼顺序为：

$$F_2 > Cl_2 > Br_2 > I_2$$

鉴别：将乙烯通入溴的四氯化碳溶液中，红棕色溴-四氯化碳溶液褪色，烯烃与溴发生加成反应，颜色由红棕色变为无色，利用此反应现象可以用来在实验室鉴别烯烃。

▶ 理论剖析助手

请用化学方法鉴别乙烷和乙烯。

分析与解答

想要鉴别几种物质，首先要知道每种物质所具有的特性，其次，鉴别时需要注意四个问题：

① 鉴别实验操作应尽量简单，不可设计极为复杂的实验步骤。

② 设计的化学反应应较易产生实验现象，例如：有气体生成、溶液中生成沉淀、溶液由澄清变为浑浊、有颜色变化、有气味、有温度变化等。

③ 设计鉴别实验时，应重点考虑每种物质官能团的特性反应，一般情况，官能团可以发生的特性反应是鉴别几种物质的突破口和关键点。

④ 书写鉴别实验时，格式应简单明了，不需要用方程式描述，不需要用文字叙述，只需将反应物、反应现象列出即可。

我们来看这道题，乙烷是烷烃类，分子中都是饱和的化学键，而乙烯是烯烃类，具有不饱和的碳碳双键，烯烃的鉴别反应可以使红棕色的溴-四氯化碳溶液褪色，而烷烃通入溴水后，红棕色不褪色，可以将乙烷和乙烯区分，书写如下：

$$
\begin{array}{l}
乙烷 \quad \diagdown \quad 溴水 \quad \diagup \quad 不褪色 \\
乙烯 \quad \diagup \quad 四氯化碳 \quad \diagdown \quad 褪色
\end{array}
$$

◆ 随堂练一练

一、写出下列反应式

1. $CH_2{=}CH_2 + Cl_2 \xrightarrow[40℃]{FeCl_3}$

2. $CH_2{=}\underset{\underset{CH_3}{|}}{C}{-}CH_3 \xrightarrow[CCl_4]{Br_2}$

3. $CH_3{-}CH_2{-}\underset{\underset{CH_3}{|}}{C}{=}CH_2 \xrightarrow[Ni]{H_2}$

二、填空

1. 常用来作烯烃催化加氢的催化剂有_____、_____、_____。

2. 实验室常用来鉴别烯烃和烷烃的试剂是_____溶液，现象_____。

3. 卤素与烯烃反应的活泼顺序为_____。

3. 和卤化氢加成

对称烯烃 当双键的碳原子两侧所连的基团或原子相同，这种烯烃称为对称烯烃。例如，乙烯、2-丁烯：

$$CH_2=CH_2 \qquad CH_3-CH=CH-CH_3$$

乙烯　　　　　　　　　　　　　2-丁烯

不对称烯烃　当双键的碳原子两侧所连的基团或原子不相同，这种烯烃称为不对称烯烃。例如，2-戊烯、4-甲基-1-戊烯：

$$CH_3-CH_2-CH=CH-CH_3 \qquad CH_3-CH-CH_2-CH=CH_2$$
$$\qquad\qquad\qquad\qquad\qquad\qquad\qquad\qquad\qquad | \atop CH_3$$

2-戊烯　　　　　　　　　　　　4-甲基-1-戊烯

烯烃与卤化氢发生加成反应，生成卤代烷。对称烯烃分子与卤化氢加成，卤原子和氢原子加成到任意一个双键碳原子上，所得产物都是一样的，例如，乙烯和氯化氢发生加成反应，在无水氯化铝作催化剂的条件下，生成氯乙烷：

$$CH_2=CH_2 + HCl \xrightarrow[130\sim250℃]{无水AlCl_3} CH_2-CH_2$$
$$\qquad\qquad\qquad\qquad\qquad\qquad\qquad | \quad | \atop H \quad Cl$$

氯乙烷

若不对称烯烃与卤化氢发生加成反应，卤原子和氢原子加成到不同的双键碳原子上，得到两种不同的卤代烷，如1-丁烯和氯化氢加成：

$$CH_3-CH_2-CH=CH_2 + HCl$$

$$\longrightarrow CH_3-CH_2-CH-CH_2 \quad (H \quad Cl) \quad 1-氯丁烷$$

$$\longrightarrow CH_3-CH_2-CH-CH_2 \quad (Cl \quad H) \quad 2-氯丁烷$$

实验表明，加成产物主要是 2-氯丁烷。

想一想

请同学们想一想，烯烃和卤代烷加成，主要生成哪种产物呢？这其中有没有什么规律呢？

马尔柯夫尼柯夫规则　俄国化学家马尔柯夫尼柯夫(Markkovnikov)根据实验总结出：当不对称烯烃和卤化氢等不对称试剂加成时，试剂中的氢原子加成到烯烃中含氢较多的那个双键碳原子上，卤原子加成到烯烃中含氢较少的那个双键碳原子上，此规则被称为马尔柯夫尼柯夫规则，简称马氏规则或不对称加成规则。

过氧化物效应　当烯烃与溴化氢发生加成反应时，如果有过氧化物的存在，则加成是反马氏规则。这种由于过氧化物的存在，改变烯烃加成取向的现象称为过氧化物效应。过氧化物效应只存在于不对称烯烃与溴化氢加成反应中。

利用反马氏规则，碳碳双键在端位的烯烃可以制取 1-溴代烷：

$$CH_2=CH-CH_2-CH_3 + HBr \xrightarrow{过氧化物} CH_2-CH-CH_2-CH_3 \quad (Br \quad H)$$

1-溴丁烷

不同烯烃和卤化氢加成反应的难易，与不同烯烃和卤素加成的难易顺序是一样的。而不同的卤化氢与烯烃发生加成反应的活泼顺序为：

$$HI>HBr>HCl$$

読一読

　　马尔柯夫尼柯夫 1838 年出生在苏联高尔基城的农村，1856 年，进入喀山大学法学系，在主修法学专业的同时，旁听布特列夫的有机化学课，并获得了在实验室实习的机会，大学毕业后，他没有从事法律方面的相关工作，而是留校成为一名实验室的助理。1862 年，由于他的指导老师生病卧床，他开始代替老师给学生讲授化学专业课，留学归国后，在喀山大学任副教授。1869 年获得博士学位，马尔柯夫尼柯夫闻名于世的是以他名字命名的马氏规则，揭示了不对称烯烃和卤代烃的加成规律。同时，他对有机化学的执着追求精神影响着一代又一代人。

4．和硫酸加成

烯烃与硫酸较容易发生加成反应，生成硫酸氢烷基酯，例如：

$$CH_2 = CH_2 + H \vdash O — SO_2OH \longrightarrow \begin{array}{cc} CH_2 — CH_2 \\ | \quad\quad | \\ H \quad\quad OSO_2OH \end{array}$$
硫酸氢乙酯

不对称烯烃与硫酸发生加成反应，生成硫酸氢烷基酯，遵守马氏规则，例如：

$$CH_3 — CH = CH_2 + H \vdash O — SO_2OH \longrightarrow \begin{array}{c} CH_3 — CH — CH_3 \\ | \\ OSO_2OH \end{array}$$
硫酸氢异丙酯

生成的硫酸氢烷基酯与水加热时，发生水解反应，分解成醇和硫酸，例如：

$$\begin{array}{c} CH_3 — CH — CH_3 \\ | \\ OSO_2OH \end{array} + H_2O \xrightarrow{\triangle} \begin{array}{c} CH_3 — CH — CH_3 \\ | \\ OH \end{array} + H_2SO_4$$
异丙醇

　　间接水合法　烯烃与硫酸加成后接着与水发生水解反应，最后生成醇，这种生成醇的方法称为烯烃的间接水合法。间接水合法是工业上生产低级醇的一种方法。

5．和水加成

　　直接水合法　烯烃在酸的催化下（通常用硫酸或磷酸作催化剂），可以与水直接发生加成反应，生成醇，将这种生成醇的方法称为烯烃的直接水合法。直接水合法符合马氏规则，不同烯烃和水加成难易顺序与烯烃和卤素加成的难易顺序一致，例如：

$$CH_3 — CH = CH_2 + H_2O \xrightarrow[260\sim290℃]{磷酸-硅藻土} \begin{array}{c} CH_3 — CH — CH_3 \\ | \\ OH \end{array}$$

　　直接水合法和间接水合法的比较如下。

　　① 直接水合法对原料和设备要求较高，间接水合法对原料和设备要求不高；

　　② 直接水合法工艺简单，一步完成反应，而间接水合法工艺步骤多，需要烯烃先和硫酸发生加成反应，再和水发生水解反应，工艺过程较长；

　　③ 直接水合法原子利用率较高，符合绿色化学生产要求，有较大的发展前景，而间接水合法由于硫酸参与了反应，但是并没有参加到最终产物，原子利用率低，且"三废"严

重，不符合绿色生产要求。

6. 和次卤酸加成

烯烃与溴或氯在有水的情况下，发生加成反应，实际上，卤素与水先生成次卤酸，卤原子和 OH^- 所带电荷不同，卤原子形成阳离子 Cl^+ 加成到含氢较多的双键碳原子上，OH^- 加成到含氢少的双键碳原子上，生成卤代醇，不对称烯烃与次卤酸的加成反应遵守马氏规则，例如：

$$CH_3-CH=CH_2 + Cl_2 + H_2O \longrightarrow CH_3-\underset{OH}{CH}-\underset{Cl}{CH_2}$$
$$(HO\text{-}|\text{-}Cl)$$

1-氯-2-丙醇

$$H_2C=CH_2 + HO\text{-}|\text{-}Cl \longrightarrow H_2\underset{OH}{C}-\underset{Cl}{CH_2}$$

2-氯乙醇

随堂练一练

完成下列反应式。

1. $CH_3-CH=CH_2 \xrightarrow[<250℃]{Cl_2}$

2. $CH_3-CH=CH-\underset{CH_3}{CH}-CH_3 \begin{cases} \xrightarrow{HBr} \\ \xrightarrow[过氧化物]{HBr} \end{cases}$

3. $CH_3-\underset{CH_3}{CH}-\underset{CH_3}{\overset{CH_3}{C}}-C=CH_2 + Cl_2 + H_2O \longrightarrow$

4. $CH_3-\underset{CH_3}{C}=CH_2 \xrightarrow{H_2SO_4} \xrightarrow[\triangle]{H_2O}$

二、 烯烃的氧化反应

烯烃分子中的碳碳双键比较活泼，容易发生氧化反应，根据氧化反应不同，又分为催化氧化、氧化剂氧化、在氧气中燃烧。

1. 催化氧化

乙烯的催化氧化是在催化剂银的存在下，被氧气氧化生成环氧乙烷；在催化剂氯化钯-氯化铜的存在下，被氧气氧化成成乙醛。催化剂不同，烯烃催化氧化得到的氧化产物不同：

$$H_2C=CH_2 + O_2 \xrightarrow[200\sim300℃]{Ag} H_2\overset{}{C}\underset{O}{\diagup\diagdown}CH_2$$

环氧乙烷

$$H_2C=CH_2 + O_2 \xrightarrow[100℃]{PdCl_2\text{-}CuCl_2} CH_3-\underset{\overset{\|}{O}}{C}-H$$

乙醛

2. 氧化剂氧化

稀、冷的高锰酸钾水溶液和乙烯发生氧化反应，紫色的高锰酸钾褪色，生成棕褐色的二氧化锰沉淀，由于烯烃和高锰酸钾反应现象明显，且反应迅速。因此，此反应可用来鉴别烯烃和烷烃：

$$H_2C \!=\! CH_2 + KMnO_4 + H_2O \xrightarrow{\text{稀、冷}} MnO_2\downarrow + \underset{\underset{乙二醇}{OH\ \ OH}}{H_2C - CH_2} + KOH$$

$$\underset{CH_3}{CH_3 - CH \!=\! CH - CH - CH_3} \xrightarrow{\text{稀、冷}KMnO_4} MnO_2\downarrow + CH_3 - \underset{OH}{CH} - \underset{OH}{CH} - \underset{CH_3}{CH} - CH_3$$

过量的高锰酸钾在加热的条件下或者高锰酸钾在酸性条件下与烯烃发生氧化反应生成羧酸或酮：

$$R - CH \!=\! CH - R^1 \xrightarrow[\text{或}H^+,\ KMnO_4]{\text{过量}KMnO_4,\ \triangle} \underset{羧酸}{R - \overset{O}{\overset{\|}{C}} - OH} + \underset{羧酸}{R^1 - \overset{O}{\overset{\|}{C}} - OH}$$

$$\underset{R^1}{R - C \!=\! CH_2} \xrightarrow[\text{或}H^+,\ KMnO_4]{\text{过量}KMnO_4,\ \triangle} \underset{酮}{R - \underset{O}{\overset{\|}{C}} - R^1} + H_2O + CO_2$$

烯烃与过量的高锰酸钾反应，生成物取决于烯烃的构造，反应规律如下：

① 烯烃结构为 $R - CH \!=\!$ 时，被氧化成 $R - \underset{OH}{\overset{}{C}} \!=\! O$（RCOOH）。

② 烯烃结构为 $R - \underset{R^1}{C} \!=\!$ 时，被氧化成 $R - \underset{R^1}{\overset{}{C}} \!=\! O$。

③ 烯烃结构为 $CH_2 \!=\!$ 结构时，生成 CO_2 和 H_2O。

▶▶ 理论剖析助手

某种烯烃，分子组成为 C_6H_{12}，将该烯烃用酸性高锰酸钾溶液氧化，生成 CO_2、水和 $\underset{CH_3}{CH_3 - CH - CH_2} - \underset{OH}{C} \!=\! O$，试推测此烯烃的构造式。

分析与解答

第一步：从题中可知，该烯烃生成二氧化碳和水，根据烯烃与高锰酸钾反应规律，当烯烃中含有 $CH_2 \!=\!$ 结构时，生成物为二氧化碳和水，据此可知，该烯烃分子结构中含有 $CH_2 \!=\!$。

第二步：由于该烯烃生成 $\underset{CH_3}{\boxed{CH_3 - CH - CH_2}} - \underset{OH}{C} \!=\! O$，根据烯烃与高锰酸钾反应规律，生成 $R - \underset{OH}{\overset{}{C}} \!=\! O$ 结构，烯烃中含有 $R - CH \!=\!$ 结构。

第三步：根据以上两步的分析，该烯烃含有 $CH_2=$ 结构和 $R-CH=$ 结构，因此该烯烃构造式为 $R-CH=CH_2$。

第四步：补全 R 结构中碳和氢，烯烃构造式为 $CH_3-\underset{\underset{CH_3}{|}}{CH}-CH_2-CH=CH_2$。

3. 在氧气中燃烧

烯烃在空气中点燃，可以和空气中的氧气反应，生成二氧化碳和水，乙烯在氧气中燃烧发出明亮的火焰：

$$CH_2=CH_2+O_2 \xrightarrow{\text{点燃}} CO_2+H_2O$$

随堂练一练

完成下列反应。

1. $CH_3-\underset{\underset{CH_3}{|}}{CH}-\underset{\underset{CH_3}{|}}{CH}-C=CH_2 \xrightarrow[H^+]{KMnO_4}$

2. $CH_3-\underset{\underset{CH_3}{|}}{CH}-CH_2-CH=CH_2 \xrightarrow{\text{过量}KMnO_4}$

3. $H_2C=CH_2+O_2 \xrightarrow[200\sim300℃]{Ag}$

4. $H_2C=CH_2+O_2 \xrightarrow[100℃]{PdCl_2\text{-}CuCl_2}$

三、烯烃的聚合反应

烯烃以自身分子为单体，进行自我加成的反应称为聚合反应。

$$n\,CH_2=CH_2 \xrightarrow[60\sim150℃]{\text{三乙基铝-四氯化钛}} \underset{\text{聚乙烯}}{\left[CH_2-CH_2 \right]_n}$$

能够发生聚合反应的小分子化合物（如乙烯）称为单体。聚合后，生成的分子量较大的化合物（如聚乙烯）称为聚合物。

四、烯烃的 α-氢原子的取代反应

烯烃与卤素反应，不同温度条件，发生的反应类型不同，产物也不同：烯烃在温度较低的条件下（温度小于300℃时），烯烃与卤素主要发生加成反应，碳碳双键断裂，两个卤原子加成到两个双键碳原子上；当反应的温度较高时，烯烃主要发生 α-氢原子的取代反应，例如：

$$CH_3-CH_2-CH=CH_2+Cl_2 \xrightarrow{<300℃} CH_3-CH_2-\underset{\underset{Cl}{|}}{CH}-\underset{\underset{Cl}{|}}{CH_2}$$

加成反应　　　　　　　　　　1,2-二氯丁烷

$$CH_3-CH_2-CH=CH_2 + Cl_2 \xrightarrow{500℃} CH_3-CH-CH=CH_2$$

α-氢原子取代

Cl

3-氯-1-丁烯

随堂练一练

完成下列反应，写出生成物或反应条件。

1. $CH_3-CH=CH_2$　$\xrightarrow[500℃]{Cl_2}$　$<250℃$

2. $n\, CH_2=CH_2$　$\xrightarrow{?}$　$\left[\!\!\!\begin{array}{c} CH_2-CH_2 \end{array}\!\!\!\right]_n$

3. $CH_3-CH-CH_2-\overset{\displaystyle CH_3}{\underset{\displaystyle CH_3}{C}}=CH_2$　$\xrightarrow[>300℃]{Br_2}$

4. $n\, CH_2=CH_2$　$\xrightarrow[加热]{三乙基铝-四氯化钛}$

有机化学实验室

实验报告要点

① 实验目的　要写出这次实验要达到什么目标，学会什么技能，掌握什么操作方法等。

② 实验原理　写出本次实验的理论依据，列举出需要计算的公式，写出本次实验的主反应方程式和副反应方程式，理论依据应简单扼要，不应大篇幅赘述。

③ 实验仪器、材料和药品　要写出本次实验所有用到的仪器、材料、药品，不论药品用量多么微量，不能漏写，实验仪器应写清厂家、规格、型号，写清玻璃仪器的容量。

④ 实验步骤　说明实验步骤时，尽可能地用实验装置图来解释，清晰地画出实验仪器搭建的结构，避免了烦琐的文字描述，在撰写实验步骤时，应结合实验原理，用准确的专业术语对实验的具体过程进行描述。实验步骤是一个实验的核心，尽量描述每个细节，实验步骤中应写出该实验的注意事项。

⑤ 实验记录　用专业术语准确记录实验现象和数据，切记避免在实验报告中出现口语，实验记录中，不可加入任何主观因素，不可对实验数据进行修改。

⑥ 实验结果与数据分析　用准确的专业术语将原始数据进行说明，尽量利用表格将原始数据列出，体现出数据的规律性和层次性。数据处理要写出计算式，计算过程简洁清楚，计算结果准确无误。对实验结果要进行误差分析。

⑦ 实验评价　实验评价体现实验者对实验的认识程度，实际得到的实验结果与预期的结果不符合，不可随意修改实验结果，正确的评价应该是对本次实验进行的客观分析，如果实验失败，应该找出失败的原因和今后再次实验注意的事项。

第四节
重要的烯烃及应用

新知识

　　乙烯、丙烯等低级烯烃是有机化学工业重要的原料，在石油冶炼过程中，炼厂气中常常含有乙烯、丙烯、丁烯等低级烯烃，经过分馏、精馏等方法可以对烯烃进行分离和提纯，石油裂解气是获得低级烯烃的重要来源之一。

一、乙烯

　　乙烯是一种无色气体，略带甜味，密度比空气低，是有机合成的重要起始原料，以乙烯为原料，可以合成多种产品及医药中间体，如氯乙烷、聚氯乙烯等。乙烯还可以作为水果催熟剂，在水果尚未成熟的时候，将水果采摘下来，运到目的地时，将未成熟的水果放入密闭仓库中，通过缓慢释放乙烯气体，能够控制水果的成熟时间。

　　乙烯还是合成纤维、橡胶、塑料的基本原料，工业上获得乙烯的方法有石油裂解、乙醇催化脱水、焦炉煤气分离等。石油和天然气的资源丰富，大规模生产乙烯的成本低、质量稳定，乙醇催化脱水只限于用量不大的场合。

　　实验室制取乙烯，通常是采用加热乙醇和浓硫酸的混合物，乙醇脱水得到乙烯，制取乙烯所用的浓硫酸起到脱水和催化的作用。化学反应式如下：

$$CH_2-CH_2 \xrightarrow[170\,℃]{浓硫酸} CH_2=CH_2\uparrow + H_2O$$
$$\underbrace{\quad|\quad\quad\quad|\quad}_{脱水}$$
$$\ \ \ H\quad\quad OH$$

二、丙烯

　　丙烯是无色气体，不溶于水，对皮肤和黏膜有刺激性、高浓度丙烯具有麻醉作用，皮肤或黏膜接触液态丙烯会引起冻伤。工业上炼厂催化气和石油烃高温裂解可以精馏得到丙烯，丙烯可以生产多种有机原料，如丙烯腈、环氧丙烷、异丙苯、丙酮等。

第五节
炔烃

新概念

　　炔烃　分子中含有碳碳三键（C≡C）的不饱和烃称为炔烃。炔烃的官能团是 C≡C。

新知识

一、炔烃的结构

1. 乙炔的结构
乙炔的分子式为 C_2H_2。乙炔的分子结构式为 H—C≡C—H。

经物理方法测得，乙炔的结构为线性分子，键角为 180°，如图 3-4 所示。

乙炔的分子模型有球棍模型和比例模型，如图 3-5 所示。

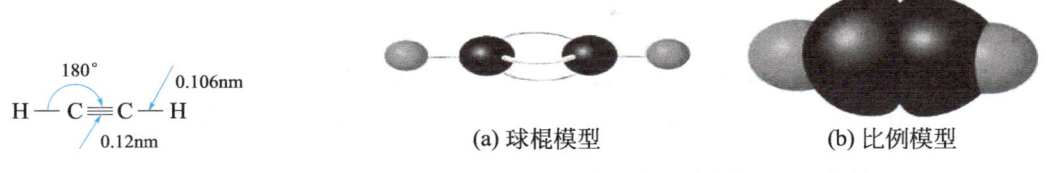

图 3-4　乙炔分子结构

(a) 球棍模型　　　　(b) 比例模型

图 3-5　乙炔的球棍模型和比例模型

2. 炔烃的通式

温故知新

前一章学过烯烃分子中，官能团为碳碳双键，碳原子之间以双键（C=C）相结合，烯烃分子通式为 C_nH_{2n}，而炔烃的碳原子之间以碳碳三键结合（C≡C），碳原子间每增加一个共价键，就会相应减少 2 个氢原子，因此，炔烃分子必然会比相同碳原子数的烯烃分子少两个氢原子，请想一想，炔烃的通式是什么呢？

炔烃的通式是 C_nH_{2n-2}。

随堂练一练

1. 炔烃的官能团是＿＿＿＿＿＿＿＿＿＿＿＿＿。
2. 分子中含有＿＿＿＿＿＿＿＿＿＿的不饱和烃称为炔烃。
3. 乙炔为线型分子，键角为＿＿＿＿＿＿＿＿＿。
4. 乙炔的分子式为＿＿＿＿＿＿＿＿＿。
5. 炔烃的通式是＿＿＿＿＿＿＿＿，烯烃的通式为＿＿＿＿＿＿＿＿。

二、炔烃的同分异构体和命名

1. 炔烃的同分异构体

炔烃的同分异构体有两大类，分别是碳链异构和官能团异构。炔烃和碳原子数相同的二烯烃互为同分异构体。

▶▶▶　理论剖析助手

请分析并写出分子式为（C_5H_8）的碳链异构体、官能团异构体。

分析与解答

1. 写出碳链异构体

首先写出分子式为 C_5H_8 的碳链异构体，当碳链为直链时，碳碳三键在端位的 1-戊炔。

$$HC≡C—CH_2—CH_2—CH_3$$

1-戊炔

然后写出主链含有四个碳原子，有一个甲基作为支链的端位炔烃，3-甲基-1-丁炔：

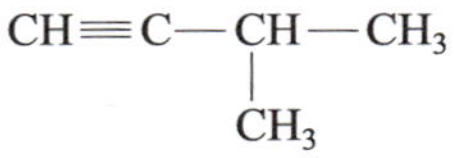

$$CH≡C—CH—CH_3$$
$$|$$
$$CH_3$$

3-甲基-1-丁炔

2. 写出官能团异构体

将端位的碳碳三键向右移动一个位置，形成一个新的同分异构体，即 2-戊炔：

$$CH_3 - C \equiv C - CH_2 - CH_3$$

2-戊炔

炔烃和同碳原子数的二烯烃是同分异构体，分别写出二烯烃分子（二烯烃会在后续章节介绍）：

$$CH_2 = CH - CH_2 - CH = CH_2$$

1,4-戊二烯

$$CH_2 = \underset{\underset{CH_3}{|}}{C} - CH = CH_2$$

2-甲基-1,3-丁二烯

$$CH_2 = CH - CH = CH - CH_3$$

1,3-戊二烯

$$CH_2 = CH - CH = CH - CH_3$$

1,2-戊二烯

$$CH_2 = C = \underset{\underset{CH_3}{|}}{C} - CH_3$$

3-甲基-1,2-丁二烯

$$CH_3 - CH = C = CH - CH_3$$

2,3-戊二烯

所以分子式为（C_5H_8）的碳链异构体、官能团异构体共 9 种。

结构简单的乙炔和丙炔没有同分异构体，四个碳和四个碳原子数以上的炔烃由于碳链的不同和官能团的不同产生同分异构体。

🌀 随堂练一练

1. 写出所有 C_4H_6 的同分异构体。
2. 判断以下说法对错。
① 乙炔和乙烯互为同系物。
② 丙烯和丙炔互为同分异构体。
③ 丙炔没有同分异构体。
④ 丁炔的同分异构体有 2 种。

2. 炔烃的命名

炔烃的命名有两种：一种是衍生物命名法，另一种是系统命名法。

(1) 衍生物命名法　以乙炔为母体，将其他基团或原子看成是乙炔烃基衍生物。
例如：

$$CH_3 - C \equiv C - CH_2 - CH_3$$

甲基乙基乙炔

$$CH \equiv C - \underset{\underset{CH_3}{|}}{CH} - CH_3$$

异丙基乙炔

(2) 系统命名法　炔烃的系统命名法与烯烃相似。

炔烃的系统命名法命名法则有以下几个方面。

① 选主链 $C \equiv C$　选取包含碳碳三键在内的最长碳链作为炔烃的主链，将支链作为取代基，根据主链上碳原子的数量，将该炔烃命名为"某炔"。例如：

主链 →

$$CH_3CH_2 - \underset{\underset{CH_3}{|}}{CH} - C \equiv C - \underset{\underset{CH_3}{|}}{CH} - CH_3$$

② 编号　在选好的主链上，从最靠近碳碳三键（$C \equiv C$）的一端开始编号，使碳碳三键的两个碳原子编号最小，数字与汉字之间用短横线"-"连接。例如：

$$CH_3 - \overset{1}{C} \equiv \overset{2}{C} - \overset{3}{C}H - \overset{4}{C}H_3 \quad \underset{\overset{|}{CH_3}}{}$$

（编号 1 2 3 4 5，4号碳上有 CH₃）

③ 命名　按照取代基位次、取代基数量、取代基名称、碳碳三键位次最小序号、母体名称的顺序写出炔烃的名称。例如：

$$CH_3CH_2 - \underset{\overset{|}{CH_3}}{CH} - C \equiv C - \underset{\overset{|}{CH_3}}{CH} - CH_3$$

2,5-二甲基-3-庚炔

3. 烯炔的命名

烯炔　同时含有碳碳双键和碳碳三键的链烃称为烯炔。

烯炔的命名顺序是先定位取代基，然后定位双键位置并称为"某烯"，最后以炔作为母体结束命名。

烯炔的命名法则：

① 选择同时含有碳碳双键和碳碳三键在内的最长碳链作为主链。例如：

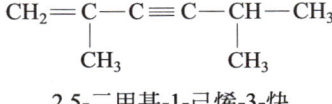

$$CH_2 = \underset{\overset{|}{CH_3}}{C} - C \equiv C - \underset{\overset{|}{CH_3}}{CH} - CH_3 \quad \text{主链}$$

② 编号　给主链编号时优先给碳碳双键以最低编号，例如：

$$\overset{5}{C}H \equiv \overset{4}{C} - \overset{3}{C}H_2 - \overset{2}{C}H = \overset{1}{C}H_2$$

③ 命名　与炔烃命名方法相似，按照取代基位次、取代基个数、取代基种类、双键位置、某烯、三键位次、炔的顺序命名，例如：

$$CH_3 - C \equiv C - \underset{\overset{|}{CH_3}}{C} = CH_2$$

2-甲基-1-戊烯-3-炔

$$CH_2 = \underset{\overset{|}{CH_3}}{C} - C \equiv C - \underset{\overset{|}{CH_3}}{CH} - CH_3$$

2,5-二甲基-1-己烯-3-炔

随堂练一练

1. 用衍生物命名法给下列化合物命名。

① $CH_3 - C \equiv C - CH_2 - CH_3$

② $CH_3 - C \equiv C - \underset{\overset{|}{CH_3}}{CH} - CH_3$

2. 用系统命名法给下列化合物命名。

① $CH_3CH_2 - \underset{\overset{|}{CH_3}}{CH} - C \equiv C - \underset{\overset{|}{CH_3}}{CH} - CH_3$

② $CH_3 - \underset{\overset{|}{CH_3}}{CH} - \overset{\overset{CH_3}{|}}{\underset{\overset{|}{CH_3}}{C}} - C \equiv CH$

③ $CH_2 = \underset{\overset{|}{CH_3}}{C} - C \equiv C - \underset{\overset{|}{CH_3}}{CH} - CH_3$

④ $CH_3 - \underset{\overset{||}{CH_2}}{C} - \underset{\overset{|}{CH_3}}{CH} - C \equiv CH$

三、 炔烃的化学反应

你知道炔烃的物理性质吗？

炔烃的物理状态与烯烃相似，碳原子数在 2～4 之间的炔烃为气体，碳原子数在 5～17 的炔烃是液体，碳原子数在 18 以上的炔烃是固体。炔烃的熔点、沸点随着碳原子数的增加而升高。炔烃的密度小于 1，相同碳原子数情况下，炔烃密度最大，烷烃密度最小。炔烃和烯烃相似，难溶于水而易溶于有机溶剂，如乙醚、丙酮、四氯化碳等。

炔烃分子中含有碳碳三键，与烯烃的化学性质相似。炔烃的化学反应多数发生在炔烃的官能团上，因此炔烃比较活泼，容易发生加成、氧化、聚合反应。同时，由于和碳碳三键直接相连的氢原子具有一定的酸性，容易被特定金属或金属离子取代。

1. 加成反应

[1] 催化加氢　在催化剂铂、钯、镍的催化下，炔烃分子中的碳碳三键断裂，与氢气发生加成反应。首先两个氢原子发生加成，生成烯烃，烯烃进一步断裂碳碳双键，然后再与两个氢原子发生加成，生成烷烃，例如：

$$CH \equiv C-CH_3 \xrightarrow[Pd]{H_2} CH_2 = CH-CH_3 \xrightarrow[Pd]{H_2} CH_3-CH_2-CH_3$$

选择适当的催化剂，可以使催化加氢停留在烯烃阶段，例如，用喹啉部分毒化的 Pd-BaSO$_4$、用乙酸铅部分毒化的 Pd-CaCO$_3$（林德拉催化剂）、NiB$_2$ 都可以使炔烃的催化加氢停留在烯烃阶段，例如：

$$CH \equiv C-CH_3 \xrightarrow[\text{林德拉催化剂}]{H_2} CH_2 = CH-CH_3$$

工业上，石油裂解得到的乙烯中，常常含有微量的乙炔，利用适当的催化剂，能够使少量的乙炔催化加氢生成乙烯，提高乙烯的纯度。

[2] 和卤素加成　炔烃与卤族元素中的氯和溴容易发生加成反应。在较低温度下，可控制炔烃和 1 分子卤素发生加成反应，生成二卤代烯烃，若氯气过量，则生成四卤代烷烃，例如：

$$HC \equiv CH \xrightarrow[FeCl_3]{Cl_2} \underset{\underset{Cl}{|} \quad \underset{Cl}{|}}{HC = CH} \xrightarrow[80\sim85℃]{Cl_2,FeCl_3} \underset{\underset{Cl}{|} \quad \underset{Cl}{|}}{\overset{\overset{CH}{|} \quad \overset{Cl}{|}}{HC-CH}}$$

选择性加成　烯炔分子中即含有碳碳双键，又含有碳碳三键。当烯炔与卤素发生加成反应时，首先发生碳碳双键加成，碳碳三键不参与加成反应，烯炔的这种加成性质称为选择性加成。例如：

$$CH_2 = CH-C \equiv C-CH_2-CH_3 + Br_2 \longrightarrow \underset{\underset{Br}{|} \quad \underset{Br}{|}}{H_2C-CH}-C \equiv C-CH_2-CH_3$$

[3] 和卤化氢加成　炔烃与烯烃相似，可以和卤化氢加成，但不如烯烃活泼，常常需要催化剂催化，例如：

$$HC \equiv CH \xrightarrow[150\sim160℃]{HCl,HgCl_2} \underset{\underset{H}{|} \quad \underset{Cl}{|}}{HC = CH} \xrightarrow[]{HCl,HgCl_2} \underset{\underset{H}{|} \quad \underset{Cl}{|}}{\overset{\overset{H}{|} \quad \overset{Cl}{|}}{HC-CH}}$$
$$\qquad\qquad\qquad\qquad 氯乙烯 \qquad\qquad\qquad 1,1\text{-}二氯乙烷$$

　　工业上早期常常用氯化汞和活性炭作为催化剂，用乙炔和氯化氢加成生成氯乙烯，但催化剂有毒，耗能大，此方法已被乙烯合成法代替。

随堂练一练

完成下列反应。

1. $CH \equiv C—CH_3 \xrightarrow{\quad H_2 \quad}{Pd}$

2. $CH \equiv C—CH_3 \xrightarrow[\text{林德拉催化剂}]{H_2}$

3. $CH_2 = \overset{\displaystyle CH_3}{\underset{\displaystyle CH_3}{C}}—\overset{\displaystyle CH_3}{\underset{\displaystyle CH_3}{C}}—C \equiv CH \xrightarrow{Br_2}$

对接生产

　　氯乙烯是合成聚氯乙烯的单体，聚氯乙烯在工业上有着广泛的应用价值，聚氯乙烯(polyvinyl chloride)的英文简称为PVC，可以用于生产塑料、合成纤维等材料，在建筑材料、工业用品、地板革、地板砖、管材、包装膜、密封材料等方面均有广泛的应用。

$$n\,CH_2 = \underset{\displaystyle Cl}{CH} \xrightarrow{\text{催化剂}} \left[CH_2 - \underset{\displaystyle Cl}{CH}\right]_n$$
聚氯乙烯

　　注意：聚氯乙烯在使用的过程中，容易发生老化、变脆、开裂，高温时释放出对人体有害的气体，所以不宜用聚氯乙烯制品装食物，尤其是高温食物，如图3-6所示。

图 3-6　PVC 薄膜、管材、原料

　　不对称炔烃和卤化氢加成，遵守马氏规则，炔烃可以与一分子卤化氢反应生成卤代烯烃，也可与两分子卤化氢反应生成二卤代烷烃，例如：

$$CH_3—CH_2—C \equiv CH \xrightarrow{HBr} CH_3—CH_2—\underset{\displaystyle Br}{C}=\underset{\displaystyle H}{CH} \xrightarrow{HBr} CH_3—CH_2—\overset{\displaystyle Br}{\underset{\displaystyle Br}{C}}—\underset{\displaystyle H}{CH_2}$$

2-溴-1-丁烯　　　　　　　　　　　2,2-二溴丁烷

　　(4) 和水加成　　炔烃在催化剂存在的条件下，与水可以反生加成反应，生成烯醇，但是

由于烯醇不稳定，发生分子内重排，转变为醛或者酮。不对称炔烃与水加成也遵守马氏规则，例如：

$$HC \equiv CH + H - OH \xrightarrow{HgSO_4,H_2SO_4} [CH_2 = CH \atop H-O] \xrightarrow{重排} CH_3 - \underset{O}{C} - H$$

乙醛

$$CH_3 - CH_2 - C \equiv CH + H - OH \xrightarrow{HgSO_4,H_2SO_4}$$

$$[CH_3 - CH_2 - \underset{H-O}{C} = CH_2] \xrightarrow{重排} CH_3 - CH_2 - \underset{O}{C} - CH_3$$

2-丁酮

随堂练一练

完成下列反应。

1. $$CH_3 - \underset{CH_3}{CH} - \underset{CH_3}{\overset{CH_3}{C}} - C \equiv CH \xrightarrow[HgSO_4]{H_2O}$$

2. $$HC \equiv CH + H - OH \xrightarrow{HgSO_4,H_2SO_4}$$

3. $$CH_3 - \underset{CH_3}{CH} - C \equiv CH + H_2O \xrightarrow{HgSO_4,H_2SO_4}$$

2. 氧化反应

(1) 和高锰酸钾反应　炔烃可以被高锰酸钾氧化，乙炔被高锰酸钾氧化生成二氧化碳，同时生成二氧化锰沉淀，其他端位炔烃生成羧酸和二氧化碳，非端位炔烃生成两分子羧酸，例如：

$$HC \equiv CH \xrightarrow{KMnO_4,H_2O} MnO_2\downarrow + KOH + CO_2\uparrow$$
紫红色　　　棕褐色

$$CH_3 - C \equiv CH \xrightarrow{KMnO_4,\ H_2O} CH_3COOH + CO_2\uparrow$$

$$R - C \equiv C - R^1 \xrightarrow{KMnO_4,\ H_2O} R - COOH + R^1 - COOH$$

炔烃与高锰酸钾反应，使紫色的高锰酸钾褪色，此方法可以用来鉴别炔烃，并且根据生成物的不同，可以判断碳碳三键所在位置，并推断出是端位炔烃还是非端位炔烃。

(2) 在氧气中燃烧　炔烃在氧气中点燃，生成二氧化碳和水，同时放出大量的热，工业上利用乙炔在氧气中燃烧产生的氧炔焰，切割和焊接金属，氧炔焰可达到 3000℃ 以上。

$$CH_3 - C \equiv CH + O_2 \xrightarrow{燃烧} CO_2 + H_2O$$

对接生产

氧乙炔焊

氧乙炔焊又称为气焊，气焊是利用可燃气体与助燃气体混合燃烧生成的火焰所释放的大量热为热源，熔化焊件和焊接材料，使两者达到结合的一种焊接方法。

氧乙炔焊的可燃气体主要采用乙炔气，助燃气体采用氧气，所使用的焊接材料主要有焊丝、气焊熔剂等，氧乙炔焊不需要通电，焊接过程中的氧气瓶和乙炔瓶可以移动，乙炔利用纯氧的助燃性质，能提高火焰温度，可达 3000℃ 以上，与电弧焊相比，氧乙炔焊设备简单、操作方便灵活、火焰易于控制、不需电源，氧乙炔焊主要应用与焊接厚度较小的低碳钢薄板及铸铁的焊补等，尤其适合没有电源的场地与工况，如图 3-7 所示。

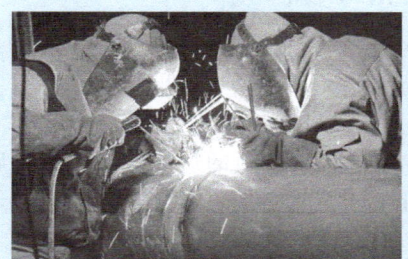

图 3-7 气焊和气割

3. 聚合反应

炔烃可以发生聚合反应，但反应不如烯烃活泼，需要在催化剂存在的条件下。例如：在氯化亚铜-氯化铵的盐酸溶液中，乙炔发生二聚生成乙烯基乙炔。

$$HC\equiv CH + HC\equiv CH \xrightarrow[HCl]{Cu_2Cl_2\text{-}NH_4Cl} CH\equiv C-CH=CH_2$$
乙烯基乙炔

乙炔在齐格勒-纳塔作催化剂的条件下，可以聚合生成高分子化合物聚乙炔，例如：

$$n\,HC\equiv CH \xrightarrow{\text{齐格勒-纳塔催化剂}} \left[CH=CH \right]_n$$
聚乙炔

聚乙炔是半导体材料，不溶解、不熔化，具有高电导率，被称作"合成金属"，目前将聚乙炔应用于太阳能电池、半导体材料等新材料成为一大课题。

随堂练一练

完成下列反应。

1. $n\,HC\equiv CH \xrightarrow{\text{齐格勒-纳塔催化剂}}$

2. $HC\equiv CH \xrightarrow{KMnO_4,H_2O}$

3. $CH_3-\underset{\underset{\displaystyle CH_3}{|}}{CH}-C\equiv CH \xrightarrow{KMnO_4,H_2O}$

4. $H_3C-HC-C\equiv C-CH_3 \xrightarrow{KMnO_4, H_2O}$
  $\quad\quad\quad\quad |$
  $\quad\quad\quad CH_3$

4. 炔烃的活泼氢原子反应

（1）与金属钠反应　炔氢原子：与碳碳三键直接相连的氢原子，称为炔氢原子。

$$H + C \equiv C + H$$

炔氢原子　　　　炔氢原子

活泼的炔氢原子与金属钠或液氨中的氨基钠发生反应，生成炔化钠：

$$HC \equiv CH + Na \xrightarrow{液氨} HC \equiv CNa + H_2\uparrow$$
乙炔钠

$$CH_3 - C \equiv CH + NaNH_2 \xrightarrow{液氨} CH_3 - C \equiv CNa + NH_3\uparrow$$
丙炔钠

炔钠非常活泼，在液氨中能和伯卤代烷发生反应，生成新的炔烃，新炔烃的碳链得到增长。炔烃先生成炔钠，再和伯卤代烷反应生成新炔烃的反应是炔烃分子增加碳链最有效的方法之一：

$$HC \equiv CH \xrightarrow[液氨]{Na} HC \equiv CNa \xrightarrow[液氨]{CH_3CH_2Br} CH \equiv C-CH_2-CH_3$$

通过生成炔钠，再和伯卤代烷反应，生成长链炔烃是实验室由短链炔烃合成长链炔烃普遍采用的一种方法。

（2）与硝酸银和氯化亚铜氨溶液反应　端位有活泼炔氢原子的炔烃可以和硝酸银的氨溶液、氯化亚铜的氨溶液反应，Ag^+ 取代端位炔氢原子，生成白色的沉淀，Cu^+ 取代端位炔氢原子，生成棕红色的沉淀：

$$HC \equiv CH + Ag(NH_3)_2NO_3 \longrightarrow AgC \equiv CAg\downarrow + NH_4NO_3 + NH_3\uparrow$$
白色沉淀

$$HC \equiv CH + Cu(NH_3)_2Cl \longrightarrow CuC \equiv CCu\downarrow + NH_4Cl + NH_3\uparrow$$
棕红色沉淀

具有 $RC \equiv CH$ 结构的端位炔烃的特征反应，反应非常灵敏，反应现象明显，在实验室经常用此方法鉴别端位炔烃。

$$RC \equiv CH + Cu(NH_3)_2Cl \longrightarrow RC \equiv CCu\downarrow$$
棕红色沉淀

$$RC \equiv CH + Ag(NH_3)_2NO_3 \longrightarrow RC \equiv CAg\downarrow$$
白色沉淀

生成的炔银和炔亚铜在干燥的环境中很不稳定，稍微受到撞击、震动、热源就会发生爆炸，因此，实验完成后，必须将这些沉淀尽快用浓盐酸或稀硝酸分解，生成原来的炔烃：

$$RC \equiv CAg + HCl \longrightarrow RC \equiv CH + AgCl\downarrow$$

$$RC \equiv CCu + HCl \longrightarrow RC \equiv CH + Cu_2Cl_2\downarrow$$

➠ 理论剖析助手

实验室有四个试剂瓶，由于保管不妥当，试剂瓶的标签均已掉落，已知试剂瓶里装有戊烷、1-戊烯、1-戊炔、2-戊炔四种试剂，请用化学方法鉴别出这四种试剂。

分析与解答

　　根据题中已知条件，四种试剂中只有戊烷是饱和烃，其他三种都是不饱和烃，根据本章所学，我们知道鉴别饱和烷烃和不饱和烃可以用 Br_2-CCl_4 溶液，饱和烃不褪色，不饱和烃因含有不饱和碳碳双键或碳碳三键而褪色：

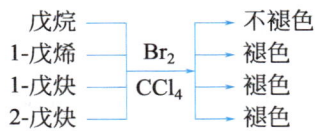

戊烷		不褪色
1-戊烯	Br_2	褪色
1-戊炔	CCl_4	褪色
2-戊炔		褪色

　　端位炔氢能和硝酸银的氨溶液反应生成白色沉淀，而烯烃和没有端位炔氢的炔烃不能生成白色沉淀，由此可以鉴别出含有端位炔氢的 1-戊炔：

1-戊烯		无现象
1-戊炔	$Ag(NH_3)_2NO_3$	白色沉淀
2-戊炔		无现象

　　想要鉴别出 1-戊烯和 2-戊炔，就要联想两个有机物的分子特征，两种有机物都能使高锰酸钾褪色，但产物不同，根据高锰酸钾与烯烃反应规律，1-戊烯因端位含有 CH_2 ＝结构，生成 CO_2，通入澄清石灰水会生成 $CaCO_3$ 沉淀，使澄清石灰水变浑浊，而 2-戊炔随能使紫色高锰酸钾褪色，但却不能使澄清石灰水变浑浊：

$$CH_2 = CH - CH_2 - CH_2 - CH_3 \qquad CH_3 - C \equiv C - CH_2 - CH_3$$

$$1\text{-戊烯} \qquad\qquad\qquad\qquad 2\text{-戊炔}$$

1-戊烯		褪色，有气体放出	石灰水	变浑浊
2-戊炔	$\dfrac{KMnO_4}{H^+}$	褪色		无现象

随堂练一练

完成下列反应。

1. $HC \equiv CH + Cu(NH_3)_2Cl \longrightarrow$

2. $RC \equiv CCu + HCl \longrightarrow$

3. $HC \equiv CH \xrightarrow[\text{液氨}]{Na} \xrightarrow[\text{液氨}]{CH_3CH_2Br}$

4. $\overset{\qquad CH_3}{CH_3 - CH - C \equiv CH} + NaNH_2 \xrightarrow{\text{液氨}}$

第六节

二烯烃

新概念

二烯烃　分子中含有两个碳碳双键的不饱和脂肪烃称为二烯烃，又称双烯烃。

二烯烃的通式　C_nH_{2n-2}　（$n \geqslant 3$）。

二烯烃的同分异构体　二烯烃与相同碳原子数的炔烃互为同分异构体。

 新知识

一、二烯烃的分类

根据两个碳碳双键位置的不同，二烯烃可以分为三类。

1. 累积双键二烯烃

两个双键连接在同一个碳原子上的二烯烃称为累积双键二烯烃，简称累积二烯烃，例如：

$$CH_2=C=CH_2 \qquad\qquad CH_2=C=CH-CH_3$$
丙二烯 　　　　　　　　　　1,2-丁二烯

2. 隔离双键二烯烃

两个双键之间间隔两个或者两个以上单键，这种二烯烃称为隔离二烯烃，或孤立二烯烃，例如：

$$CH_2=CH-CH_2-CH=CH_2 \qquad CH_2=CH-CH_2-CH_2-CH=CH_2$$
1,4-戊二烯 　　　　　　　　　　　　1,5-己二烯

3. 共轭双键二烯烃

两个双键之间间隔一个单键，这种二烯烃称为共轭二烯烃，例如：

$$CH_2=CH-CH=CH_2 \qquad\qquad CH_2=CH-CH=CH-CH_3$$
1,3-丁二烯 　　　　　　　　　　1,3-戊二烯

随堂练一练

给下列二烯烃分类。

1. $CH_2=CH-CH=CH_2$

2. $CH_2=CH-CH_2-CH_2-CH=CH_2$

3. $CH_2=C=CH_2$

4. $CH_2=CH-CH_2-CH=CH_2$

二、二烯烃的命名

二烯烃的命名与烯烃相似。二烯烃的命名法则有如下几个方面。

1. 选主链

选择同时含有两个碳碳双键在内的最长的碳链作为主链。

$$CH_2=CH-CH_2-CH_2-C=CH_2 \quad\longrightarrow\; 1$$
$$\underset{|}{}\;$$
$$CH_2CH_3 \;\longrightarrow\; 2$$

上式 2 号链含碳原子数最多，含有 7 个碳原子，但 2 号链只含有一个双键，不符合二烯烃主链选取的标准。我们注意到同时含有两个双键，且碳原子数最多的是 1 号链，因此，1 号链应作为主链。

2. 编号

从靠近碳碳双键的一端开始，将主链的碳原子按顺序依次编号，写在母体名之前，双键位置的两个位置数字用逗号"，"隔开，例如：

$$CH_2=CH-CH=CH-CH_3$$

$$CH_2=C-CH=C-CH_3$$
$$\quad\quad\ |\quad\quad\quad\ |$$
$$\quad\quad CH_3\quad\quad\ CH_3$$

1,3-戊二烯　　　　　　　　　　2,4-二甲基-1,3-戊二烯

3. 命名

按照取代基位次、取代基数量、双键的位次、母体名称写出二烯烃全称，称为"某二烯"：

$$CH_2=C-CH=CH-CH-CH_3$$
$$\quad\quad\ |\quad\quad\quad\quad\ |$$
$$\quad\quad CH_3\quad\quad\quad\ CH_3$$

$$CH_3-C=CH-CH-CH=C-CH_3$$
$$\quad\quad\ |\quad\quad\quad\quad\quad\ |$$
$$\quad\quad CH_3\quad\quad\quad\ CH_2CH_3$$

2,5-二甲基-1,3-己二烯　　　　　2-甲基-5-乙基-2,4-庚二烯

三、1，3-丁二烯的物理性质和结构特点

1. 物理性质

1,3-丁二烯是无色气体，不溶于水，有特殊气味，有麻醉性，会刺激黏膜，易溶于有机溶剂，如苯、乙醚、氯仿等。1,3-丁二烯是合成树脂、尼龙、合成橡胶的原料。

2. 结构特点

1,3-丁二烯是最简单的共轭二烯烃，也是最具代表性的例子，四个碳原子和六个氢原子都在同一个平面上，经现代物理学测定表明，1,3-丁二烯中的碳碳双键比单烯烃中的碳碳双键长，而1,3-丁二烯中的碳碳单键比烷烃中的碳碳单键短，键长发生了变化，见表3-4。

表3-4　1,3-丁二烯键长变化

项目	C—C	C=C	C≡C	C—H
乙烷	0.1540nm			0.110nm
乙烯		0.1330nm		0.1076nm
乙炔			0.1207nm	0.1059nm
1,3-丁二烯	0.1470nm	0.1337nm		0.1082nm

四、1，3-丁二烯的化学性质

1. 加成反应

[1] 催化加氢　在催化剂铂、钯、镍的催化下，1,3-丁二烯可以与一分子氢气发生1,2位碳碳双键加成反应，生成1-丁烯，又可以与一分子氢气发生1,4位碳碳双键加成反应，生成2-丁烯：

$$CH_2=CH-CH=CH_2 \xrightarrow[\text{催化剂}]{H_2} \begin{array}{l} \xrightarrow{1,2加成} CH_3-CH_2-CH=CH_2 \\ \xrightarrow{1,4加成} CH_3-HC=CH-CH_3 \end{array}$$

[2] 和卤素、卤化氢加成　1,3-丁二烯和卤素、卤化氢在低温条件下或非极性溶剂中有

利于发生 1,2 加成，在高温条件下或极性溶剂中有利于发生 1,4 加成，例如：

$$CH_2=CH-CH=CH_2 + Cl_2 \begin{cases} \xrightarrow[<0℃]{正己烷} CH_2-CH-CH=CH_2 \\ \quad\quad\quad\quad\quad\quad | \quad | \\ \quad\quad\quad\quad\quad\quad Cl \quad Cl \\ \\ \xrightarrow[65\sim75℃]{氯仿} CH_2-CH=CH-CH_2 \\ \quad\quad\quad\quad\quad\quad | \quad\quad\quad\quad | \\ \quad\quad\quad\quad\quad\quad Cl \quad\quad\quad\quad Cl \end{cases}$$

$$CH_2=CH-CH=CH_2 + HBr \begin{cases} \xrightarrow{40℃} CH_2-CH=CH-CH_3 \\ \quad\quad\quad\quad\quad\quad | \\ \quad\quad\quad\quad\quad\quad Br \\ \\ \xrightarrow{-80℃} CH_2-CH_2-CH=CH_2 \\ \quad\quad\quad\quad\quad | \\ \quad\quad\quad\quad\quad Br \end{cases}$$

　　1,3-丁二烯发生加成反应的位置主要取决试剂极性、反应温度、产物稳定性等因素，与卤化氢发生加成时，遵守马氏规则。

　　2. 双烯合成反应

　　双烯合成反应又称为狄尔斯-阿尔德（Diels-Alder）反应，是指共轭二烯烃与碳碳双键或碳碳三键有机分子发生 1,4 加成反应。例如：

　　双烯合成是由链状分子合成环状分子的重要方法之一。

随堂练一练

一、完成下列反应

1. $CH_2=CH-CH=CH_2 + Cl_2 \xrightarrow{<0℃}$

2. $CH_2=CH-CH=CH_2 + Cl_2 \xrightarrow{65\sim75℃}$

3. $CH_2=CH-CH=CH_2 + HBr \xrightarrow{40℃}$

4. $CH_2=CH-CH=CH_2 + HBr \xrightarrow{-80℃}$

5.

6.
$$\begin{matrix} & CH_2 \\ HC & \| \\ & HC & \end{matrix}$$
$\underset{CH_2}{\overset{CH_2}{\underset{|}{HC}}}$ + $\underset{CH-CHO}{\overset{CH-CH_3}{\|}}$ ⟶

二、填空

1. 1,3-丁二烯是最简单的_____。

2. 分子中含有两个碳碳双键的不饱和脂肪烃称为_____，又称_____。

3. 二烯烃的通式是_____。

实验大爆发

乙炔的制备

一、实验目的

① 了解乙炔的制备过程，了解实验室制取乙炔的化学反应。

② 培养学生实验动手能力，掌握排水法收集气体的要点。

二、实验原理

在实验室中，碳化钙（又称电石）（图 3-8）和水反应，无需加热，生成氢氧化钙和乙炔，工业电石中常常含有硫化钙、磷化钙和砷化钙（Ca_3As_2）等杂质，这些杂质与水也发生，分别生成硫化氢（H_2S）、磷化氢（PH_3）、砷化氢（AsH_3）等有毒气体，严重污染空气，反应方程式如下：

$$CaC_2 + H_2O \longrightarrow HC \equiv CH \uparrow + Ca(OH)_2$$

副反应方程式为：

$$CaS + 2H_2O \Longrightarrow H_2S \uparrow + Ca(OH)_2$$

$$Ca_3P_2 + 6H_2O \Longrightarrow 2PH_3 \uparrow + 3Ca(OH)_2$$

$$Ca_3As_2 + 6H_2O \Longrightarrow 2AsH_3 \uparrow + 3Ca(OH)_2$$

图 3-8 碳化钙

三、实验仪器、材料和药品

1. 实验仪器、材料

圆底烧瓶、分液漏斗、试管、镊子、双孔胶塞、玻璃导管、水槽、烧杯、药匙。

2. 药品

碳化钙、饱和食盐水、高锰酸钾溶液（0.01%）、溴-四氯化碳溶液、饱和硫酸铜溶液。

四、实验步骤

① 检查装置气密性（具体方法见第二章实验内容），装置图见图 3-9。

② 用镊子取 3～5 块电石，加入到圆底烧瓶底部，注意应用药匙送入圆底烧瓶底部，不可直接砸向瓶底，圆底烧瓶的瓶口应配备双孔胶塞，一孔安装分液漏斗，分液漏斗用铁架台固定最佳，胶塞的另一孔安装导气管。

③ 在双孔胶塞和圆底烧瓶的瓶口处塞入一小团棉花，以

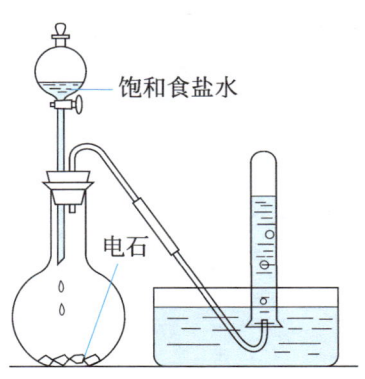

饱和食盐水

电石

图 3-9 装置图

防泡沫涌入。

④ 分液漏斗中装入 2/3 容积的饱和食盐水，旋转分液漏斗的活塞，适当控制加入食盐水的量，使乙炔气流以缓慢的速度输出，实验中应用分液漏斗代替简易装置的长颈漏斗。

⑤ 将收集好的乙炔通入溴-四氯化碳溶液中，观察现象。

五、实验关键操作和注意事项

① 装置的选择　该反应装置不能选取启普发生器，原因如下：

a. 乙炔与水反应剧烈，难以控制反应速率。

b. 该反应是放热反应，在反应阶段，释放大量热量，容易使启普发生器炸裂。

c. 反应生成的 $Ca(OH)_2$ 为糊状，随着反应产生大量气泡，糊状的 $Ca(OH)_2$ 堵塞导管。

② 溶剂的选择　由于电石和水反应十分剧烈，本实验常用饱和食盐水代替水，产生的乙炔气流比较平稳地输出。

③ 反应制取时，应在导管口塞入少量棉花，以防止产生的泡沫涌入导管。

④ 取用电石时，不能用手拿，必须用镊子取，以防与手中汗液发生反应，造成烫伤。

⑤ 用排水集气法收集乙炔，不可用排空气法收集，在试管中加入 4mL 酸性高锰酸钾溶液，将收集好的乙炔通入酸性高锰酸钾溶液中，观察实验现象。

⑥ 在试管中加入 4mL 溴水，将收集好的乙炔通入试管中，观察实验现象。

六、实验现象

① 乙炔通入酸性高锰酸钾溶液中，使紫色的高锰酸钾溶液褪色，乙炔发生了氧化反应。

② 乙炔通入溴-四氯化碳溶液中使溴水褪色。

七、思考与讨论

① 纯净的乙炔气体没有气味，但是，常制取的乙炔有股难闻的臭味，那么是什么气体杂质产生的呢？如何避免呢？

② 乙炔制备实验中，为什么用分液漏斗？

③ 乙炔制备实验中为什么用饱和食盐水代替水？

随堂练一练

1. 为控制水与电石的反应速率，并得到平稳气流，采取的措施是＿＿＿＿＿＿＿＿。

2. 用试管制取少量乙炔时，在试管的上部放一团棉花，其作用是＿＿＿＿＿＿＿＿。

3. 乙炔俗称电石气（化学式为 C_2H_2），乙炔气体广泛应用于气焊和气割领域。乙炔是一种无色无味的气体，密度略小于空气密度，难溶于水。实验室常用较小的块状碳化钙固体与饱和食盐水反应制备乙炔，该反应比二氧化锰催化过氧化氢分解更加剧烈。请回答：

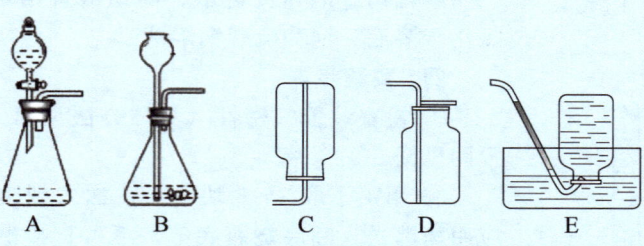

图 3-10　实验仪器

① 请写出乙炔和饱和食盐水发生的化学反应方程式，电石中常常含有硫化钙、磷化钙和砷化钙（Ca_3As_2）等杂质，请写出这些杂质和水发生的副反应方程式：

_____

_____

② 根据题目中所给信息，写出乙炔的物理性质，根据乙炔物理性质，请指出收集乙炔比较合适的方法并说明原因。

③ 从图 3-10 中选择实验室制备乙炔所用仪器的最佳组合（填序号）。

拓展视野

齐格勒-纳塔催化剂

卡尔·齐格勒(Karl Waldemar Ziegler)生于 1898 年 11 月 26 日，是德国化学家。居里奥·纳塔(Giulio Natta)生于 1903 年 2 月 26 日，是意大利化学家。1953 年，齐格勒在实验室探索乙烯和乙基铝的化学反应，多次实验后，发现只能得到乙烯的二聚体，找不出为什么得不到多聚物的原因。后来经过仔细检查，发现原来的金属反应器中存在着微量的镍，这个发现，使得齐格勒认识到，除乙基铝以外，金属镍的微量存在也能影响乙烯的聚合。随后齐格勒又筛选了其他金属化合物，发现由四氯化钛和三乙基铝组成的催化剂可以使乙烯在低压下发生聚合，得到线型聚合物。

而对于丙烯，要想得到高聚合度的聚丙烯，存在的问题更为复杂和严峻。意大利化学家纳塔尝试将四氯化钛-三乙基铝催化剂应用于丙烯的聚合反应中，但是产物并不理想，只得到了无定形和结晶性的聚丙烯混合物。纳塔经过对催化剂不断的改进，最终得到了高纯度的聚丙烯晶体。化学家齐格勒和纳塔在乙烯、丙烯聚合领域的贡献，是有机化学高分子领域发展过程中的一个里程碑，他们的发现和科研成果标志着人类第一次可以在实验室中以低压条件从烯烃及其他单体合成高分子聚合物。目前，全世界以聚乙烯和聚丙烯为主的聚烯烃塑料年产能力达千万吨以上，占世界塑料总产能的 1/3，齐格勒和纳塔对人类生活和世界工业的贡献是巨大的。1963 年，齐格勒和纳塔两个人共同获得当年的诺贝尔化学奖。

齐格勒在从事科研工作时，对他的助手要求十分严厉。在齐格勒实验室工作的科研人员必须将专业书从头背到尾，他要求他的助手们把专业书读到"翻破"的程度，齐格勒常常亲自做有些危险的实验，昼夜不离开实验室，在没有得到实验结果和产物前，要求任何人不准进入实验室，以免发生事故。

为纪念两位科学家对世界工业的贡献，在德国普朗克煤炭研究院建造了齐格勒、纳塔两人的铜像。

本章小结

基本概念

不饱和烃：烃类有机化合物分子中若含有碳碳双键或碳碳三键，则这种烃类称为不饱和烃。

烯烃：有机化合物中分子中含有碳碳双键（C＝C）的不饱和烃称为烯烃。

马氏规则：当不对称烯烃和卤化氢等不对称试剂加成时，试剂中的氢原子加成到烯烃中含氢较多的那个双键碳原子上，卤原子加成到烯烃中含氢较少的那个双键碳原子上，此规则被称为马尔柯夫尼柯夫规则，简称马氏规则或不对称加成规则。

过氧化物效应：当烯烃与溴化氢发生加成反应时，如果有过氧化物的存在，则加成是反马氏规则。

炔烃：分子中含有碳碳三键（C≡C）的不饱和烃称为炔烃。

二烯烃：分子中含有两个碳碳双键的不饱和脂肪烃称为二烯烃，又称双烯烃。

结构和通式

1. 烯烃

乙烯的分子式为 C_2H_4，乙烯分子是平面形结构，两个碳原子和四个氢原子在同一平面内。

烯烃的通式是 C_nH_{2n} （$n \geqslant 2$）。

乙烯是最简单的烯烃，烯烃同系物分子之间相差若干个 $(CH_2)_n$。

2. 炔烃

乙炔的分子式：C_2H_2

乙炔的分子结构式：H—C≡C—H

乙炔的结构为线性分子，键角为 $180°$。

3. 炔烃的通式是：C_nH_{2n-2} （$n \geqslant 2$）。

4. 二烯烃的通式：C_nH_{2n-2} （$n \geqslant 3$）。

命　名

一、烯烃

命名法包括习惯命名法、衍生物命名法、系统命名法。

① 习惯命名法：只适合特定的几种烯烃。

② 衍生物命名法：以乙烯为母体，其他基团看成是乙烯的烷基衍生物。

③ 系统命名法：选主链、给主链编号、命名。

二、炔烃

① 衍生物命名法：以乙炔为母体，将其他基团或原子看成是乙炔烃基衍生物。

② 系统命名法：选主链、编号、命名。

烯炔的命名：烯炔的命名顺序是先定位取代基，然后定位双键位置并称为某烯，最后以炔作为母体结束命名。

三、二烯烃的命名

二烯烃的命名与烯烃相似。

系统命名法：选主链、给主链编号、命名。

化学反应

一、烯烃

1. 烯烃的加成反应

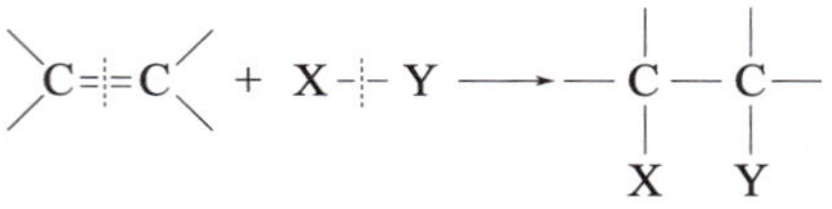

（1）催化加氢

$$CH_2\!=\!CH_2 + H_2 \xrightarrow{\text{催化剂}} \underset{\underset{H}{|}}{CH_2}\!-\!\underset{\underset{H}{|}}{CH_2}$$

（2）和卤素加成

$$CH_2\!=\!CH_2 + Cl_2 \xrightarrow[40℃]{FeCl_3} \underset{\underset{Cl}{|}}{CH_2}\!-\!\underset{\underset{Cl}{|}}{CH_2}$$

不同的烯烃与卤素加成反应，反应活性不同，顺序如下：

$$(CH_3)_2C\!=\!CHCH_3 > (CH_3)_2C\!=\!CH_2 > CH_3\!-\!CH\!=\!CH_2 > CH_2\!=\!CH_2$$

（3）和卤化氢加成

$$CH_2\!=\!CH_2 + HCl \xrightarrow[130\sim250℃]{\text{无水ACl}_3} \underset{\underset{H}{|}}{CH_2}\!-\!\underset{\underset{Cl}{|}}{CH_2}$$

$$CH_2\!=\!CH\!-\!CH_2\!-\!CH_3 + HBr \xrightarrow{\text{过氧化物}} \underset{\underset{Br}{|}}{CH_2}\!-\!\underset{\underset{H}{|}}{CH}\!-\!CH_2\!-\!CH_3$$

（4）和硫酸加成

$$CH_2\!=\!CH_2 + H\text{-}|\text{-}O\!-\!SO_2OH \longrightarrow \underset{\underset{H}{|}}{CH_2}\!-\!\underset{\underset{OSO_2OH}{|}}{CH_2}$$

不对称烯烃与硫酸发生加成反应，生成硫酸氢烷基酯，遵守马氏规则，例如：

$$CH_3\!-\!CH\!=\!CH_2 + H\text{-}|\text{-}O\!-\!SO_2OH \longrightarrow CH_3\!-\!\underset{\underset{OSO_2OH}{|}}{CH}\!-\!CH_3$$

$$CH_3\!-\!\underset{\underset{OSO_2OH}{|}}{CH}\!-\!CH_3 + H_2O \longrightarrow CH_3\!-\!\underset{\underset{OH}{|}}{CH}\!-\!CH_3 + H_2SO_4$$

（5）和水加成

$$CH_3\!-\!CH\!=\!CH_2 + H_2O \xrightarrow[260\sim290℃]{\text{磷酸-硅藻土}} CH_3\!-\!\underset{\underset{OH}{|}}{CH}\!-\!CH_3$$

（6）和次卤酸加成

$$CH_3\!-\!CH\!=\!CH_2 + Cl_2 + H_2O \longrightarrow CH_3\!-\!\underset{\underset{OH}{|}}{CH}\!-\!\underset{\underset{Cl}{|}}{CH_2}$$
$$(HO\text{-}|\text{-}Cl)$$

$$CH_2\!=\!CH_2 + HO\text{-}|\text{-}Cl \longrightarrow \underset{\underset{OH}{|}}{CH_2}\!-\!\underset{\underset{Cl}{|}}{CH_2}$$

2. 烯烃的氧化反应

（1）催化氧化

$$CH_2\!=\!CH_2 + O_2 \xrightarrow[200\sim300℃]{Ag} H_2C\!\underset{O}{\overset{\diagup\diagdown}{-}}CH_2$$

$$CH_2=CH_2 + O_2 \longrightarrow H_3C-\overset{\underset{\displaystyle O}{\|}}{C}-H$$

（2）氧化剂氧化

$$CH_2=CH_2 + KMnO_4 + H_2O \longrightarrow MnO_2\downarrow + \underset{OH}{H_2C}-\underset{OH}{CH_2} + KOH$$

$$R-CH=CH-R^1 \xrightarrow[\text{或}H^+, KMnO_4]{\text{过量}KMnO_4, \triangle} R-\overset{\underset{\displaystyle O}{\|}}{C}-OH + R^1-\overset{\underset{\displaystyle O}{\|}}{C}-OH$$

$$R-\underset{R^1}{\overset{|}{C}}=CH_2 \xrightarrow[\text{或}H^+, KMnO_4]{\text{过量}KMnO_4, \triangle} R-\overset{\underset{\displaystyle O}{\|}}{C}-R^1 + H_2O + CO_2$$

（3）在氧气中燃烧

$$CH_2=CH_2 + O_2 \xrightarrow{\text{点燃}} CO_2 + H_2O$$

二、炔烃

1. 加成反应

（1）催化加氢

$$CH\equiv C-CH_3 \xrightarrow[Pd]{H_2} CH_2=CH-CH_3 \xrightarrow[Pd]{H_2} CH_3-CH_2-CH_3$$

$$CH\equiv C-CH_3 \xrightarrow[\text{林德拉催化剂}]{H_2} CH_2=CH-CH_3$$

$$HC\equiv CH \xrightarrow[FeCl_3]{Cl_2} \underset{Cl\quad Cl}{HC=CH} \xrightarrow[80\sim85℃]{Cl_2,FeCl_3} \underset{Cl\quad Cl}{\overset{Cl\quad Cl}{HC-CH}}$$

（2）和卤素加成

$$CH_2=CH-C\equiv C-CH_2-CH_3 + Br_2 \longrightarrow \underset{Br\quad Br}{CH_2-CH-C\equiv C-CH_2-CH_3}$$

（3）和卤化氢加成

$$HC\equiv CH \xrightarrow[150\sim160℃]{HCl,HgCl_2} \underset{H\quad Cl}{HC=CH} \xrightarrow{HCl,HgCl_2} \underset{H\quad Cl}{\overset{H\quad Cl}{HC-CH}}$$

$$CH_3-CH_2-C\equiv CH \xrightarrow{HBr} \underset{Br\quad H}{CH_3-CH_2-C=CH} \xrightarrow{HBr} \underset{Br\quad H}{\overset{Br}{CH_3-CH_2-C-CH_2}}$$

（4）和水加成

$$HC\equiv CH + H-OH \xrightarrow{HgSO_4,H_2SO_4} \left[\underset{H\text{-}\vdots\text{-}O}{CH_2=CH}\right] \xrightarrow{\text{重排}} CH_3-\overset{\underset{\displaystyle O}{\|}}{C}-H$$

$$CH_3—CH_2—C\equiv CH + H—OH \xrightarrow{HgSO_4,H_2SO_4} \left[CH_3—CH_2—\underset{\underset{H—O}{|}}{C}=CH_2\right] \xrightarrow{重排} CH_3—CH_2—\underset{\underset{O}{\|}}{C}—CH_3$$

2. 氧化反应
（1）和高锰酸钾反应

$$HC\equiv CH \xrightarrow{KMnO_4,H_2O} MnO_2\downarrow + KOH + CO_2\uparrow$$

$$CH_3—C\equiv CH \xrightarrow{KMnO_4,H_2O} CH_3COOH + CO_2\uparrow$$

$$R—C\equiv C—R^1 \xrightarrow{KMnO_4,H_2O} R—COOH + R^1—COOH$$

（2）在氧气中燃烧

$$CH_3—C\equiv CH + O_2 \xrightarrow{燃烧} CO_2 + H_2O$$

3. 聚合反应

$$HC\equiv CH + HC\equiv CH \xrightarrow[HCl]{Cu_2Cl_2-NH_4Cl} CH\equiv C—CH=CH_2$$

$$n\,HC\equiv CH \xrightarrow{齐格勒-纳塔催化剂} \left[CH=CH\right]_n$$

4. 炔烃的活泼氢原子反应
（1）与金属钠反应

$$HC\equiv CH + Na \xrightarrow{液氨} HC\equiv CNa + H_2\uparrow$$

$$CH_3—C\equiv CH + NaNH_2 \xrightarrow{液氨} CH_3—C\equiv CNa + NH_3\uparrow$$

$$HC\equiv CH \xrightarrow[液氨]{Na} HC\equiv CNa \xrightarrow[液氨]{CH_3CH_2Br} CH\equiv C—CH_2—CH_3$$

（2）与硝酸银和氯化亚铜的氨溶液反应

$$HC\equiv CH + Ag(NH_3)_2NO_3 \longrightarrow AgC\equiv CAg\downarrow + NH_4NO_3 + NH_3\uparrow$$

$$HC\equiv CH + Cu(NH_3)_2Cl \longrightarrow CuC\equiv CCu\downarrow + NH_4Cl + NH_3\uparrow$$

$$RC\equiv CH + Cu(NH_3)_2Cl \longrightarrow RC\equiv CCu\downarrow$$

$$RC\equiv CH + Ag(NH_3)_2NO_3 \longrightarrow RC\equiv CAg\downarrow$$

三、1,3-丁二烯的化学性质
1. 加成反应
（1）催化加氢

$$CH_2=CH—CH=CH_2 \xrightarrow[催化剂]{H_2} \begin{cases} \xrightarrow{1,2加成} CH_3—CH_2—CH=CH_2 \\ \xrightarrow{1,4加成} CH_3—CH=CH—CH_3 \end{cases}$$

（2）和卤素、卤化氢加成

$$CH_2=CH—CH=CH_2 + Cl_2 \begin{cases} \xrightarrow[<0℃]{正己烷} \underset{\underset{Cl}{|}}{CH_2}—\underset{\underset{Cl}{|}}{CH}—CH=CH_2 \\ \xrightarrow[65\sim75℃]{氯仿} \underset{\underset{Cl}{|}}{CH_2}—CH=CH—\underset{\underset{Cl}{|}}{CH_2} \end{cases}$$

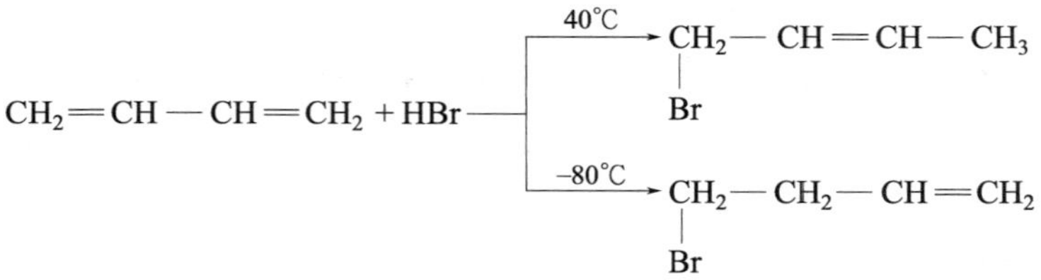

$$CH_2\!=\!CH\!-\!CH\!=\!CH_2 + HBr \longrightarrow \begin{cases} \xrightarrow{40℃} CH_2\!-\!CH\!=\!CH\!-\!CH_3 \\ \qquad\quad | \\ \qquad\quad Br \\ \\ \xrightarrow{-80℃} CH_2\!-\!CH_2\!-\!CH\!=\!CH_2 \\ \qquad\quad | \\ \qquad\quad Br \end{cases}$$

2. 双烯合成反应

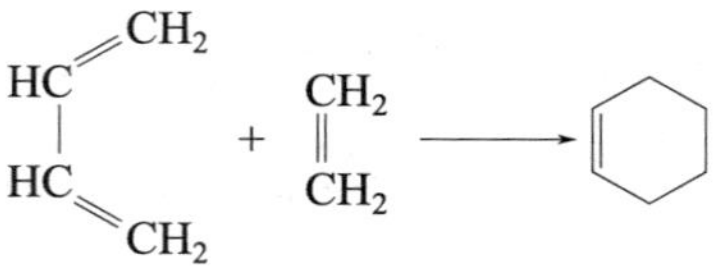

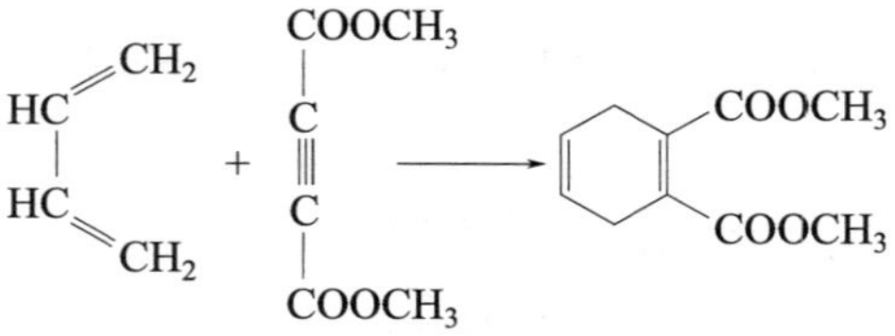

第四章

脂环烃

小时候，妈妈为了防止毛衣生虫，通常将几粒白色或黄色"小球"放在毛衣周边，毛衣虫闻过这种小球散发出来的气味，仓皇而逃，这种"小球"是常用的驱虫剂樟脑。

樟脑是脂肪烃物质，让我们来了解一下脂肪烃吧！

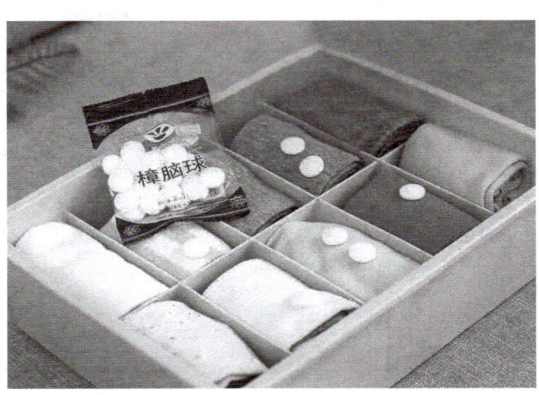

图 4-1　樟脑

 完成本章的学习后，你可以做到

① 知道脂环烃的分类、构造异构现象；

② 能运用习惯命名法命名脂环烃；

③ 能熟练书写环烷烃开环加成反应、取代反应、氧化反应方程式；

④ 知道部分重要环烷烃的物理性质。

第一节
脂环烃的结构、分类

🔄 新概念

脂环烃的定义　分子中具有碳环结构，性质与链状脂肪烃相似的一类烃类化合物。

🔄 新知识

一、脂环烃的结构和稳定性

在环丙烷分子中，每个碳原子都与另外四个原子相连，同烷烃中的碳原子一样，在形成 C—C 键时，其对称轴不在同一条直线上，而是以弯曲方向重叠，形成的 C—C 键是弯曲的，形似"香蕉"，称作"弯曲键"，如图 4-2 所示。

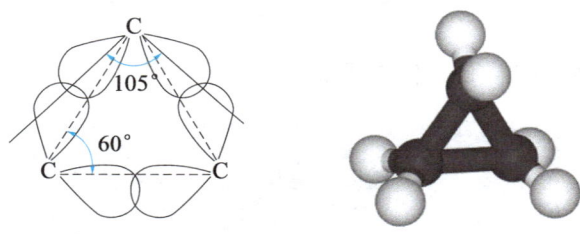

图 4-2　环丙烷分子结构和棒状模型

在环戊烷和环己烷分子中，成环的碳原子不全在同一平面上，环戊烷和环己烷一般不易破坏，比较稳定。

二、脂环烃的分类

脂环烃的分类主要有以下两种情况。

1. **根据分子中碳环数目分类**

【1】**单环脂环烃**　分子中只有一个碳环，亦称为环烷烃。

$$H_2C \overset{\overset{\displaystyle C}{\overset{\displaystyle |}{H_2}}}{\underset{}{}} CH_2 \qquad \begin{matrix} H_2C - CH_2 \\ | \qquad | \\ H_2C - CH_2 \end{matrix} \qquad H_2C \overset{\overset{\displaystyle C}{\overset{\displaystyle |}{H_2}}}{\underset{\displaystyle H_2C - CH_2}{}} CH_2$$

△　　　　　□　　　　　⬠

环丙烷　　　　环丁烷　　　　环戊烷

【2】**多环脂环烃**　分子中含有两个以上碳环。

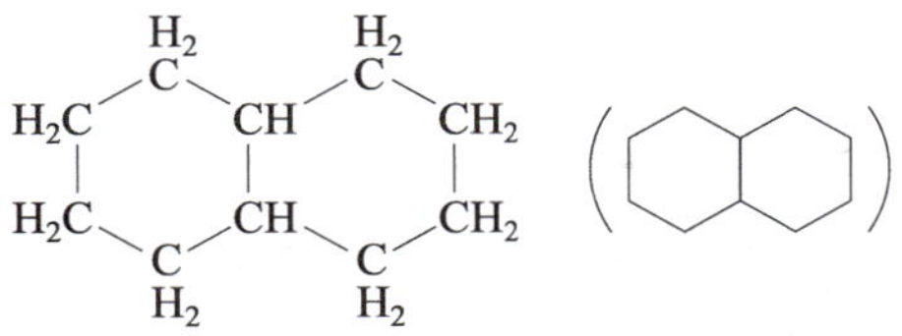

十氢化萘

2. 根据分子中有无不饱和键分类

(1) 饱和脂环烃　分子中没有不饱和键，亦称为环烷烃。

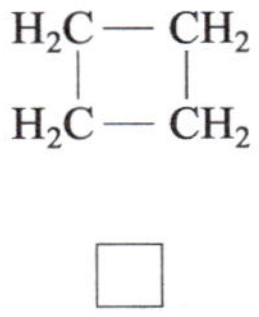

环丁烷 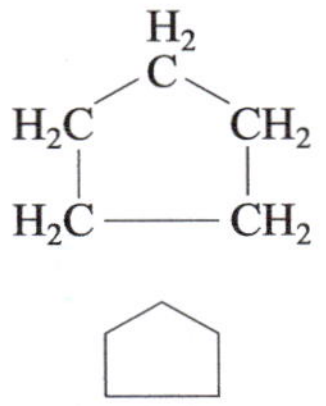　　　　　　环戊烷

(2) 不饱和脂环烃　分子中含有碳碳双键或者碳碳三键的脂环烃，含有碳碳双键的称为环烯烃，含有碳碳三键的称为环炔烃。

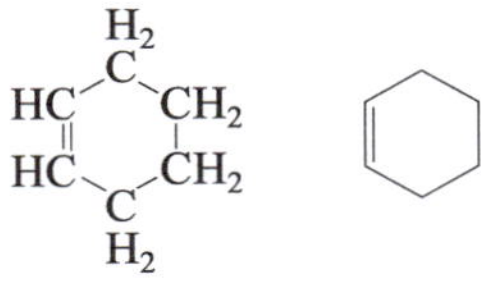

环己烯 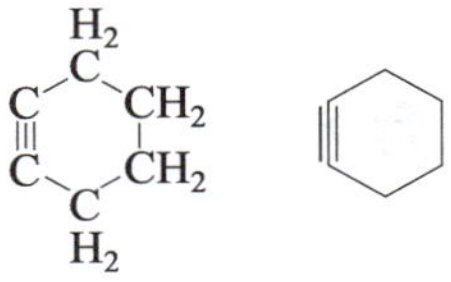　　　　　　环己炔

三、脂环烃的异构现象

单环烷烃比相应的烷烃少两个氢原子，通式为 $C_n H_{2n}$（$n \geqslant 3$），与单烯烃通式相同，互为同分异构体。相同碳原子的烯烃和环烷烃互为构造异构体。

例如：丙烯和环丙烷分子式都是 $C_3 H_6$，互为构造异构体：

$$CH_3 - CH = CH_2$$

丙烯　　　　　　环丙烷

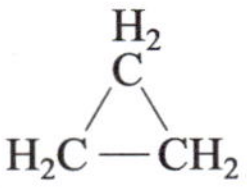

▶ 理论剖析助手

写出环烷烃 $C_5 H_{10}$ 的构造异构体。

分析与解答

① 先写出五元环的环烷烃：

环戊烷

② 写出少一个碳原子的四元环，剩余的一个碳原子作为支链：

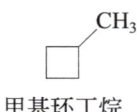

甲基环丁烷

③ 写出少两个碳原子的三元环，剩余的两个碳原子作为支链。

a. 剩余的两个碳原子可以是两个甲基作为支链。

b. 剩余的两个碳原子可以是乙基作为支链。

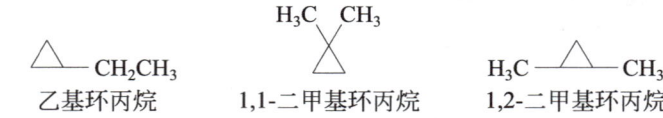

乙基环丙烷　　　1,1-二甲基环丙烷　　　1,2-二甲基环丙烷

第二节
脂环烃的命名

新知识

一、单环烷烃的命名

① 在烷烃名称前加上"环"字。

② 环上有支链时，按照取代基所在位次最小原则，进行编号。

③ 按照"次序规则"决定基团的先后顺序，依次写出该化合物的名称。

▶ 理论剖析助手

给该化合物命名。

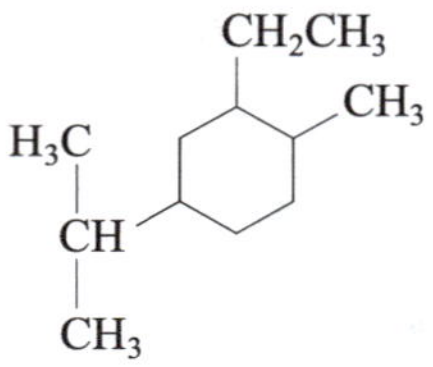

$$\begin{array}{c} CH_2CH_3 \\ H_3C \diagup \bigcirc \diagdown CH_3 \\ CH \\ CH_3 \end{array}$$

分析与解答

① 按照取代基所在位次最小原则，进行编号。

$$\begin{array}{c} CH_2CH_3 \\ 2 \quad 1 \quad CH_3 \\ H_3C \diagup 3 \bigcirc \\ CH \quad 4 \quad 6 \\ \quad 5 \\ CH_3 \end{array}$$

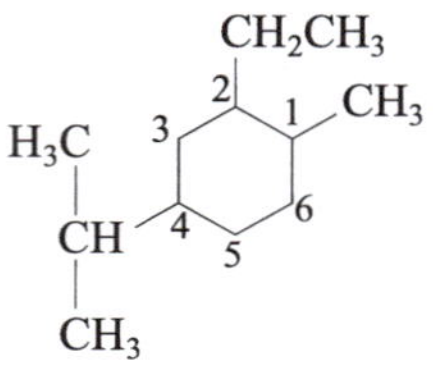

② 按照"次序规则"决定基团的先后顺序，依次写出该化合物的名称为：

1-甲基-2-乙基-4-异丙基环己烷

二、不饱和脂环烃的命名

① 确定不饱和碳环作为母体，环上支链作为取代基。

② 给环上碳原子编号，编号应使双键位次最小，支链的位次尽可能小。

③ 按照"次序规则"决定基团的先后顺序，依次写出该化合物的名称。

▸ 理论剖析助手

给化合物 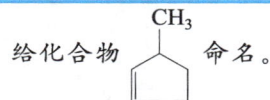 命名。

分析与解答

① 确定该化合物为环戊烯。

② 给环上碳原子编号，编号应使双键位次最小，支链的位次尽可能小：

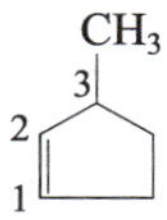

③ 写出该化合物名称为：3-甲基环戊烯。

🔷 随堂练一练

给下列化合物命名。

1.

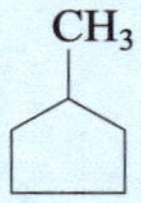

命名为 _____。

2.

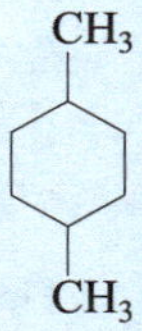

命名为 _____。

3.

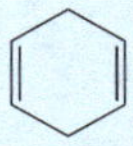

命名为 _____。

4.

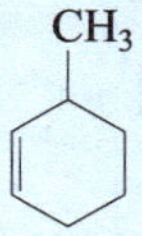

命名为 _____。

对接生活

维生素 A 和胆固醇

维生素 A 是分子中含有一个六元环和多个双键的萜烯类化合物，构造式为：

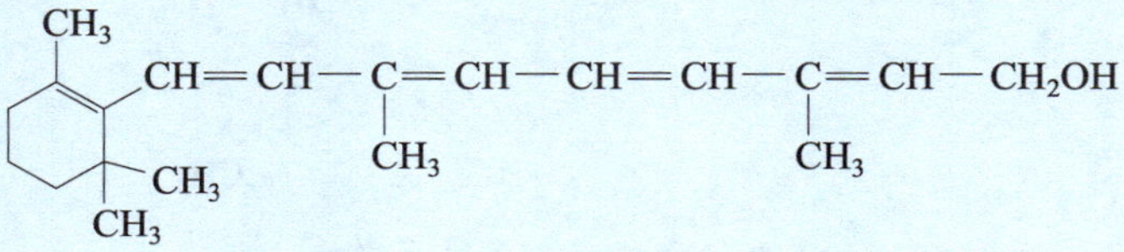

$$CH=CH-C=CH-CH=CH-CH=C-CH-CH_2OH$$

该物种存在于肝脏、鱼肝油、青菜和水果中。医药上用于治疗眼干燥症、夜盲症、呼吸道和肠道感染等(图 4-3)。

维生素A的重要性　　　　　维生素A缺乏可能引起的症状

眼内感光物质视紫红质的重要组成
维持上皮细胞组织形态
维持和促进免疫功能
维持生殖功能
促进体内铁的吸收和利用，
促进造血功能
促进骨骼发育和健康

夜盲症、视力下降
贫血
皮肤黏膜改变
免疫功能损伤
生长发育缓慢

维生素A缺乏是儿童严重感染和死亡发生的最主要的营养缺乏因素，已经列入了联合国千年发展目标重点消灭疾病之一

图 4-3　维生素 A 的作用

胆固醇(图 4-4)又叫胆甾醇，甾族化合物母体结构是由三个六元环和一个五元环稠合在一起的多环脂环烃及其衍生物，胆固醇存在于人体几乎所有的器官中，以脑髓和神经组织内含量最高。

图 4-4　胆固醇与生活饮食

随堂练一练

1. 给下列化合物命名。

（1）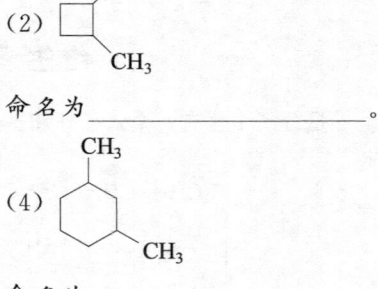

CH₃

CH₃

命名为 ＿＿＿＿＿＿＿＿＿＿＿＿ 。

（2）

CH₃

CH₃

命名为 ＿＿＿＿＿＿＿＿＿＿＿＿ 。

（3）

CH₂CH₃

命名为 ＿＿＿＿＿＿＿＿＿＿＿＿ 。

（4）

CH₃

CH₃

命名为 ＿＿＿＿＿＿＿＿＿＿＿＿ 。

2. 写出下列化合物的构造式。

（1）1-甲基-3-乙基环己烷

（2）1,4-环己二烯

构造式为＿＿＿＿＿＿＿＿＿＿。

构造式为＿＿＿＿＿＿＿＿＿＿。

（3）1,1-二甲基环戊烷

（4）5-甲基-1,3-环戊二烯

构造式为＿＿＿＿＿＿＿＿＿＿。

构造式为＿＿＿＿＿＿＿＿＿＿。

第三节

环烷烃的化学性质

你知道环烷烃的物理性质吗？

物态　在室温下，$C_3 \sim C_4$ 的环烷烃是气体，$C_5 \sim C_{11}$ 的环烷烃是液体，高级环烷烃是固体。

沸点　环烷烃的沸点随分子中碳原子数的增加而升高；同碳原子数的环烷烃沸点高于开链烷烃。

熔点　环烷烃的熔点随分子中碳原子数的增加而升高，同碳原子数的环烷烃熔点高于开链烷烃。

相对密度　环烷烃的相对密度都小于1，比水轻，比相应的开链烷烃的相对密度大。

溶解度　环烷烃不溶于水，易溶于有机溶剂。

新知识

环烷烃的稳定性与环的大小有关，三元环、四元环不稳定，容易开环，化学性质比较活泼，可发生开环反应，而五元环、六元环比较稳定，能发生取代及氧化反应。

一、加成反应

1. 催化加氢

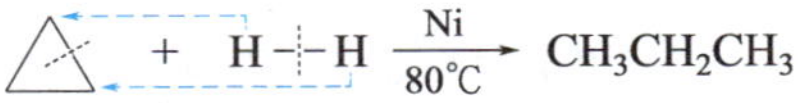

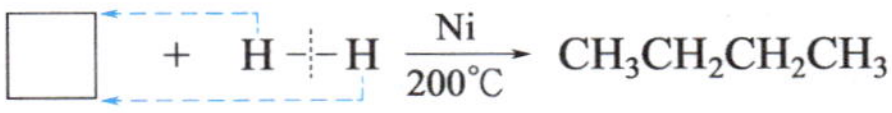

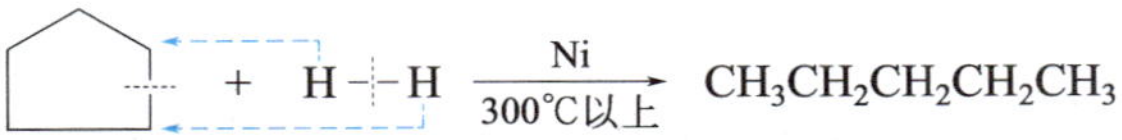

由上述反应条件可以看出，环丙烷很容易加氢，环丁烷需要在较高的温度下加氢，环戊烷需要在更高的温度下进行反应，环戊烷以上的环烷烃不能进行催化加氢反应。

2. 加卤素

$$\triangle \;+\; Br\text{-}Br \xrightarrow[\text{室温}]{CCl_4} \underset{\underset{Br}{|}\quad\underset{Br}{|}}{CH_2CH_2CH_2}$$

1,3-二溴丙烷

$$\square \;+\; Br\text{-}Br \xrightarrow{\text{加热}} \underset{\underset{Br}{|}\qquad\underset{Br}{|}}{CH_2CH_2CH_2CH_2}$$

1,4-二溴丁烷

小环与溴发生加成反应后，溴的红棕色消失，变化现象明显，可用于鉴别三元、四元环烷烃。

3. 加卤化氢

$$\triangle \;+\; H\text{-}Br \longrightarrow CH_3CH_2CH_2Br$$

1-溴丙烷

$$\square \;+\; H\text{-}Br \xrightarrow{\text{加热}} CH_3CH_2CH_2CH_2Br$$

1-溴丁烷

$$\overset{H\;\;CH_3}{\triangle} \;+\; H\text{-}Br \longrightarrow \underset{\underset{Br}{|}}{CH_3CHCH_2CH_3}$$

2-溴丁烷

当烷基环丙烷与卤化氢进行加成反应时，断键发生在含氢较多与含氢较少的两个碳原子之间，加成符合马氏规则。

有机化学实验室

玻璃仪器的洗涤

在实验室中，洗涤玻璃仪器不仅是一项必须做的实验前的准备工作，也是一项技术性的工作。仪器洗涤是否符合要求，对实验结果有很大影响。

洗涤液简称洗液，根据不同的要求有各种不同的洗液。

1. 强酸氧化剂洗液

强酸氧化剂洗液是用重铬酸钾($K_2Cr_2O_7$)和浓硫酸(H_2SO_4)配成的。$K_2Cr_2O_7$在酸性溶液中，有很强的氧化能力，对玻璃仪器又极少有侵蚀作用。所以这种洗液在实验室内使用最广泛。

2. 碱性洗液

碱性洗液用于洗涤有油污物的仪器，用此洗液时采用长时间(24h 以上)浸泡法，或者浸煮法。从碱洗液中捞取仪器时，要戴乳胶手套，以免烧伤皮肤。经蒸馏水冲洗后的仪器，用指示剂检查应为中性。

3. 碱性高锰酸钾洗液

用碱性高锰酸钾作洗液，作用缓慢，适合用于洗涤有油污的器皿。

4. 纯酸纯碱洗液

根据器皿污垢的性质，直接用浓盐酸(HCl)或浓硫酸(H_2SO_4)、浓硝酸(HNO_3)浸泡或浸煮器皿(温度不宜太高，否则浓酸会挥发刺激人)。纯碱洗液多采用 10% 以上的浓烧碱($NaOH$)、氢氧化钾(KOH)或碳酸钠(Na_2CO_3)溶液浸泡或浸煮器皿(可以煮沸)。

二、取代反应

在光照或者加热的情况下，环戊烷和环己烷能与卤素发生取代反应。环戊烷和环己烷分子中 C—H 键都完全相同，所以一元取代物只有一种。

对接生活

1-溴丁烷是无色液体，主要用作合成麻醉药物盐酸丁卡因，也可用于合成染料和香料，如图 4-5 所示。

图 4-5　由 1-溴丁烷合成的染料

三、氧化反应

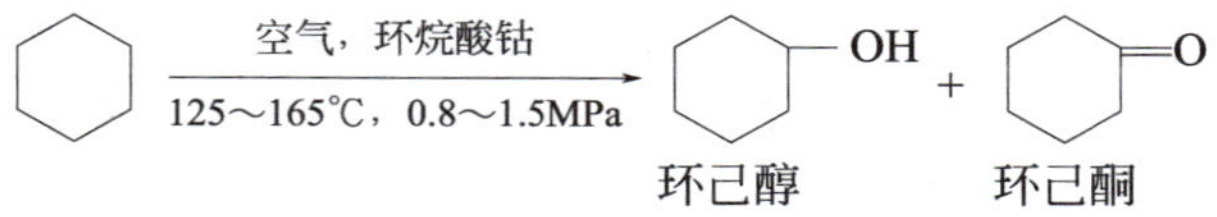

$$\text{环己烷} \xrightarrow[\text{125~165℃, 0.8~1.5MPa}]{\text{空气, 环烷酸钴}} \text{环己醇} + \text{环己酮}$$

上述反应是工业上生产环己醇和环己酮的方法之一。环己醇和环己酮都是重要的化工原料。

对接生活

环己醇是带有樟脑气味的无色油状液体，有毒，是重要的化工原料和中间体，也是合成尼龙纤维的原料，可用于制造消毒药皂、增塑剂、涂料添加剂。

随堂练一练

完成下列反应。

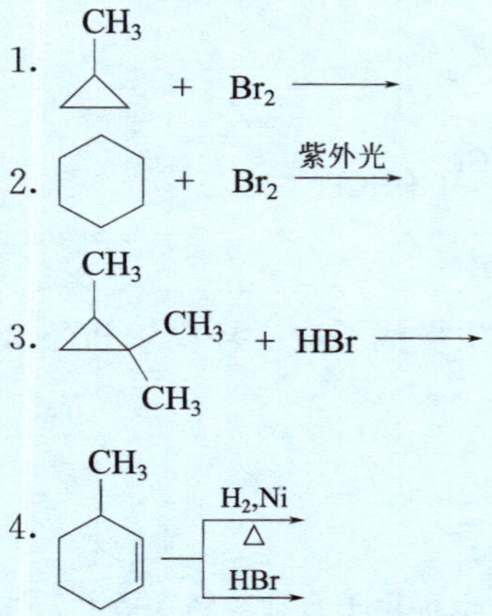

1. + Br$_2$ ⟶

2. + Br$_2$ $\xrightarrow{\text{紫外光}}$

3. + HBr ⟶

4. $\xrightarrow[\text{HBr}]{\substack{H_2,Ni \\ \triangle}}$

第四节

重要的脂环烃及其应用

新知识

一、环己烷

环己烷为无色液体，沸点为 80.8℃，密度为 0.779g/cm^3，比水轻，易挥发和燃烧，溶于有机溶剂。

环己烷是重要的化工原料，主要用于合成尼龙纤维，也是大量使用的工业溶剂，可用于溶解导线涂层的树脂、油漆的脱漆剂、精油萃取剂等。

$$\text{[环己烯]} + 3H_2 \xrightarrow[180\sim250℃]{Ni} \text{[环己烷]}$$

工业上普遍采用苯催化加氢合成环己烷。

二、环戊二烯

环戊二烯是无色液体，沸点为 41.5℃，易挥发、易燃，易溶于有机溶剂，不溶于水。

环戊二烯是共轭二烯烃，可发生 1,4 加成反应和双烯合成反应，工业上可由石油裂解产物中分离，也可由环戊烷或者是环戊烯脱氢制取。

$$\text{[环戊烯]} \xrightarrow[600℃]{-H_2,催化剂} \text{[环戊二烯]}$$

环戊二烯主要用于制备二烯类农药、医药、涂料、香精香料及石油树脂、高性能燃料等。

三、环戊二烯铁

环戊二烯铁又叫二茂铁，是橙黄色针状晶体物质，熔点为 173.5℃，不溶于水。吸收紫外线且耐高温，加热到 400℃ 不熔化也不分解。

二茂铁是环戊二烯和亚铁离子形成的配合物。亚铁离子被对称地夹在两个平行的环戊二烯环中间，形成一种特殊的"夹心"结构，如图 4-6 所示。

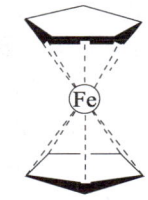

图 4-6　二茂铁的"夹心"结构

 实验大爆发

环己烯的制备

一、实验目的

① 学习以浓磷酸催化环己醇脱水制备环己烯的原理和方法。

② 巩固分馏操作；学习洗涤、干燥等操作。

二、实验原理

本实验采用浓磷酸作催化剂使环己醇脱水制备环己烯。反应方程式如下：

$$\text{[环己醇 OH]} \xrightarrow{H_3PO_4} \text{[环己烯]} + H_2O$$

三、实验仪器、材料和药品

1. 实验仪器、材料

50mL 圆底烧瓶、分馏柱、直形冷凝管、100mL 分液漏斗、石棉网、承接管、100mL 锥形瓶、蒸馏头、接液管。

2. 药品

环己醇、浓磷酸、氯化钠、无水氯化钙、碳酸钠溶液。

四、实验步骤

1. 投料

在 50mL 干燥的圆底烧瓶中加入 10g 环己醇、4mL 浓磷酸和几粒沸石，充分摇振使之混合均匀，安装在反应装置上，如图 4-7 所示。

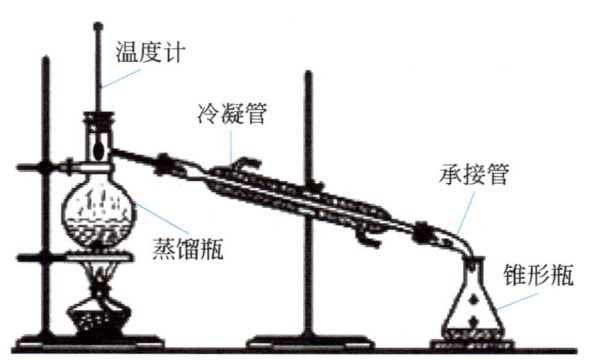

图 4-7　环己烯制备装置示意图

2. 加热回流、蒸出粗产物

将烧瓶放在石棉网上小火空气浴缓缓加热至沸腾，控制分馏柱顶部的溜出温度不超过 90℃，馏出液为带水的混浊液。至无液体蒸出时，可升高加热温度（缩小石棉网与烧瓶底间距离），当烧瓶中只剩下很少残液并出现阵阵白雾时，即可停止蒸馏。

3. 分离并干燥粗产物

将馏出液用氯化钠饱和，然后加入 3～4mL 5％的碳酸钠溶液中和微量的酸。将液体转入分液漏斗中，振荡（注意放气操作）后静置分层，打开上口玻璃塞，再将活塞缓缓旋开，下层液体从分液漏斗的活塞放出，产物从分液漏斗上口倒入一干燥的小锥形瓶中，用 1～2g 无水氯化钙干燥。

4. 蒸出产品

待溶液清亮透明后，小心滤入干燥的小烧瓶中，投入几粒沸石后用水浴蒸馏，收集80～85℃的馏分于小锥形瓶中。

五、实验关键操作和注意事项

① 投料时应先投环己醇，再投浓磷酸；投料后，一定要混合均匀。

② 反应时，控制温度不要超过 90℃。

③ 干燥剂用量要合理。

④ 反应、干燥、蒸馏所涉及器皿都应干燥。

⑤ 磷酸有一定的氧化性，加完磷酸要摇匀后再加热，否则反应物会被氧化。

⑥ 环己醇的黏度较大，尤其室温低时，量筒内的环己醇若倒不干净，会影响产率。

⑦ 用无水氯化钙干燥时氯化钙用量不能太多，必须使用粒状无水氯化钙。粗产物干燥好后再蒸馏，蒸馏装置要预先干燥，否则前馏分多（环己烯-水共沸物），降低产率。不要忘记加沸石、温度计位置要正确。

⑧ 加热反应一段时间后再逐渐蒸出产物，调节加热速度，保持反应速率大于蒸出速度才能使分馏连续进行。

🌀 **随堂练一练**

1. 实验室利用浓磷酸作催化剂使环己醇脱水制备环己烯，其化学方程式为：

_____。

2. 用磷酸作脱水剂比用浓硫酸作脱水剂有什么优点？

_____。

3. 用简单的化学方法来证明最后得到的产品是环己烯？

_____。

知识拓展

青霉素的故事

　　1928 年，英国细菌学家亚历山大·弗莱明发现青霉菌能分泌出一种可杀死细菌的物质，他将这种物质命名为"青霉素"。1941 年，青霉素提纯的接力棒传到了澳大利亚病理学家瓦尔特·弗洛里的手中。在美国军方的协助下，弗洛里在飞行员外出执行任务时从各国机场带回来的泥土中分离出菌种，使青霉素的产量从每立方厘米 2 单位提高到了 40 单位。虽然这离生产青霉素还差得很远，但弗洛里还是非常高兴。一天，弗洛里下班后在实验室大门外的街上散步，见路边水果店里摆满了西瓜，"这段时间工作进展不错，买几个西瓜慰劳一下同事们吧！"想着，他走进了水果店。这家店里的西瓜看样子都很好，忽然费洛里瞥见柜台上放着一只被挤破了的西瓜。这个西瓜虽然比别的西瓜要大一些，但有几处瓜皮已经溃烂了，上面长了一层绿色的霉斑。　弗洛里盯着这只烂瓜看了好久，又皱着眉头想了一会，忽然对老板说："我要这一个。"老板摇了摇头，有些不解地望着这个奇怪的顾客远去的背影。弗洛里捧着这只烂西瓜回到实验室后，立即从瓜上取下一点绿霉，开始培养菌种。不久，实验结果出来了，让弗洛里兴奋的是，从烂西瓜里得到的青霉素，竟从每立方厘米 40 单位一下子猛增到 200 单位。1943 年 10 月，弗洛里和美国军方签订了首批青霉素生产合同。青霉素在二战末期横空出世，迅速扭转了盟国的战局。因这项伟大发明，弗洛里和弗莱明、钱恩分享了 1945 年的诺贝尔生理学或医学奖。

本章小结

基本概念

脂环烃的定义：分子中具有碳环结构，性质与链状脂肪烃相似的一类烃类化合物。

命　　名

脂环烃的命名方法

1. 单环烷烃的命名

① 在烷烃名称前加上"环"字。

② 环上有支链时，按照取代基所在位次最小原则，进行编号。

③ 按照"次序规则"决定基团的先后顺序，依次写出该化合物的名称。

2. 不饱和脂环烃的命名

① 确定不饱和碳环作为母体，环上支链作为取代基。

② 给环上碳原子编号，编号应使双键位次最小，支链的位次尽可能小。

③ 按照"次序规则"决定基团的先后顺序，依次写出该化合物的名称。

化学反应

一、加成反应

1. 催化加氢

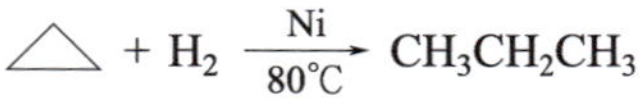

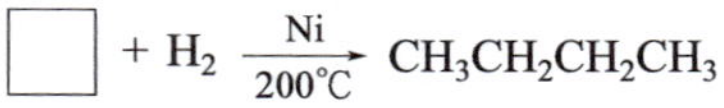

$$\triangle + H_2 \xrightarrow[80℃]{Ni} CH_3CH_2CH_3$$

$$\square + H_2 \xrightarrow[200℃]{Ni} CH_3CH_2CH_2CH_3$$

$$\pentagon + H_2 \xrightarrow[300℃以上]{Ni} CH_3CH_2CH_2CH_2CH_3$$

2. 加卤素

$$\triangle + Br_2 \xrightarrow[室温]{CCl_4} \underset{Br \qquad Br}{CH_2CH_2CH_2}$$

1,3-二溴丙烷

$$\square + Br_2 \xrightarrow{加热} \underset{Br \qquad\qquad Br}{CH_2CH_2CH_2CH_2}$$

1,4-二溴丁烷

3. 加卤化氢

$$\triangle + HBr \longrightarrow CH_3CH_2CH_2Br$$

1-溴丙烷

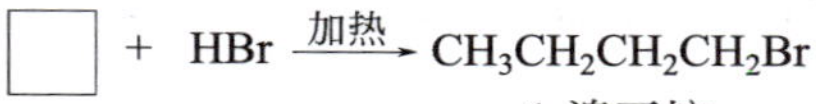

$$\square + HBr \xrightarrow{加热} CH_3CH_2CH_2CH_2Br$$

1-溴丁烷

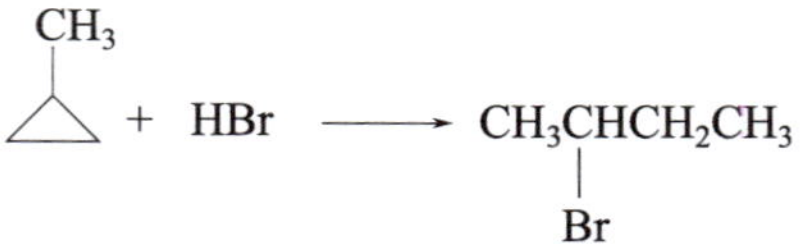

$$\overset{CH_3}{\triangle} + HBr \longrightarrow \underset{Br}{CH_3CHCH_2CH_3}$$

2-溴丁烷

二、取代反应

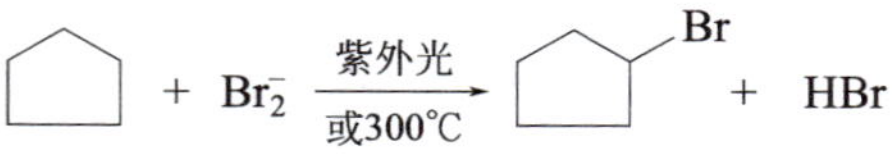

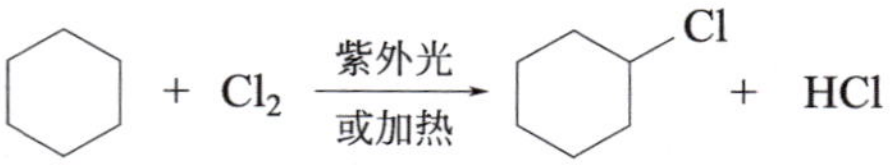

$$\pentagon + Br_2^- \xrightarrow[或300℃]{紫外光} \pentagon{-Br} + HBr$$

$$\hexagon + Cl_2 \xrightarrow[或加热]{紫外光} \hexagon{-Cl} + HCl$$

三、氧化反应

$$\hexagon \xrightarrow[125\sim165℃，0.8\sim1.5MPa]{空气，环烷酸钴} \hexagon{-OH} + \hexagon{=O}$$

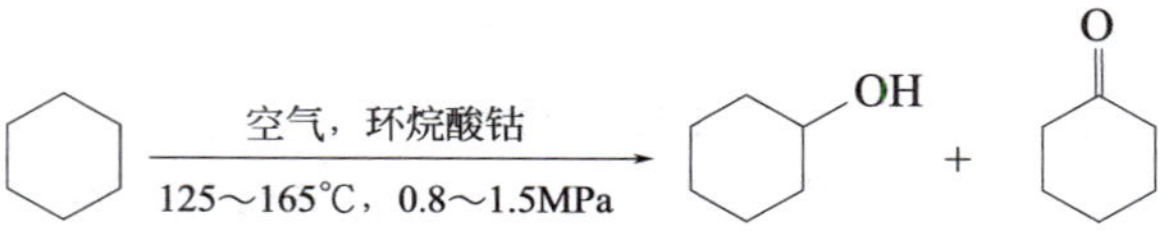

第五章

脂肪族卤代烃

 读一读

激烈的足球比赛中，常常可以看到运动员受伤倒在地上，医生跑过去，用药水对准球员的伤口喷涂。 医生用的是什么妙药，能够这样迅速地治疗伤痛？

这是球场上"化学医生"的功劳，它的名字叫氯乙烷（C_2H_5Cl），是一种在常温下呈气体的有机物，在一定压力下成为液体。医生只要把氯乙烷液体喷涂到伤痛的部位，氯乙烷碰到温暖的皮肤，立刻沸腾起来。 因为沸腾得很快，液体一下就变成气体，同时把皮肤上的热也"带"走了，于是负伤的皮肤像被冰冻了一样，暂时失去感觉，痛感也消失了。这种局部冰冻，也使皮下毛细血管收缩起来，停止出血，负伤部位也不会出现瘀血和水肿。这种使身体的某一个地方失去感觉，又不影响其他部位感觉的麻醉方法，称为叫作局部麻醉。足球场上的"化学医生"（图 5-1）就是靠局部麻醉的方法，使球员的伤痛一下子消失的。

图 5-1　足球场上的"化学医生"

 完成本章的学习后，你可以做到

① 认识卤代烃的结构；
② 知道卤代烃的通式及同分异构现象；
③ 能运用习惯命名法和系统命名法给卤代烃命名；
④ 能熟练书写卤代烃取代反应、消除反应和与金属镁反应的方程式；
⑤ 知道几种重要卤代烃及其相关物理性质。

第一节
脂肪族卤代烃

新概念

卤代烃的定义 烃分子中的氢原子被卤原子取代后生成的产物。

新知识

一、脂肪族卤代烃的分类

① 根据卤代烃分子中烃基结构不同分为饱和卤代烃（主要指卤代烷）、不饱和卤代烃（主要指卤代烯烃）和芳香族卤代烃（卤代芳烃）。

CH_3CH_2Cl $CH_2\!=\!CHBr$ ⬡—Br

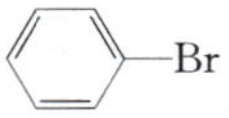

氯乙烷   溴乙烯   溴苯

饱和卤代烃   不饱和卤代烃   芳香族卤代烃

② 根据卤代烃分子中所含卤原子的数目不同分为一元、二元和三元卤代烃等，二元及其以上的统称为多卤代烃。

CH_3Cl CH_2Cl_2 $CHCl_3$

一氯甲烷   二氯甲烷   三氯甲烷

一卤代烃   多卤代烃

③ 根据与卤原子直接相连的碳原子类型不同，又分为伯卤代烃、仲卤代烃和叔卤代烃。

$CH_3CH_2CH_2Cl$ $\underset{Cl}{CH_3CHCH_3}$ $\overset{CH_3}{\underset{CH_3}{CH_3C\!-\!Cl}}$

1-氯丙烷   2-氯丙烷   2-甲基-2-氯丙烷

伯卤代烃   仲卤代烃   叔卤代烃

二、脂肪族卤代烃的命名

想一想

烷烃的命名方法有几种，规则是怎样的呢？

1. 习惯命名法

习惯命名法是在烃基名称后面加上卤原子的名称，叫"某基卤"。

例如：

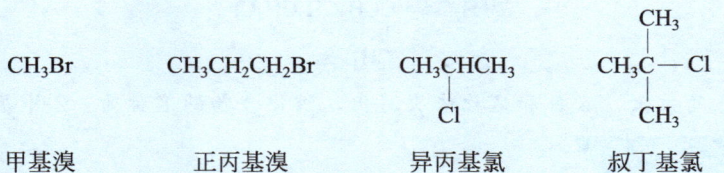

甲基溴　　　　正丙基溴　　　　异丙基氯　　　叔丁基氯

该方法只适用于烃基结构较为简单的卤代烃。

2. 系统命名法

卤代烃的系统命名原则和步骤有如下几方面。

(1) 选主链　选取含有卤原子的最长碳链作为主链，卤原子作为取代基。

(2) 编号　从靠近支链的一端开始给支链上的碳原子编号。

(3) 写名称　将取代基的位次、数目和名称写在母体名称"某烷"之前。取代基的顺序为先烷基后卤素，卤素原子按 F、Cl、Br、I 的顺序依次写出。

不饱和氯代烃的命名，应该选取既含有卤原子又含有不饱和键的最长碳链作为主链，编号时应使不饱和键的位次最小。

⏩ 理论剖析助手

1. 用系统命名法给 $\underset{\underset{Cl}{|}\quad\underset{CH_3}{|}}{CH_2CH_2CHCH_2CH_3}$ 命名。

分析与解答

① 选取含有氯原子的最长碳链作为主链：

$$\underset{\underset{Cl}{|}\qquad\underset{CH_3}{|}}{CH_2CH_2CHCH_2CH_3}\longrightarrow$$

② 按照取代基位次最小的原则开始给碳原子编号，因此应该从靠近支链（Cl 原子）一端开始给支链上的碳原子编号：

$$\underset{\underset{Cl}{|}\qquad\underset{CH_3}{|}}{\overset{1\quad 2\quad 3\quad 4\quad 5}{CH_2CH_2CHCH_2CH_3}}$$

③ 将取代基的位次、数目和名称写在母体名称"某烷"之前，写出该化合物的名称为：3-甲基-1-氯戊烷。

2. 用系统命名法给 $\underset{\underset{CH_3}{|}}{H_2C=CCH_2CH_2CH_2Cl}$ 命名。

分析与解答

① 选取既含有卤原子又含有不饱和键的最长碳链作为主链：

$$\underset{\underset{CH_3}{|}}{H_2C=CCH_2CH_2CH_2Cl}\longrightarrow$$

② 按照不饱和键的位次最小的原则给碳原子编号：

$$\overset{1}{H_2C}=\overset{2}{\underset{\underset{CH_3}{|}}{C}}\overset{3}{CH_2}\overset{4}{CH_2}\overset{5}{CH_2Cl}$$

③ 将取代基的位次、数目和名称依次写出，该化合物的名称为：2-甲基-5-氯-1-戊烯。

 **随堂练一练**

用系统命名法命名下列化合物。

1. $CH_3\underset{\underset{Br}{|}}{C}H\underset{\underset{CH_3}{|}}{C}HCH_3$

命名为 _____。

2. $CH_3CH_2\underset{\underset{Cl}{|}}{C}HCH_2\underset{\underset{Br}{|}}{C}HCH_3$

命名为 _____。

3. $CH_3CH_2\underset{\underset{CH_2CH_3}{|}}{\overset{\overset{Br}{|}}{C}}H\underset{}{C}H_2\overset{\overset{Cl}{|}}{C}HCH_3$

命名为 _____。

4. $CH_3\underset{\underset{Cl}{|}}{C}HCH=CH_2$

命名为 _____。

三、脂肪族卤代烃的异构现象

 **新概念**

卤代烷的定义　烷烃分子中的氢原子被卤原子取代后生成的产物。

卤代烃的异构现象比较复杂，仅以卤代烷讨论同分异构现象。相同碳原子的卤代烷，可因碳链异构和官能团异构形成不同的化合物。

▶▶▶　理论剖析助手

写出 C_4H_9Cl 的同分异构体。

分析与解答

① 先写出 C_4H_9Cl 的最长的直链碳骨架，直链碳骨架包含四个碳原子：

$$C^1—C^2—C^3—C^4$$

② 将 Cl 原子写在该碳链不同的碳原子上，将会出现下列两种结构：

$$CH_3CH_2CH_2CH_2Cl \qquad\qquad CH_3CH_2\underset{\underset{Cl}{|}}{C}HCH_3$$

1-氯丁烷(A) 　　　　　　　　　2-氯丁烷(B)

③ 写出少一个碳原子的直链作主链，即主链上有三个碳原子，剩余的一个碳原子作为支链取代基，并将 Cl 原子写在该碳链不同的碳原子上，将会出现下列两种结构：

2-甲基-1-氯丙烷(C) 　　　　　2-甲基-2-氯丙烷(D)

其中 A 和 B、C 和 D 为官能团异构，A 和 C、B 和 D 为碳链异构。

随堂练一练

写出下列化合物的构造式。

1. 2-甲基-2-氯丁烷

   构造式为＿＿＿＿＿＿＿＿＿＿。

2. 叔丁基溴

   构造式为＿＿＿＿＿＿＿＿＿＿。

3. 氯仿

   构造式为＿＿＿＿＿＿＿＿＿＿。

4. 3-氯-4-溴己烷

   构造式为＿＿＿＿＿＿＿＿＿＿。

5. 烯丙基溴

   构造式为＿＿＿＿＿＿＿＿＿＿。

6. 3-甲基-1-氯戊烷

   构造式为＿＿＿＿＿＿＿＿＿＿。

对接生活

　　跨入 21 世纪环保问题成了全球瞩目的热门话题，臭氧层的不断破坏和气候的逐渐变暖(图 5-2)，是当今地球人类所面临的两大亟待解决的环境问题。近 20 年的研究发现氟里昂对全球环境有着严重的影响，直接影响人类的生存条件，这已引起了国际上的极大关注。 在这样的背景下，制冷技术中制冷剂面临新的革新。

　　常用的制冷剂按化学组成可分四类，即无机化合物、氟利昂(卤代烃)、碳氢化合物(烃类)、混合制冷剂。

图 5-2　氟里昂对大气臭氧层的破坏

第二节

脂肪族卤代烃的化学性质

你知道卤代烷的物理性质吗？

　　物态　在常温常压下，氯甲烷、溴甲烷和氯乙烷为气体，其他的一氯代烷为液体。

　　沸点　卤代烷的沸点随分子量的增加而升高。由于分子极性存在，所以卤代烷的沸点比相应的烷烃高。烃基相同的卤代烷，沸点顺序为：RI＞RBr＞RCl。在卤代烷的构造异构体中直链卤代烷的沸点最高，支链越多，沸点越低。

　　相对密度　一氯代烷的相对密度小于 1，一溴代烷和一碘代烷的相对密度大于 1。同系列中卤代烷的相对密度随着分子量的增加而减小。

> 溶解度　卤代烷不溶于水，可溶于醇、醚、烃等有机溶剂。部分卤代烷本身就是优良的有机溶剂，例如常用的有机溶剂有氯仿、四氯化碳等。

温故知新

前面学习了脂肪族卤代烃的结构，回想一下脂肪族卤代烃的结构通式是什么？官能团是什么？

新概念

取代反应　卤代烷分子中的卤原子被其他原子或基团取代的反应。

消除反应　在一定条件下，从有机物分子中相邻碳原子上脱去一些小分子（如 HX、H_2O 等），同时形成碳碳双键，生成不饱和化合物的反应。

查依采夫规则　卤代烷脱卤化氢时，主要脱去含氢较少的 β-碳原子上的氢原子，从而生成含烷基较多的烯烃。

卤代烷的结构如下。

$$\begin{array}{c} \quad\ \ | \quad\ \ |^{(1)} \\ R{-}C{-}C{\vdots}\ X \\ {}^{(2)}\overline{}\ |\quad | \\ \quad\ \ \ H \end{array}$$

① C—X 键断裂：a. 卤原子被取代；b. 与金属镁反应形成 C—Mg 键和 Mg—X 键。

② C—X 键断裂及 β-C—H 键断裂，形成碳碳双键。

新知识

一、取代反应

1. 水解反应

$$R{-}X + H{-}OH \rightleftharpoons \underset{\text{醇}}{R{-}OH} + HX$$

$$R{-}X + NaOH \xrightarrow[\triangle]{H_2O} \underset{\text{醇}}{R{-}OH} + NaX$$

一定条件下，卤代烷中卤原子被羟基（—OH）取代生成醇。该反应是可逆反应，为了有利于生成醇，通常需要加入强碱水溶液与卤代烷共热以中和生成的氢卤酸，使反应向着生成醇的方向进行。通常卤代烷是由相应的醇制得，因此该反应只适用于少数结构较复杂的醇的制备。

2. 醇解反应

$$CH_3{-}Br + Na{-}O\underset{\underset{CH_3}{|}}{\overset{\overset{CH_3}{|}}{C}}CH_3 \xrightarrow{\triangle} CH_3O\underset{\underset{CH_3}{|}}{\overset{\overset{CH_3}{|}}{C}}CH_3 + NaBr$$

叔丁醇钠　　甲基叔丁基醚

卤代烷与醇钠在相应的醇溶液中发生醇解反应，卤原子被烷氧基（RO—）取代生成醚。该反应称为威廉逊（Williamson）合成法，是制备混醚最好的方法。此方法局限性在于卤代烷只限于伯卤代烷。

对接生活

　　甲基叔丁基醚(图 5-3)是一种高辛烷值汽油添加剂，化学含氧量较甲醇低得多，利于暖车和节约燃料，蒸发潜热低，对冷启动有利，常用于无铅汽油和低铅油的调和，可以替代有毒的四乙基铅，减少环境污染，提高汽油品质和使用的安全性。

图 5-3　高辛烷值汽油添加剂——甲基叔丁基醚

3. 氨解反应

$$CH_3CH_2CH_2CH_2 \overline{\underline{| \ Br \ + \ H \ |}} NH_2 \xrightarrow[\triangle]{乙醇} CH_3CH_2CH_2CH_2NH_2 + NH_4Br$$

（过量）　　　　　　　　　正丁胺

　　卤代烷与过量的氨在乙醇溶液中共热时，卤原子被氨基（—NH₂）取代生成伯胺。这是工业上制取伯胺的方法之一。

对接生活

　　正丁胺常用作分析试剂、乳化剂和染料中间体，也用于制药工业及杀虫剂的合成，是杀菌剂苯菌灵的中间体，也是正丁基异氰酸酯的原料，用于生产磺酰脲类除草剂。正丁胺作为医药中间体，用于抗糖尿病药物的生产；作为农药中间体，用于氨基甲酸酯类除草剂、杀虫剂的生产；作为助剂中间体，用于制取裂化汽油的防胶剂、添加剂、汽油抗氧剂、橡胶阻聚剂、硅氧烷弹性体硫化剂、肥皂乳化剂。用正丁胺中和载色剂的酸度可控制醇酸和尿素磁漆的黏度。正丁胺的脂肪酸皂是有色金属浮选剂；正丁胺也是彩色相片的显影剂(图 5-4)。

显影剂

图 5-4　彩色相片的显影剂——正丁胺

4. 氰解反应

$$CH_3CH_2 — Br + K — CN \xrightarrow[\triangle]{乙醇} CH_3CH_2CN + KBr$$
$$丙腈$$

卤代烷与氰化钠或氰化钾在乙醇溶液中共热时，卤原子被氰基（—CN）取代生成腈。反应产物增加了一个碳原子，在有机合成中常用于增长碳链。

5. 与硝酸银-乙醇溶液反应

$$R — X + Ag — ONO_2 \xrightarrow[\triangle]{乙醇} RONO_2 + AgX$$
$$硝酸烷基酯$$

卤代烷与硝酸银在乙醇溶液中共热时，生成硝酸烷基酯，同时有卤化银沉淀析出，现象明显。

该类反应中，不同的卤代烷反应活性为：

$$叔卤代烷＞仲卤代烷＞伯卤代烷$$
$$碘代烷＞溴代烷＞氯代烷$$

做一做

在实验室中取三支洁净的试管，各加入 3mL 饱和的硝酸银-乙醇溶液，然后分别滴加 5～10 滴 1-溴丁烷、2-溴丁烷、2-甲基-2-溴丙烷，振荡观察发现，2-甲基-2-溴丙烷立刻生成沉淀，2-溴丁烷生成沉淀稍慢、1-溴丁烷加热才出现沉淀(图 5-5)。因此可以根据析出沉淀时间来鉴别伯、仲、叔三种不同类型的卤代烷。

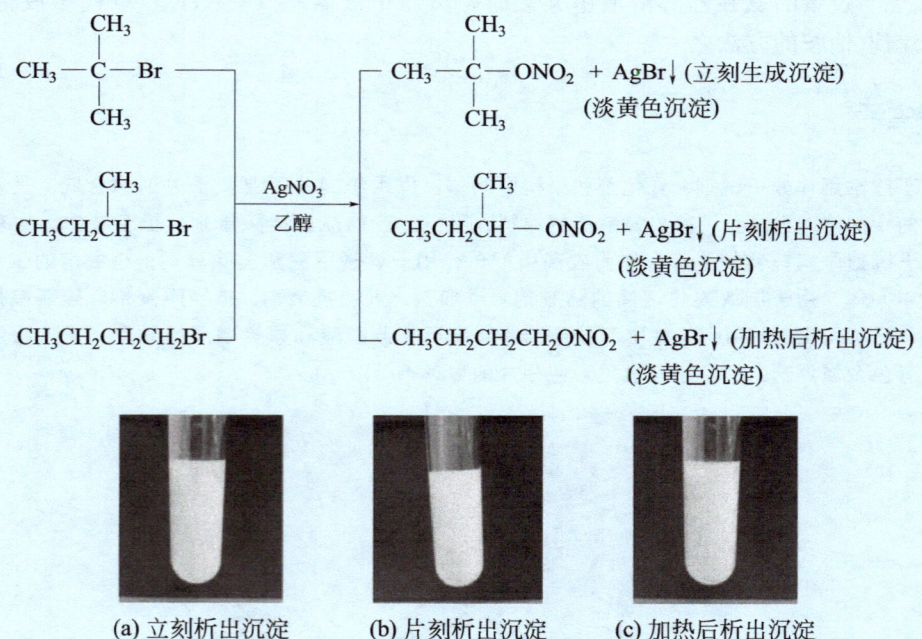

(a) 立刻析出沉淀　　(b) 片刻析出沉淀　　(c) 加热后析出沉淀

图 5-5　不同类型的卤代烷与饱和的硝酸银-乙醇溶液反应结果

二、消除反应

$$R \overset{\beta}{-} \overset{}{\underset{H}{CH}} \overset{\alpha}{-} \overset{}{\underset{X}{CH_2}} \xrightarrow[\triangle]{KOH\text{-}C_2H_5OH} RCH = CH_2 + KX + H_2O$$

卤代烷与强碱的醇溶液共热时，分子中的 C—X 键和 β-C—H 键发生断裂，脱去一分子卤化氢，同时形成碳碳双键，生成烯烃。

> **想一想**
>
> 如果卤代烷分子中有两种不同存在形式的 β-C—H 时，那么消除反应是如何进行的呢？

$$CH_3 \overset{\beta}{-} \underset{\underset{(2)}{H}}{CH} \overset{\alpha}{-} \underset{Br}{CH} \overset{\beta}{-} \underset{\underset{(1)}{H}}{CH_2}$$

(1) → CH$_3$CH$_2$CH = CH$_2$
1-丁烯 (19%)

(2) → CH$_3$CH = CHCH$_3$
2-丁烯 (81%)

实验证明，主要产物是双键碳原子上含烃基最多的烯烃，即表明，卤代烷脱卤化氢时主要脱去含氢较少的 β-碳原子上的氢原子，生成含烷基较多的烯烃。各级卤代烷发生消除反应的活性顺序为：

叔卤代烷＞仲卤代烷＞伯卤代烷

三、卤代烷与金属镁的反应

格氏试剂室温下，卤代烷与金属镁在绝对乙醚（无水、无醇的乙醚）中作用生成烷基卤化镁，统称为格利雅（Grignard）试剂，即格氏试剂。

$$CH_3CH_2Br + Mg \xrightarrow{绝对乙醚} CH_3CH_2MgBr$$

乙基溴化镁

> **读一读**
>
> 格氏试剂中 C—Mg 键是一个很强的极性共价键，性质非常活泼，容易被空气中水蒸气分解，所以必须保存在绝对乙醚中。因其性质活泼，可以和许多物质反应，生成其他有机物，是有机合成中非常重要的试剂之一。

$$RMgX \begin{cases} \xrightarrow{H-OH} RH + Mg(OH)X \\ \xrightarrow{H-X} RH + MgX_2 \\ \xrightarrow{H-NH_2} RH + Mg(NH_2)X \\ \xrightarrow{H-OR} RH + Mg(OR)X \end{cases}$$

上述反应是定量进行的，在有机分析中常用甲基碘化镁与含活泼氢的物质反应，测定生成甲烷的体积，计算出被测物质中所含氢原子的数目。

随堂练一练

1. 完成下列化学反应。

(1) $CH_3CH_2CH_2Br \xrightarrow{NaOH/H_2O} ?$

(2) $CH_3CHCH_3 \underset{干醚}{\overset{Mg}{\longrightarrow}} ? \xrightarrow{CH_3CH_2OH} ?$
$\quad\quad\ \ |$
$\quad\quad\ \ Br$

(3) $CH_3-CH-CH-CH_3$ $\Big\{$ $\xrightarrow{NaOH/H_2O} ?$
$\quad\quad\quad\ |\quad\ \ |$ $\quad\quad\quad\ \ \ \xrightarrow[\triangle]{NaOH/醇} ?$
$\quad\quad\quad CH_3\ \ Br$

(4) $CH_3-CH-CH_2-CH_2Br \xrightarrow[\triangle]{NaOH/醇} ? \xrightarrow{HBr} ? \xrightarrow[\triangle]{NaOH/醇} ? \xrightarrow{HBr} ?$
$\quad\quad\quad\ \ |$
$\quad\quad\quad\ \ CH_3$

(5) $\triangle\!-\!CH_3 \xrightarrow{HBr} ? \xrightarrow{NaCN} ?$

(6) $CH_3CH_2CH_2Br \xrightarrow{NH_3} ?$

(7) $CH_2\!=\!CH-CH_3 \underset{醋酸}{\overset{HBr}{\longrightarrow}} ? \underset{醇}{\overset{AgNO_3}{\longrightarrow}} ?$

2. 由指定原料合成下列化合物。

(1) 由 1-溴丙烷制备 2-溴丙烷。

(2) 由乙烯合成乙基叔丁基醚。

有机化学实验室

常用化学试剂的安全存放

　　实验室内只易存放少量短期内需要的药品，易燃易爆试剂应放在铁柜中，铁柜的顶部要有通风口，严禁在实验室里放置总量超过 20L 的瓶装易燃液体。大量试剂应放在药品库内，对于一般试剂如无机盐应有序地存放在试剂柜里，可按元素周期族分类或按酸、碱、盐、氧化物等分类存放。存放化学试剂时要注意化学试剂的存放期限，因为有些试剂在存放过程中会逐渐变质，甚至形成危害，如醚类、四氢呋喃、二氧六环、烯、液体石蜡等，在日光条件下如接触空气可形成过氧化物，放置越久越危险。某些具有还原性的试剂，如三氯化锑、四氢硼钠、硫酸亚铁、维生素 C、维生素 E 以及铁、铝、镁、锌粉等易氧化变质生成金属氧化物。

第三节
重要的脂肪族卤代烃

新知识

一、三氯甲烷

三氯甲烷（$CHCl_3$）又叫氯仿，是一种无色有甜味的透明液体，沸点为 61.2℃，不溶于水，可溶于乙醇、乙醚、苯等有机溶剂。三氯甲烷光照下会氧化成剧毒的光气。因此应密封保存在棕色瓶中。

三氯甲烷是一种优良的有机溶剂，能溶解油脂、蜡、橡胶、有机玻璃等，是致癌物，曾经是医学麻醉剂（图5-6）。

工业上通过甲烷氯代或者四氯化碳还原制得三氯甲烷。

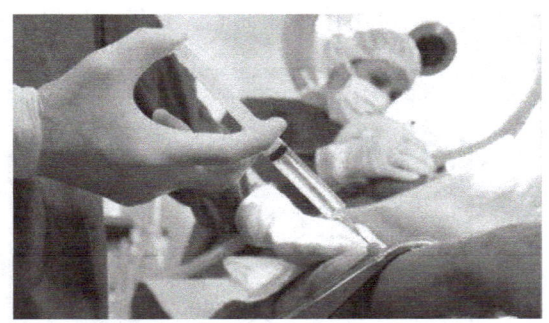

图 5-6　曾经的医学麻醉剂——三氯甲烷

$$CCl_4 + 2H_2 \xrightarrow{Fe} CHCl_3 + 3HCl$$

二、四氯化碳

四氯化碳（CCl_4）是一种无色液体，沸点为 76.54℃，20℃时密度为 $1.5940g/cm^3$，沸点低，易挥发，蒸气比空气重，不能燃烧，常用作灭火剂（图5-7）。因它不导电，更适用于电器设备的灭火。但高温时它会水解生成剧毒的光气，所以用四氯化碳灭火时，要注意空气流通，以防中毒。在我国公安部已经禁止销售使用该类型灭火器，原因就在于高温水解生成剧毒的光气，对人畜有较大的危害。

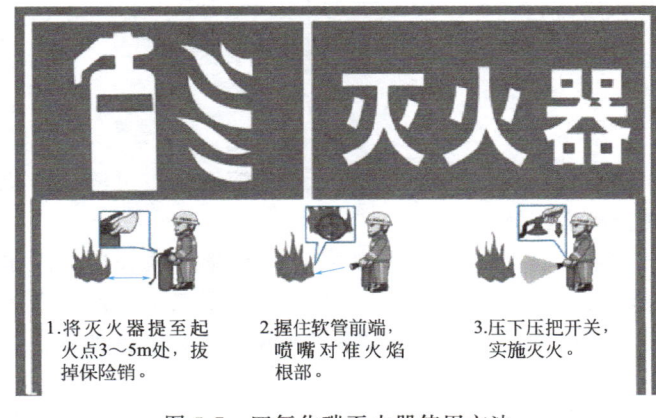

1.将灭火器提至起火点3～5m处，拔掉保险销。
2.握住软管前端，喷嘴对准火焰根部。
3.压下压把开关，实施灭火。

图 5-7　四氯化碳灭火器使用方法

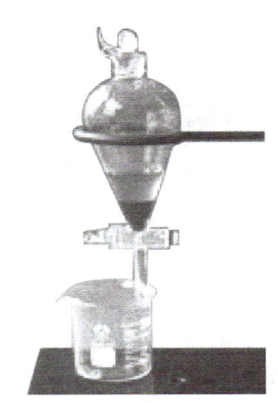

图 5-8　四氯化碳萃取剂

四氯化碳也是良好的溶剂、萃取剂（图 5-8）和有机合成的原料，又常用作干洗剂及去油剂。因其不燃烧，使用比较安全。

工业上由甲烷氯代或由二硫化碳与氯在催化剂作用下制取。

$$CS_2 + 3Cl_2 \xrightarrow{SbCl_5} CCl_4 + S_2Cl_2$$

三、氯乙烯

氯乙烯（$CH_2\!=\!CHCl$）是一种无色气体，沸点为 $-13.9℃$，不溶水，易溶于乙醇及丙酮等有机溶剂。氯乙烯容易燃烧，与空气形成爆炸性混合物，爆炸极限为 $3.6\%\sim26.4\%$（体积分数）。长期接触高浓度的氯乙烯可引起许多疾病，并可致癌。氯乙烯主要用于生产聚氯乙烯，也可用作冷冻剂等。聚氯乙烯粗产品见图 5-9。聚氯乙烯管材见图 5-10。

图 5-9　聚氯乙烯粗产品

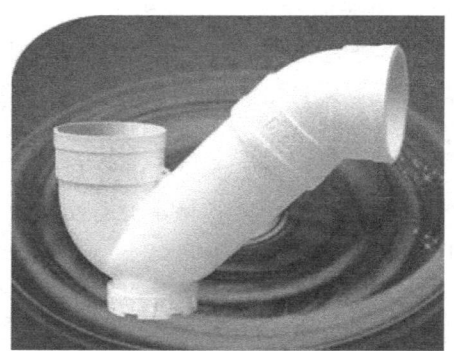

图 5-10　聚氯乙烯管材

工业上可用乙烯、乙炔为原料生产氯乙烯。

乙炔与氯化氢在氯化汞催化下发生加成反应制得氯乙烯。

$$CH\!\equiv\!CH + HCl \xrightarrow[150\sim160℃]{HgCl_2,活性碳} CH_2\!=\!CHCl$$

目前工业上生产氯乙烯主要采用以乙烯为原料的氧氯化法。乙烯与氧气、氯化氢在氯化铜催化下反应，先生成 1,2-二氯乙烷，再热解得到氯乙烯。

$$CH_2\!=\!CH_2 + HCl + O_2 \xrightarrow[250\sim350℃]{CuCl_2} \underset{\underset{Cl}{|}\ \ \underset{Cl}{|}}{H_2C\!-\!CH_2} \xrightarrow{-HCl} CH_2\!=\!CHCl$$

四、四氟乙烯

四氟乙烯（$CF_2\!=\!CF_2$）是一种无色气体，沸点为 $-76.3℃$，不溶于水，可溶于有机溶剂，在催化剂（过硫酸铵）作用下聚合成聚四氟乙烯。

聚四氟乙烯具有耐高温（$250℃$）、耐低温（$-269℃$）的特性，化学性质稳定，王水也不能使它氧化，机械强度高，所以在塑料中号称"塑料王"，主要用于军工生产及电器等工业方面，作各种耐腐蚀、耐高温、耐低温材料。聚四氟乙烯不粘锅见图 5-11。聚四氟乙烯密封带见图 5-12。

四氟乙烯工业上由氯仿与干燥氟化氢在五氯化锑催化下先生成二氟一氯甲烷，再经高温裂解制得。

图 5-11 聚四氟乙烯不粘锅

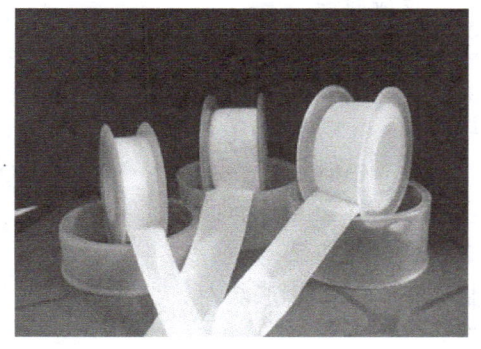

图 5-12 聚四氟乙烯密封带

$$CHCl_3 + 2HF \xrightarrow{SbCl_5} CHClF_2 + 2HCl$$

$$2CHClF_2 \xrightarrow{600\sim800℃} CF_2 \!=\! CF_2 + 2HCl$$

五、氯乙烷

　　氯乙烷（CH_3CH_2Cl）又名一氯乙烷，是一种无色可燃气体，易液化，沸点为 12.3℃，用作乙基化剂，例如制备四乙基铅、乙基纤维素等，也用作油脂和树脂的溶剂以及冷冻剂等。

　　氯乙烷具有冷冻麻醉作用，从而使局部产生快速镇痛效果。

　　工业上生产氯乙烷普遍采用乙烯氢氯化法。

$$CH_2 \!=\! CH_2 + HCl \xrightarrow[130\sim250℃]{AlCl_3} CH_3CH_2Cl$$

知识拓展

塑料袋毒性辨别小妙招

　　人们在日常生活中使用的塑料袋有的无毒，有的有毒，如何辨别呢？

　　感官检测法：塑料袋呈乳白色、半透明或无色透明，手摸时有润滑感，表面似蜡的无毒；颜色浑浊或呈淡黄色，手感发黏的有毒。用水检测法：把塑料袋置于水中，并按入水底，无毒塑料袋密度小可浮出水面；有毒的密度大沉入水下。

　　抖动检测法：用手抓住塑料袋一端用手抖，发出清脆声音的无毒；声音闷涩的有毒。

　　火烧检测法：无毒的聚乙烯塑料袋易燃、火焰呈蓝色，燃烧时像蜡烛一样，有石蜡味；有毒的聚氯乙烯塑料袋不易燃烧，离火即熄灭，火焰呈黄色发出盐酸的刺激性气味。

实验大爆发

溴乙烷的制备

一、实验目的

① 学习以溴化钠、浓硫酸和乙醇制备溴乙烷的原理。

② 学习低沸点蒸馏的基本操作和分液漏斗的使用方法。

二、反应原理

主反应：$NaBr + H_2SO_4 \Longrightarrow HBr + NaHSO_4$

$\qquad CH_3CH_2OH + HBr \longrightarrow CH_3CH_2Br + H_2O$

副反应：$2CH_3CH_2OH \longrightarrow CH_3CH_2OCH_2CH_3 + H_2O$

$\qquad CH_3CH_2OH \longrightarrow CH_2 = CH_2 + H_2O$

$\qquad 2HBr + H_2SO_4 \Longrightarrow Br_2 + 2H_2O$

三、仪器与药品

仪器：100mL 圆底烧瓶、直形冷凝管、接收弯头、温度计、蒸馏头、沸石、分液漏斗、锥形瓶。

药品：乙醇（95％）10mL（0.17mol）、溴化钠（无水）15g（0.15mol）、浓硫酸（$d =$ 1.84）19mL、饱和亚硫酸氢钠 5mL。

四、实验步骤

1. 溴乙烷的生成

在 100mL 圆底烧瓶中加入 10mL95％乙醇及 9mL 水，在不断振荡和冷却下，缓慢加入浓硫酸 19mL，混合物冷却到室温，在搅拌下加入研细的 15g 溴化钠，再加入几粒沸石，小心摇动烧瓶使其均匀。溴乙烷沸点很低，极易挥发。为了避免损失，在接收器中加入冷水及 5mL 饱和亚硫酸氢钠溶液，放在冰水浴中冷却，并使接收管的末端浸没在水溶液中，如图 5-13 所示。

开始小火加热，使反应液微微沸腾，使反应平稳进行，直到无溴乙烷流出为止。随反应进行，反应混合液开始有大量气体出现，此时一定控制加热强度，不要造成暴沸，然后固体逐渐减少，当固体全部消失时，反应液变得黏稠，然后变成透明液体（此时已接近反应终点）。

2. 溴乙烷的精制

将接收器中的液体倒入分液漏斗，静置分层后，将下面的粗溴乙烷转移至干燥的锥形瓶中。在冰水冷却下，小心加入 1～2mL 浓硫酸，边加边摇动锥形瓶进行冷却。用干燥的分液漏斗分出下层浓硫酸。将上层溴乙烷从分液漏斗上口倒入 50mL 烧瓶中，加入几粒沸石进行蒸馏。由于溴乙烷沸点很低，接收器要在冰水中冷却，接收 37～40℃的馏分，产量约为 10g（产率约 54％）。

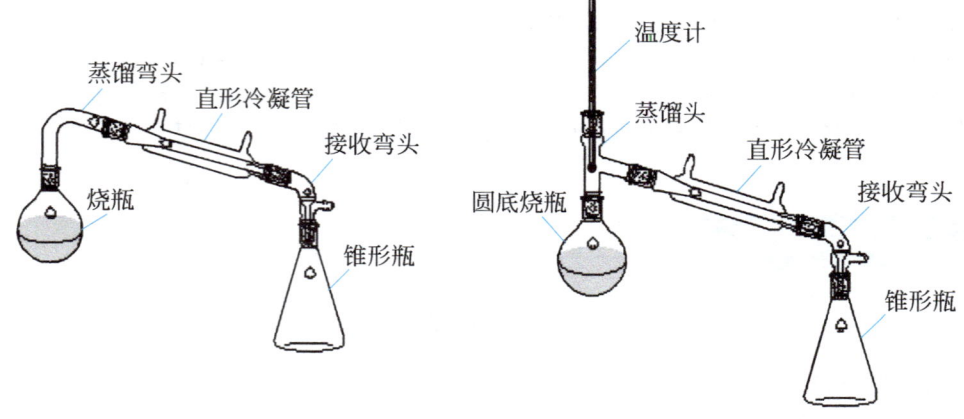

图 5-13　溴乙烷制备装置图

注：如果在加热之前没有把反应物混合摇匀，反应时极易出现暴沸使反应失败。开始反应时，要小火加热，以避免溴化氢逸出。加入浓硫酸精制时一定注意冷却，避免溴乙烷损失。实验过程采用两次分液，第一次保留下层，第二次要上层产品。在反应过程中，既不要反应时间不够，也不要蒸馏时间太长。

随堂练一练

1. 实验室利用溴化钠、浓硫酸和乙醇制备溴乙烷，其化学方程式为：
　　_____。

2. 反应时若温度过高，可看到有红棕色气体产生，该气体分子式为_____，同时生成的无色气体分子式为_____。

3. 为了更好地控制反应温度，除用图示的小火加热，更好的加热方式是_____。

4. 反应结束后，锥形瓶中粗制的 C_2H_5Br 呈棕黄色。为了除去粗产品中的杂质，可选择下列试剂中的_____（填序号）。所需的主要玻璃仪器是_____（填仪器名称）。

A. NaOH 溶液　　　B. H_2O　　　　　C. Na_2SO_3 溶液　　　D. CCl_4

本章小结

基本概念

卤代烃的定义：烃分子中的氢原子被卤原子取代后生成的产物。

卤代烷的定义：烷烃分子中的氢原子被卤原子取代后生成的产物。

取代反应：卤代烷分子中的卤原子被其他原子或基团取代的反应。

消除反应：在一定条件下，从有机物分子中相邻碳原子上脱去一些小分子（如 HX、H_2O 等），同时形成碳碳双键，生成不饱和化合物的反应。

查依采夫规则：卤代烷脱卤化氢时，主要脱去含氢较少的 β-碳原子上的氢原子，从而生成含烷基较多的烯烃。

烷烃卤代反应：烷烃分子中的氢原子被卤素原子取代的反应称为卤代反应，又称为卤化反应。

氧化反应：有机化学中，通常把将分子中引入氧原子或脱去氢原子的反应。

命　　名

一、习惯命名法

习惯命名法是在烃基名称后面加上卤原子的名称，叫"某基卤"。

二、系统命名法

卤代烃的系统命名原则和步骤有如下几个方面。

(1) 选主链　选取含有卤原子的最长碳链作为主链，卤原子作为取代基。

(2) 编号　从靠近支链一端开始给支链上的碳原子编号。

(3) 写名称　将取代基的位次、数目和名称写在母体名称"某烷"之前。取代基的顺序为先烷基后卤素，卤素原子按 F、Cl、Br、I 的顺序依次写出。

化学反应

一、取代反应

1. 水解反应

$$R \!-\! \boxed{X + H} \!-\! OH \rightleftharpoons R \!-\! OH + HX$$
醇

2. 醇解反应

$$CH_3 \!-\! \boxed{Br + Na} \!-\! \underset{\underset{CH_3}{|}}{\overset{\overset{CH_3}{|}}{O}}CCH_3 \xrightarrow{\triangle} CH_3O\underset{\underset{CH_3}{|}}{\overset{\overset{CH_3}{|}}{C}}CH_3 + NaBr$$

叔丁醇钠　　甲基叔丁基醚

3. 氨解反应

$$CH_3CH_2CH_2CH_2 \!-\! \boxed{Br + H} \!-\! NH_2 \xrightarrow[\triangle]{乙醇} CH_3CH_2CH_2CH_2NH_2 + NH_4Br$$

（过量）　　　　　正丁胺

4. 氰解反应

$$CH_3CH_2 \!-\! \boxed{Br + K} \!-\! CN \xrightarrow[\triangle]{乙醇} CH_3CH_2CN + KBr$$

丙腈

5. 与硝酸银-乙醇溶液反应

$$R \!-\! \boxed{X + Ag} \!-\! ONO_2 \xrightarrow[\triangle]{乙醇} RONO_2 + AgX$$

硝酸烷基酯

二、消除反应

$$R \!-\! \underset{\underset{H}{|}}{\overset{\beta}{C}H} \!-\! \underset{\underset{X}{|}}{\overset{\alpha}{C}H_2} \xrightarrow[\triangle]{KOH-C_2H_5OH} RCH\!=\!CH_2 + KX + H_2O$$

三、卤代烷与金属镁的反应

$$CH_3CH_2Br + Mg \xrightarrow{绝对乙醚} CH_3CH_2MgBr$$

乙基溴化镁

$$RMgX \begin{cases} \xrightarrow{H-OH} RH + Mg(OH)X \\ \xrightarrow{H-X} RH + MgX_2 \\ \xrightarrow{H-NH_2} RH + Mg(NH_2)X \\ \xrightarrow{H-OR} RH + Mg(OR)X \end{cases}$$

第六章

醇和醚

　　"酒逢知己千杯少，话不投机半句多。遥知湖上一樽酒，能忆天涯万里人。"自从人类发现了酒，也就开始了喝酒的历史，见图 6-1。 酒的主要成分是酒精，学名乙醇，乙醇具有消毒、防腐、活血(扩张血管，暂时使人感到温暖，但接着使人感到寒冷)、麻痹(饮用过多时，多作用于小脑)作用。大量饮用酒后，由于脱水和胃肠道的受损，可能会使人感到疲倦、恶心和头痛；个别人对酒精过敏，接触后可引起皮疹、红斑；也有因大量饮酒而使人休克甚至死亡的事情发生。人们发现酒后，由于其一系列好的作用，很快接受了它，并慢慢发现了酿酒的办法，开始批量生产，很快酒成了一种很流行的饮料。人们更把喝酒发展成了一种文化。

图 6-1　中华酒文化

 完成本章的学习后，你可以做到

　　① 认识醇和醚的结构；
　　② 知道醇和醚结构及构造异构现象；
　　③ 能运用习惯命名法和系统命名法给醇命名，能给简单的醚命名；
　　④ 能熟练书写醇和醚的化学反应方程式；
　　⑤ 能用相应的方法鉴别醇和醚；
　　⑥ 知道几种重要的醇和醚的物理性质。

第一节

醇

醇的定义　羟基与脂肪族烃基或芳烃侧链相连的化合物叫醇。

一、醇的分类

① 根据分子中所连烃基是否饱和，分为饱和醇和不饱和醇。

饱和醇：CH_3OH　　　　CH_3CH_2OH　　　　⬡—OH
　　　　甲醇　　　　　　　乙醇 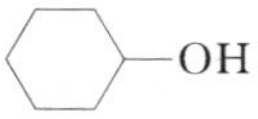　　　　　　　　环己醇

不饱和醇：$CH_2=CH-CH_2OH$
　　　　　　　烯丙醇

② 根据分子中所含羟基数目不同分为一元醇、二元醇、三元醇等，二元及其以上的统称为多元醇。

CH_3CH_2OH　　　$\begin{matrix} CH_2-OH \\ | \\ CH_2-OH \end{matrix}$　　　$\begin{matrix} CH_2-OH \\ | \\ CH-OH \\ | \\ CH_2-OH \end{matrix}$

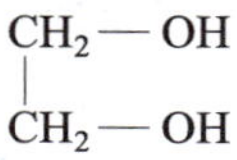

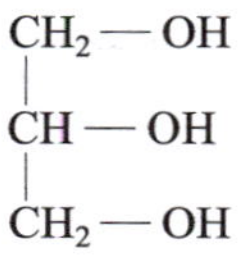

乙醇　　　　　　乙二醇　　　　　丙三醇
（一元醇）　　　（二元醇）　　　（三元醇）

③ 根据羟基所连碳原子不同，分为伯醇、仲醇和叔醇。

CH_3CH_2OH　　　$\begin{matrix} CH_3CHCH_3 \\ | \\ OH \end{matrix}$　　　$CH_3-\underset{\underset{OH}{|}}{\overset{\overset{CH_3}{|}}{C}}-CH_3$

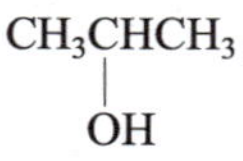

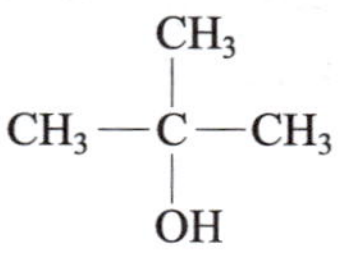

乙醇　　　　　　异丙醇　　　　　叔丁醇
（伯醇）　　　　（仲醇）　　　　（叔醇）

二、醇的命名

1. 习惯命名法

习惯命名法是在烃基名称后面加"醇"字。例如：丁醇的四个异构体名称。

$CH_3CH_2CH_2CH_2OH$　　$\begin{matrix} CH_3CHCH_2CH_3 \\ | \\ OH \end{matrix}$　　$\begin{matrix} CH_3CHCH_2OH \\ | \\ CH_3 \end{matrix}$　　$CH_3-\underset{\underset{OH}{|}}{\overset{\overset{CH_3}{|}}{C}}-CH_3$

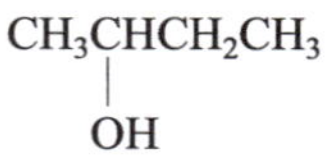

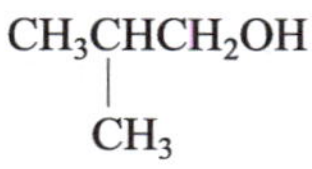

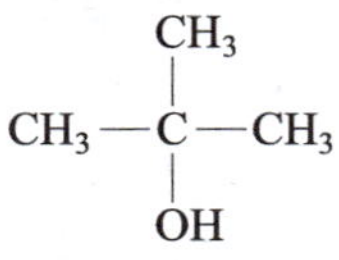

正丁醇　　　　　　仲丁醇　　　　　　异丁醇　　　　　　叔丁醇

2. **系统命名法**

(1) 选主链　选取含有羟基的最长碳链作为主链，支链作为取代基。

(2) 编号　从靠近羟基的一端开始依次编号。

(3) 写名称　根据主链所含碳原子数目称为"某醇"，将取代基的位次、名称和羟基的位次依次写在醇名之前。

不饱和醇的命名，应选择既含有羟基又含有不饱和键的最长碳链作为主链，编号时应使羟基位次最小。

▶ 理论剖析助手

1. 用系统命名法给 $CH_3CH_2CH_2CH_2CHCH_2CH_3$ 命名。
$$\overset{|}{CH_2OH}$$

分析与解答

(1) 选主链　选取含有羟基的最长碳链作为主链，该主链含有 6 个碳原子。
$$CH_3CH_2CH_2CH_2CHCH_2CH_3$$
$$\overset{|}{CH_2OH}$$

(2) 编号　从靠近羟基的一端开始依次编号为 1～6。
$$\overset{6}{C}H_3\overset{5}{C}H_2\overset{4}{C}H_2\overset{3}{C}H_2\overset{2}{C}HCH_2CH_3$$
$$\overset{|}{\overset{1}{C}H_2OH}$$

(3) 写名称　最长碳链含 6 个碳原子，命名为己醇，2 号位含有一个乙基取代基，因此该化合物命名为 2-乙基-1-己醇。

2. 用系统命名法给 $H_2C=CHCH_2CHCH_2OH$ 命名。
$$\overset{|}{CH_3}$$

分析与解答

(1) 选主链　选择既含有羟基又含有不饱和键的最长碳链作为主链。
$$H_2C=CHCH_2CHCH_2OH$$
$$\overset{|}{CH_3}$$

(2) 编号　编号时应使羟基位次最小，因此从靠近羟基的一端开始依次编号为 1～5。
$$\overset{5}{H_2C}=\overset{4}{C}H\overset{3}{C}H_2\overset{2}{C}H\overset{1}{C}H_2OH$$
$$\overset{|}{CH_3}$$

(3) 写名称　最长碳链含有羟基和双键，根据规则该化合物命名为 2-甲基-4-戊烯-1-醇。

随堂练一练

用系统命名法命名下列物质。

1. $CH_3CHCHCH_2OH$，上 CH_3，下 CH_3

命名为＿＿＿＿＿＿。

2. $CH_3CH_2CHCH_3$，下 OH

命名为＿＿＿＿＿＿。

3. $H_2C{=}CHCHCH_2OH$
　　　　　　　　|
　　　　　　　CH_3

命名为 _____ 。

4. $H_2C{=}CHCH_2CH_2OH$

命名为 _____ 。

第二节

醇的化学反应

你知道醇的物理性质吗？

物态　常温常压下，$C_1{\sim}C_4$ 的醇是无色透明带有酒味的液体；$C_5{\sim}C_{11}$ 的醇是具有令人不愉快气味的无色油状液体；C_{12} 以上的醇为无色蜡状固体；二元醇、三元醇等多元醇是具有甜味的无色液体或固体。

沸点　低级醇的沸点比分子量相近的烃高很多。

水溶性　$C_1{\sim}C_3$ 的醇可以任意比例与水混溶，C_4 以上的醇随分子量的增加，在水中的溶解度显著降低，C_9 以上的醇已经不溶于水。

相对密度　饱和一元醇的相对密度小于 1，比水轻；芳香醇和多元醇的相对密度大于 1，比水重。

生成结晶醇　低级醇能与某些无机盐类生成结晶醇。结晶醇溶于水，但不溶于有机溶剂。

新知识

醇的构造式：

$$R{-}\overset{\beta}{C}H{-}\overset{\alpha}{\underset{\underset{H}{|}}{\overset{\overset{H}{|}}{C}}}{-}O{-}H$$

醇的化学反应主要发生在官羟基及受羟基影响而比较活泼的 α-氢和 β-氢原子上。

① O—H 键断裂，氢原子被取代。

② C—O 键断裂，羟基被取代。

③ α-H 比较活泼，易发生氧化或脱氢反应。

④ α-（或 β-）C—H 键断裂，形成不饱和键。

乙醇的棒状模型见图 6-2，比例模型见图 6-3。

图 6-2　乙醇的棒状模型

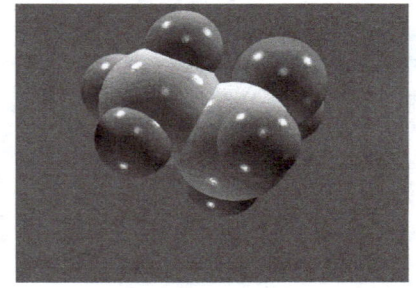

图 6-3　乙醇的比例模型

一、与无机酸反应

(1) 与氢卤酸反应 该反应中醇与浓的氢卤酸反应，分子中的—OH基被卤原子取代，生成卤代烃和水，是制备卤代烃的重要方法。由于该反应是可逆反应，可以通过增加一种反应物或者移去一种生成物的办法，提高卤代烃的产率。

$$R{\dashleftarrow}OH + H{\dashleftarrow}X \rightleftharpoons R{-}X + H_2O$$

对接生活

1-溴丁烷是合成麻醉药盐酸丁卡因的中间体，盐酸丁卡因可用于医疗手术麻醉如图6-4、图6-5所示。1-溴丁烷是一种无色透明液体，也可用于生产染料和香料。

图6-4 用麻醉药盐酸丁卡因给患者麻醉

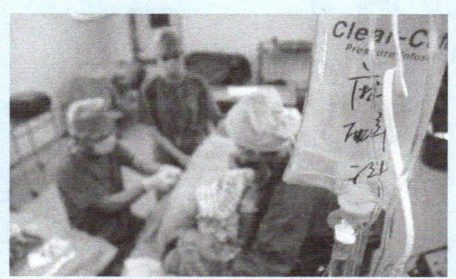

图6-5 医学麻醉手术病人

合成方法如下：

$$CH_3CH_2CH_2CH_2OH \xrightarrow[\text{回流}]{NaBr + H_2SO_4(浓)} CH_3CH_2CH_2CH_2Br$$

醇与氢卤酸的反应活性与氢卤酸的类型和醇的结构有关。

氢卤酸的反应活性：HI＞HBr＞HCl。

醇的反应活性：烯丙醇＞叔醇＞仲醇＞伯醇。

例如，无水氯化锌的浓盐酸溶液（卢卡斯试剂）与伯、仲、叔醇反应：

$$CH_3\overset{\overset{\displaystyle CH_3}{|}}{\underset{\underset{\displaystyle CH_3}{|}}{C}}{-}OH \xrightarrow[20℃]{HCl\text{-}ZnCl_2(无水)} CH_3\overset{\overset{\displaystyle CH_3}{|}}{\underset{\underset{\displaystyle CH_3}{|}}{C}}{-}Cl$$

（1min内变浑浊，随后分层）

$$CH_3\underset{\underset{\displaystyle OH}{|}}{CH}CH_2CH_2CH_3 \xrightarrow[20℃]{HCl\text{-}ZnCl_2(无水)} CH_3\underset{\underset{\displaystyle Cl}{|}}{CH}CH_2CH_2CH_3$$

（10min内开始变浑浊，分层）

$$CH_3CH_2CH_2CH_2OH \xrightarrow[20℃]{HCl\text{-}ZnCl_2(无水)} 不反应 \xrightarrow{\triangle} CH_3CH_2CH_2CH_2Cl$$

根据上述反应性质，可以鉴别3～6个碳原子的伯、仲、叔醇（不适用于异丙醇的鉴别）。

（2）与硝酸反应

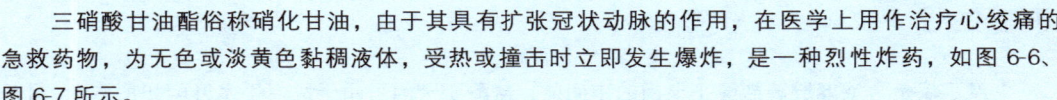

$$\begin{array}{l} CH_2-OH \\ | \\ CH-OH \\ | \\ CH_2-OH \end{array} + 3H-ONO_2 \xrightarrow[10\sim20℃]{浓H_2SO_4} \begin{array}{l} CH_2-ONO_2 \\ | \\ CH-ONO_2 \\ | \\ CH_2-ONO_2 \end{array} + 3H_2O$$

丙三醇　　　　　　　　　　　　　　　三硝酸甘油酯

对接生活

三硝酸甘油酯俗称硝化甘油，由于其具有扩张冠状动脉的作用，在医学上用作治疗心绞痛的急救药物，为无色或淡黄色黏稠液体，受热或撞击时立即发生爆炸，是一种烈性炸药，如图6-6、图6-7所示。

图 6-6　治疗心绞痛的药物硝酸甘油片　　　图 6-7　硝化甘油爆炸

二、脱水反应

分子内脱水：$\begin{array}{cc} CH_2-CH_2 \\ | \quad\quad | \\ H \quad\quad OH \end{array} \xrightarrow[或Al_2O_3,360℃]{浓H_2SO_4,170℃} CH_2=CH_2 + H_2O$
　　　　　　　　　　　　　　　　　　　　乙烯

分子间脱水：$CH_3CH_2-OH + H-OCH_2CH_3 \xrightarrow[或Al_2O_3,260℃]{浓H_2SO_4,140℃} CH_3CH_2OCH_2CH_3 + H_2O$

对接生产

实验室中常利用醇脱水来制取少量烯烃。醇的分子内脱水也遵循查依采夫规则，即醇脱水时，脱去羟基和与它相邻的含氢较少的碳原子上的氢原子，生成含烷基较多的烯烃。

例如：$CH_3-\overset{\beta}{C}H-\overset{\alpha}{C}H-CH_3 \xrightarrow[100℃]{65\% H_2SO_4} CH_3CH=CHCH_3$
　　　　　　　　　$H \quad\quad OH$　　　　　　　2-丁烯
　　　　　　　　　　　　　　　　　　　　　　　（65%～80%）

$$CH_3-\overset{\beta}{C}H-\overset{\alpha}{\underset{|}{C}}-CH_3 \xrightarrow[90\sim95℃]{46\% H_2SO_4} CH_3CH=\underset{|}{C}CH_3$$
（上方 CH_3，H　OH）　　　　　　　　　（上方 CH_3）2-甲基-2-丁烯
　　　　　　　　　　　　　　　　　　　　　　　（84%）

三、氧化和脱氢

(1) 氧化反应　醇分子中，受羟基的影响，α-H 比较活泼，容易发生氧化反应，生成含有碳氧双键的化合物。在酸性重铬酸钾的作用下，伯醇可以被氧化成醛，醛继续被氧化成羧酸。

$$RCH_2OH \xrightarrow{K_2Cr_2O_7 + H_2SO_4} \underset{O}{R-\overset{\|}{C}-H} \xrightarrow{K_2Cr_2O_7 + H_2SO_4} \underset{O}{R-\overset{\|}{C}-OH}$$

伯醇　　　　　　　　　　　醛　　　　　　　　　　羧酸

对接生活

安全文明行车是我们每个公民必须遵守的行为准则，酒后驾车是一种违法行为，检查司机是否酒后驾车是交警的一项重要工作任务(图 6-8)，现实生活中交警所使用的"呼吸分析仪"就是根据乙醇被重铬酸钾氧化后，$Cr_2O_7^{2-}$ 被还原为 Cr^{3+}，溶液由橘红色转变成绿色，进而鉴别醇的存在。

图 6-8　交警查酒驾及我国对酒驾的处罚

$$\underset{OH}{R-\overset{|}{C}H-R} \xrightarrow{Na_2Cr_2O_7 + H_2SO_4} \underset{O}{R-\overset{\|}{C}-R}$$

仲醇　　　　　　　　　　　酮

在相同条件下，仲醇被氧化成性质比较稳定的酮，一般不再继续被氧化。

想一想

叔醇分子在上述条件下会发生怎样的反应呢？

叔醇因分子中不含 α-H，一般不容易发生氧化反应。若在强烈的氧化条件下，则发生碳碳键断裂，生成小分子的氧化产物羧酸等。

(2) 脱氢反应　伯醇和仲醇在铜、银等金属催化剂作用下，发生脱氢反应，分别生成醛和酮。催化脱氢对双键的存在没有影响，是工业上生产醛和酮的常用方法。

$$RCH_2OH \xrightarrow{Cu, 300℃} RCHO + H_2$$

伯醇　　　　　　　　　　　醛

$$R-\underset{\underset{\text{仲醇}}{|}}{\overset{|}{\underset{OH}{C}}}H-R \xrightarrow{Cu,300℃} R-\underset{\underset{\text{酮}}{||}}{\overset{||}{\underset{O}{C}}}-R+H_2$$

四、与活泼金属反应

$$ROH+Na \longrightarrow RONa+H_2\uparrow$$

醇羟基中的 O—H 键是强极性键，氢原子很活泼，容易被活泼金属取代生成醇盐。

对接生活

由于该反应现象明显(随着反应的进行，金属钠消失，并有氢气产生)，因此，可用于鉴别 C_6 以下的低级醇。醇钠非常活泼，常在有机合成中作为碱性催化剂使用，也可以作为烷氧基化剂。不同类型的醇与钠的反应见图6-9。

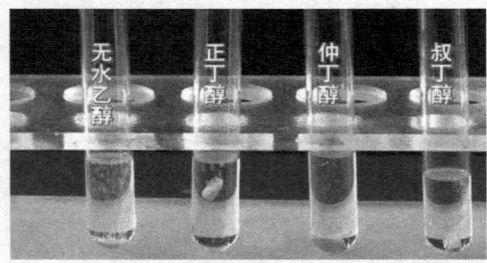

图 6-9　不同类型的醇与钠的反应

随堂练一练

完成下列化学反应。

1. $\bigcirc\!\!=O + Na \longrightarrow$

2. $CH_3CH_2CH_2OH \xrightarrow[140℃]{浓H_2SO_4}$

3. $CH_3\underset{\underset{CH_3}{|}}{C}HCH_2OH \xrightarrow[回流]{浓H_2SO_4 + NaBr}$

4. $CH_3\underset{\underset{OH}{|}}{C}HCH_3 \xrightarrow{Na_2Cr_2O_7 + H_2SO_4}$

5. $CH_3CH_2CH_2CH_2OH \xrightarrow{K_2Cr_2O_7 + H_2SO_4} ? \xrightarrow{K_2Cr_2O_7 + H_2SO_4} ?$

6. $CH_3\underset{\underset{CH_3}{|}}{C}HCH_2OH \xleftarrow{Cu,300℃}$

7. $CH_3CH_2\underset{\underset{C_2H_5}{|}}{C}HOH \xleftarrow{Cu,300℃}$

第三节
醚的分类、结构、命名

🔷 新概念

醚的定义 醇分子内羟基中的氢原子被烃基取代后的生成物叫醚。

🔷 新知识

一、醚的分类

① 根据烃基不同分为单醚和混醚，例如：二甲醚、二乙烯基醚为单醚，甲乙醚、甲基烯丙基醚为混醚。

② 根据烃基中有无不饱和键分为饱和醚和不饱和醚，例如：二甲醚、甲乙醚为饱和醚，二乙烯基醚、甲基烯丙基醚为不饱和醚。

$$CH_3OCH_3 \qquad\qquad CH_2{=\!=}CHOCH{=\!=}CH_2$$
二甲醚   二乙烯基醚

$$CH_3CH_2OCH_3 \qquad\qquad CH_2{=\!=}CHCH_2OCH_3$$
甲乙醚   甲基烯丙基醚

二、醚的结构

醚的通式为 R—O—R′，其中—O—为醚键，是醚的官能团。饱和醚与饱和一元醇互为构造异构体。乙醚的棒状模型如图 6-10 所示，比例模型如图 6-11 所示。

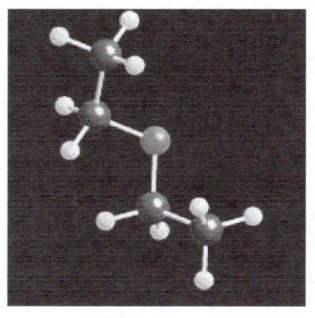

图 6-10 乙醚的棒状模型   图 6-11 乙醚的比例模型

三、醚的命名

① 烃基结构简单的醚，命名时在烃基后面加上"醚"字即可。单醚命名时，相同烷基的"二"可省略。混醚命名时较小的烃基在前。例如：

$$CH_3CH_2OCH_2CH_3 \qquad\qquad CH_2{=\!=}CHOCH{=\!=}CH_2$$
二乙基醚   二乙烯基醚

$$CH_3CH_2OCH_3 \qquad\qquad CH_3OCH(CH_3)_2$$

甲基乙基醚（甲乙醚）　　　　　　　甲基异丙基醚（甲异丙醚）

② 对于烃基结构比较复杂的醚，用系统命名法命名，取最长碳链的烃基作为母体，以烷氧基（RO—）作为取代基，称为"某烷氧基某烷"。

③ 环状醚的命名一般以烃为母体，称为"环氧某烷"。

▶▶▶ **理论剖析助手**

1. 分子式为 $C_4H_{10}O$ 的有机化合物一共有几种结构式？如何命名这些化合物？

分析与解答

根据饱和醚与饱和一元醇互为构造异构体，先写出醇的结构式如下：

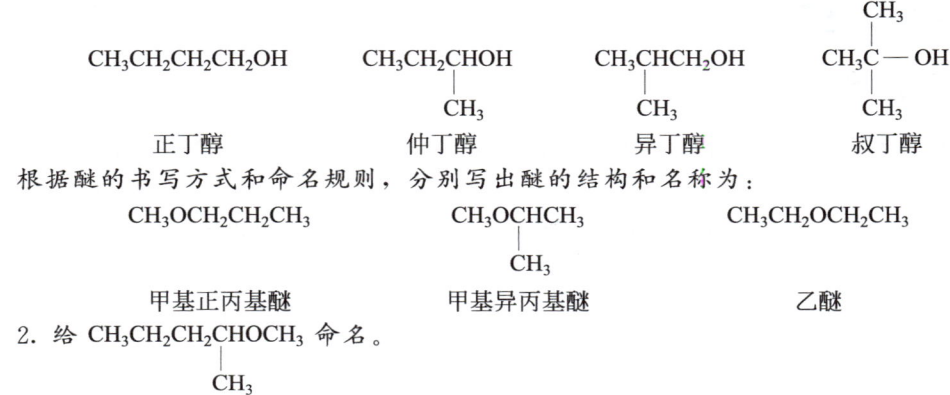

$$CH_3CH_2CH_2CH_2OH \qquad CH_3CH_2\underset{\underset{CH_3}{|}}{C}HOH \qquad CH_3\underset{\underset{CH_3}{|}}{C}HCH_2OH \qquad CH_3\underset{\underset{CH_3}{|}}{\overset{\overset{CH_3}{|}}{C}}-OH$$

正丁醇　　　　　　　　仲丁醇　　　　　　　　异丁醇　　　　　　　　叔丁醇

根据醚的书写方式和命名规则，分别写出醚的结构和名称为：

$$CH_3OCH_2CH_2CH_3 \qquad CH_3O\underset{\underset{CH_3}{|}}{C}HCH_3 \qquad CH_3CH_2OCH_2CH_3$$

甲基正丙基醚　　　　　　甲基异丙基醚　　　　　　　乙醚

2. 给 $CH_3CH_2CH_2\underset{\underset{CH_3}{|}}{C}HOCH_3$ 命名。

分析与解答

找出最长碳链作为主链：$CH_3CH_2CH_2\underset{\underset{CH_3}{|}}{C}HOCH_3$

将甲氧基作为取代基，给该物质编号为：

$$\overset{5}{C}H_3\overset{4}{C}H_2\overset{3}{C}H_2\overset{2}{\underset{\underset{1\,CH_3}{|}}{C}}HOCH_3$$

根据烷烃命名规则，该化合物命名为 2-甲氧基戊烷。

🔄 **随堂练一练**

1. 给下列物质命名。

（1）$CH_3OCH_2CH_3$　　　　　　　　（2）$CH_3CH_2O\underset{\underset{CH_3}{|}}{C}HCH_3$

命名为 ＿＿＿＿＿＿＿＿。　　　　命名为 ＿＿＿＿＿＿＿＿。

2. 写出下列物质的结构式。

（1）苯甲醚　　　　　　　　　　　（2）异丙醚

结构式为 ＿＿＿＿＿＿＿＿。　　　结构式为 ＿＿＿＿＿＿＿＿。

（3）环氧乙烷　　　　　　　　　　（4）1,2-二甲氧基乙烷

结构式为 ＿＿＿＿＿＿＿＿。　　　结构式为 ＿＿＿＿＿＿＿＿。

第四节

醚的化学性质

你知道醚的物理性质吗？

物态　在常温下，甲醚、甲乙醚是气体，其他醚一般是具有香味的无色液体。

沸点　低级醚的沸点比相同碳原子数的醇类低。

相对密度　液体醚的相对密度小于1，比水轻。

溶解度　醚具有较弱的极性与水分子间可形成氢键，在水中溶解性与相应的醇接近。

💠 新知识

一、成盐反应

$$R-\overset{\cdot\cdot}{\underset{\cdot\cdot}{O}}-R + H_2SO_4 \longrightarrow \left[R-\overset{H}{\underset{\cdot\cdot}{\overset{|}{O}}}-R\right]^+ HSO_4^-$$

锌盐

醚可溶于冷的浓盐酸或浓硫酸，生成一种不稳定的盐，称为锌盐。当加水稀释时，锌盐立即分解，醚又重新游离出来。利用该性质可以鉴别醚或把醚从烷烃或卤代烃中分离出来。

二、醚键断裂

$$CH_3CH_2OCH_2CH_3 + HI \xrightarrow{\triangle} CH_3CH_2OH + CH_3CH_2I$$

$$CH_3CH_2OCH_3 + HI \xrightarrow{\triangle} CH_3CH_2OH + CH_3I$$

醚与浓的氢碘酸或氢溴酸反应，发生醚键断裂，生成醇和碘代烷或溴代烷，当混醚的一个烃基是甲基时，往往生成碘甲烷或溴甲烷。

三、过氧化物的形成

低级醚与空气长时间接触，可被空气逐渐氧化形成过氧化物。形成的过氧化物不稳定，受热易分解发生爆炸。因此，实验中蒸馏醚之前，应检验是否有过氧化物存在，检验方法是用淀粉碘化钾试纸。若试纸变蓝，说明存在过氧化物，此刻应加入还原性物质如硫酸亚铁或饱和亚硫酸钠溶液处理，除去过氧化物，避免事故发生。

💠 随堂练一练

完成下列化学反应。

1. $CH_3CH_2OCH_3 + HI(浓) \xrightarrow{\triangle}$

2. $CH_3CH_2OCH_2CH_3 + HCl(浓) \xrightarrow{冷}$

第五节
重要的醇和醚

新知识

一、重要的醇

1. 甲醇 （CH_3OH）

$$CO + 2H_2 \xrightarrow[350℃\sim450℃，20MPa]{CuO\text{-}ZnO\text{-}Cr_2O_3} CH_3OH$$

对接生活

甲醇是具有酒味的无色透明液体，沸点为 64.9℃，溶于水和大多数有机溶剂，爆炸极限为 6%～36.5%，毒性较大，误饮 10mL 可致眼睛失明，30mL 导致死亡。

震惊全国的山西假酒案(图 6-12)就是在 1998 年 2 月春节期间发生的，山西省文水县王某华用 34t 甲醇加水后勾兑成散装白酒 57.5t，出售给个体户批发商王某、杨某、刘某等人。在明知这些散装白酒甲醇含量严重超标(经测定，每升含甲醇 361g，超过国家标准 902 倍)的情况下，为了牟取暴利，铤而走险，置广大乡亲生命于不顾，造成 27 人丧生，222 人中毒入院治疗，其中多人失明。1998 年 3 月 9 日，王某华等 6 名犯罪分子被判处死刑。

图 6-12　震惊全国的山西假酒案

甲醇是一种优良的有机溶剂，重要的化工原料，燃烧后只生成二氧化碳和水，对环境无污染，是一种无公害的新能源，工业上主要用于生产甲醛、甲胺、有机玻璃等。

2. 乙醇 （CH_3CH_2OH）

乙醇俗称酒精，是一种无色透明具有特殊香味的液体，沸点为 78.3℃。易挥发与燃烧，与水以任意比例混溶。

工业上主要是以乙烯为原料直接或间接合成乙醇。食用酒精多采用淀粉发酵生产。

$$(C_6H_{10}O_5)_n + H_2O \xrightarrow{淀粉酶} C_{12}H_{22}O_{11} \xrightarrow[麦芽糖酶]{H_2O} C_6H_{12}O_6 \xrightarrow{酒化酶} CH_3CH_2OH$$

实验表明，酒精可引起人体中毒，进入血液后，少量通过肺部呼出，大部分在肝脏分解，所以长期大量饮酒严重损害肝脏。

乙醇用途广泛，是重要的有机原料，也是一种最普遍的有机溶剂，医用消毒酒精为70%～75%的乙醇溶液。乙醇还可以与汽油配合作为发动机的燃料。国家发改委、国家能源局、财政部等十五个部门联合印发了《关于扩大生物燃料乙醇生产和推广使用车用乙醇汽油的实施方案》。到2020年，全国范围内将基本实现车用乙醇汽油全覆盖，到2025年，力争实现纤维素乙醇规模化生产。

3. 乙二醇（HOCH₂CH₂OH）

乙二醇是最重要、最简单的二元醇，是一种具有甜味的无色黏稠液体，沸点为198℃，能与水、乙醇和丙酮等混溶。

$$CH_2{=}CH_2 \xrightarrow[220\sim280℃]{O_2,Ag} H_2C{-}CH_2 \xrightarrow[190\sim220℃,1.5MPa]{H_2O,H^+} \underset{OH}{CH_2}{-}\underset{OH}{CH_2}$$

> **对接生活**
>
> 乙二醇是重要的化工原料，工业上大量用于制造树脂、增塑剂以及合成涤纶。60%的乙二醇水溶液具有较低的凝固点，是良好的抗冻剂，主要用于汽车散热器，防止汽车冬季在寒冷地区行车时，因冷却水冻结而引起储水箱破裂。

4. 丙三醇（HOCH₂—CHOH—CH₂OH）

丙三醇俗称甘油，是最简单的三元醇，是具有甜味的无色黏稠液体，沸点为290℃。能与水或乙醇混溶，吸湿性较强。

$$CH_2{=}CHCH_3 \xrightarrow[500℃]{Cl_2} CH_2{=}CHCH_2Cl \xrightarrow[500℃]{Cl_2+H_2O} \underset{Cl}{CH_2}{-}\underset{OH}{CH}{-}\underset{Cl}{CH_2} + \underset{Cl}{CH_2}{-}\underset{Cl}{CH}{-}\underset{OH}{CH_2}$$

$$\xrightarrow[-HCl]{Ca(OH)_2} \underset{Cl}{CH_2}{-}CH{-}CH_2 \xrightarrow[\triangle]{10\%NaOH} \underset{OH}{CH_2}{-}\underset{OH}{CH}{-}\underset{OH}{CH_2}$$

> **对接生活**
>
> 丙三醇用途广泛，是重要的化工原料，主要用于制造醇酸树脂（涂料）、三硝酸甘油酯（炸药）以及速效救心丸等，还用于制造医药软膏、化妆品、润滑剂、抗冻剂等（图6-13）。

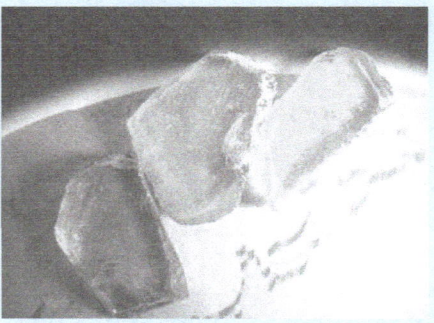

图 6-13　生活中的甘油及食品级松香甘油酯

二、重要的醚

1. 乙醚（$C_2H_5OC_2H_5$）

乙醚是无色具有香味的液体，沸点为 34.5℃，易挥发和着火，在空气中的爆炸极限为 1.85%～36.5%。

对接生活

　　乙醚性质稳定，能溶解许多有机物，如生物碱、油脂类、染料、香料、合成树脂、硝化纤维等，是优良的有机溶剂。乙醚具有麻醉作用，可作为外科手术麻醉剂使用，使用时需要注意，大量吸入乙醚蒸气能使人失去知觉，甚至死亡。第一次使用乙醚麻醉见图 6-14。乙醚使用安全警示牌见图 6-15。

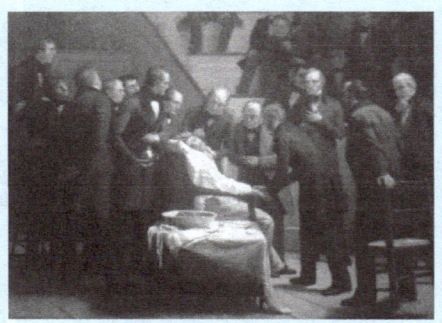

图 6-14　第一次使用乙醚麻醉

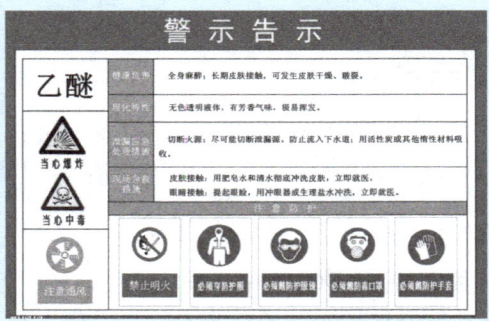

图 6-15　乙醚使用安全警示牌

2. 环氧乙烷

环氧乙烷是最简单的环醚，工业以乙烯为原料，直接氧化制得或用氯乙醇法制得。

乙烯氧化法：
$$CH_2\!=\!CH_2 \xrightarrow[220\sim280℃,21.72MPa]{O_2(空气)Ag} \underset{O}{H_2C\!-\!CH_2}$$

氯乙醇法：
$$CH_2\!=\!CH_2 \xrightarrow[70\sim80℃]{Cl_2+H_2O} \underset{OH \quad Cl}{H_2C\!-\!CH_2} \xrightarrow[-HCl]{Ca(OH)_2} \underset{O}{H_2C\!-\!CH_2}$$

环氧乙烷常温下是无色有毒气体，沸点为 13℃，熔点为 −111℃，易液化，溶于水、乙醇、乙醚，能与空气形成爆炸性混合物，爆炸极限为 3%～80%。

环氧乙烷是三元环状化合物，化学性质活泼，能与含活泼氢的化合物发生开环加成反应。例如：

$$\underset{O}{H_2C\!-\!CH_2} + H\!-\!OH \longrightarrow \underset{OH \quad OH}{H_2C\!-\!CH_2}$$
乙二醇

$$\underset{O}{H_2C\!-\!CH_2} + H\!-\!OCH_2CH_3 \longrightarrow \underset{OH \quad OCH_2CH_3}{H_2C\!-\!CH_2}$$
乙二醇单乙醚

$$3\underset{O}{H_2C\!-\!CH_2} + NH_3 \longrightarrow (HOCH_2CH_2)_3N$$
三乙醇胺

对接生活

　　乙二醇主要用于合成涤纶纤维。乙二醇单乙醚具有醇和醚的双重性质，可溶解硝酸纤维酯，是喷漆的优良溶剂，工业俗称溶纤剂。三乙醇胺可用作表面活性剂、洗涤剂、润滑油抗腐蚀剂、建筑水泥增强剂等。

　　环氧乙烷还能与格氏试剂反应，制备多两个碳原子的伯醇。

$$H_2C \overset{}{\underset{O}{\diagdown \diagup}} CH_2 + R—MgX \xrightarrow{\text{干醚}} RCH_2CH_2OMgX \xrightarrow{H_2O} RCH_2CH_2OH$$

　　由此可以看出，环氧乙烷是一种重要的有机合成原料。

有机化学实验室

有机化学实验基本操作——蒸馏装置

　　实验室的蒸馏装置主要包括下列三个部分。

　　① 蒸馏烧瓶　作为容器，液体在瓶内汽化，蒸气经支管进入冷凝管。 支管与冷凝管靠单孔塞连接，支管伸出塞子外约 2~3cm。

　　② 冷凝管　蒸气在冷凝管中冷凝成为液体，液体的沸点高于 130℃时用空气冷凝管，低于130℃时用直形冷凝管。液体沸点很低时，可用蛇形冷凝管，该蛇形冷凝管要垂直装置，冷凝管下端侧管为进水口，用橡胶管接自来水龙头，上端的出水口套上橡胶管导入水槽中。上端的出水口应向上，保证套管内充满着水。冷凝管的种类很多，常用的为直形冷凝管。

　　③ 接收器　常用接液管和三角烧瓶或圆底烧瓶，应与外界大气相通。

　　用标准接口仪器装配的装置图如图 6-16所示。

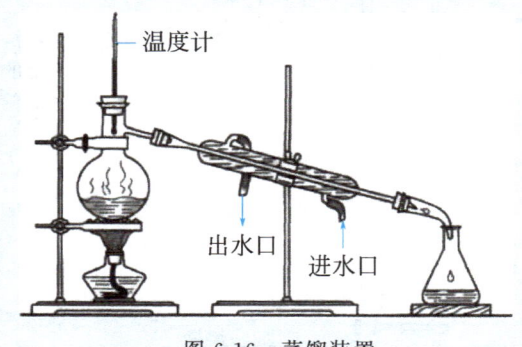

图 6-16　蒸馏装置

实验大爆发

无水乙醇的制备

一、实验目的

① 了解氧化钙法制备无水乙醇的原理和方法；

② 熟练掌握回流，蒸馏装置的安装和使用方法。

二、实验原理

　　普通的工业酒精是含乙醇 95.6% 和含水 4.4% 的恒沸混合物，其沸点为 78.15℃。用蒸馏的方法不能将乙醇中的水进一步除去，要制得无水乙醇，在实验室中需加入生石灰回流，使水分与生石灰结合后再进行蒸馏，得到无水乙醇。

$$CaO + H_2O \Longrightarrow Ca(OH)_2$$

蒸馏原理：利用液体混合物中各组分挥发度的差别，使液体混合物部分汽化，易挥发的组分在蒸气中增浓，难挥发组分在剩余液中也得到增浓。这在一定程度上实现了两组分的分离。两组分的挥发能力相差越大，则上述的增浓程度也越大。

三、实验药品

1. 实验仪器、材料

仪器：100mL 圆底烧瓶、直形冷凝管、球形冷凝管、干燥管、锥形瓶、电炉、石棉网、接引管、铁架台、十字架、试管夹、温度计、蒸馏支管、量筒。

2. 药品

工业酒精、生石灰、氢氧化钠、氯化钙。

四、实验步骤

1. 回流加热除水

在 100mL 的圆底烧瓶中加入 40mL 的工业酒精，慢慢加入 16g 颗粒状的生石灰和几片氢氧化钠，接上球形冷凝管，通水冷凝，加热回流 1h。

2. 蒸馏

回流完成后改为蒸馏装置，接上蒸馏支管，直形冷凝管，以锥形瓶为接收器，在接引管的支口上接盛有氯化钙的干燥管。观察温度计，在适合温度时接收馏分。

五、实验装置

无水乙醇制备实验装置如图 6-17 所示。

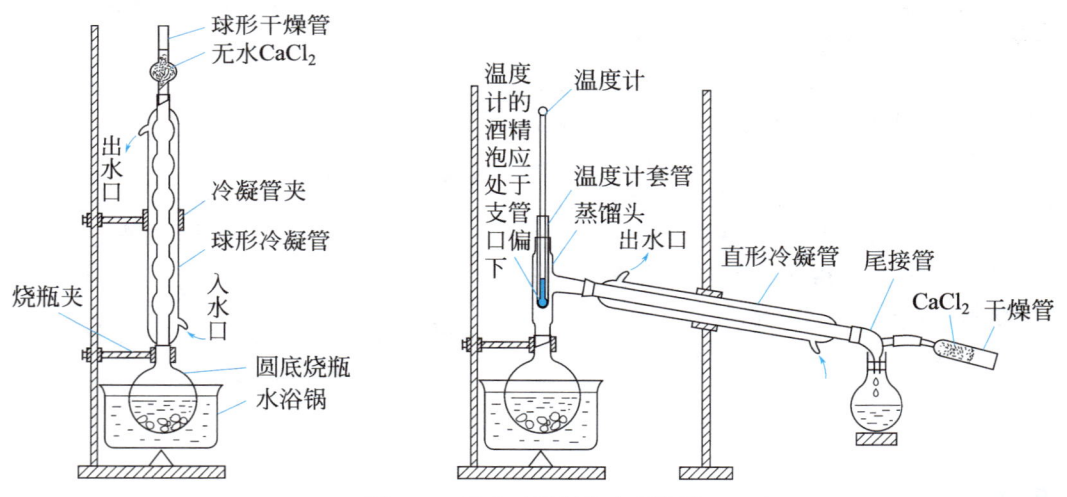

图 6-17　无水乙醇制备实验装置

六、注意事项

① 仪器应事先干燥；

② 接引管支口上接干燥管，以防止空气中的水分影响产品品质；

③ 务必使用颗粒状的生石灰，加入粉末状的生石灰会引起暴沸（实际操作中因为没有颗粒状的生石灰只能加入粉末状的生石灰，但是可以加入少量沸石防止暴沸）；

④ 在生石灰中加入少量的氢氧化钠可以在回流中使工业酒精中含有的少量甲醇极化转化成酸盐，提高产品的纯度；

⑤ 实验完毕后要及时清洗仪器。

随堂练一练

1. 实验室制备无水乙醇，涉及的化学方程式为：

_____。

2. 为什么接引管支口上应接干燥管？

_____。

3. 为什么要在氧化钙中加入少许氢氧化钠？

_____。

知识拓展

中国白酒文化——白酒传统酿造工艺

白酒俗称烧酒，是一种高浓度的酒精饮料，一般为 50° ~ 65°。白酒气味芳香纯正，入口绵甜爽净。我国的白酒，历史悠久，在唐代文献中，烧酒、蒸酒之名已有出现。白酒根据所用糖化、发酵菌种和酿造工艺的不同，可分为大曲酒、小曲酒、麸曲酒三大类，其中麸曲酒又可分为固态发酵酒与液态发酵酒两种。传统白酒酿造工艺流程(图 6-18)为：粉碎，配料，润料、拌料，蒸煮糊化，冷散，加曲、加水堆积，入池发酵，出缸蒸酒 8 个工序。

图 6-18　酿酒工艺

(1)粉碎　古代用石磨(或驴拉磨)把高粱粉碎成四六瓣，成梅花状，现代用电磨将高粱粉磨成过标准筛的原料。

(2)配料　将粉碎好的原料面和清蒸好的辅料(稻壳)按照 100：25 的比例人工翻拌均匀。夏季一般为 25% 的辅料，冬季为 30% 的辅料。

(3)润料、拌料　将配好料的面渣，按原粮量的 40% ~ 50% 加水进行润料，水温为常温，翻拌均匀，堆积 1h 左右，使原粮充分吸收水分。

(4)蒸煮糊化　将面渣上甑锅进行蒸煮糊化，汽圆蒸煮糊化 1h 左右，使面熟而不黏，内无生心，由有经验的酿酒师用手捻来感觉蒸煮程度。

(5)冷散　将蒸好的面渣用木锹铲出甑锅放到干净的地面上，冷散温度达到夏季 20 ~ 22℃，冬季 16 ~ 18℃。

(6)加曲、加水堆积　将冷散好的面渣按原料的 25% 左右的比例加入曲粉，加入 50% 左右的水，水为常温，用木锹进行翻拌，使之均匀。

(7)入缸发酵　将堆积好的酒醅用竹篓人工倒入缸里，上边盖上石盖进行发酵，地缸一般埋在地下，发酵周期一般为 21 天。

(8)出缸蒸酒　发酵到 21 天的酒醅用竹篓抬出至甑锅边进行蒸馏，"看花接酒"都是凭酿酒大师傅的经验来判别。

本章小结

基本概念

醇的定义：羟基与脂肪族烃基或芳烃侧链相连的化合物叫醇。

醚的定义：醇分子内羟基中的氢原子被烃基取代后的生成物叫醚。

命　名

一、醇的命名

1. 习惯命名法是在烃基名称后面加"醇"字。

2. 系统命名法

（1）选主链　选取含有羟基的最长碳链作为主链，支链作为取代基。

（2）编号　从靠近羟基的一端开始依次编号。

（3）写名称　根据主链所含碳原子数目称为"某醇"，将取代基的位次、名称和羟基的位次依次写在醇的名称之前。

二、醚的命名

① 烃基结构简单的醚，命名时在烃基后面加上"醚"字即可。单醚命名时，相同烷基的"二"可省略。混醚命名时较小的烃基在前。

② 烃基结构比较复杂的醚用系统命名法命名，取碳链最长的烃基作为母体，以烷氧基作为取代基，称为"某烷氧基某"烷。

醇化学反应

一、与无机酸反应

1. 与氢卤酸反应

$$R \boxed{-OH + H-} X \rightleftharpoons R-X + H_2O$$

2. 与硝酸反应

$$
\begin{array}{l}
CH_2-OH \\
| \\
CH-OH \\
| \\
CH_2-OH
\end{array}
+ 3H-ONO_2
\xrightarrow[10\sim20℃]{浓H_2SO_4}
\begin{array}{l}
CH_2-ONO_2 \\
| \\
CH-ONO_2 \\
| \\
CH_2-ONO_2
\end{array}
+ 3H_2O
$$

丙三醇　　　　　　　　　　三硝酸甘油酯

二、脱水反应

1. 分子内脱水

$$
\begin{array}{l}
CH_2-CH_2 \\
\boxed{|\quad\quad|} \\
H\quad\ OH
\end{array}
\xrightarrow[或Al_2O_3,360℃]{浓H_2SO_4,170℃}
CH_2=CH_2 + H_2O
$$

乙烯

2. 分子间脱水

$$CH_3CH_2 \boxed{-OH + H-} OCH_2CH_3 \xrightarrow[或Al_2O_3,260℃]{浓H_2SO_4,140℃} CH_3CH_2OCH_2CH_3 + H_2O$$

三、氧化和脱氢

1. 氧化反应

$$RCH_2OH \xrightarrow{K_2Cr_2O_7 + H_2SO_4} \underset{\substack{\| \\ O}}{R-C-H} \xrightarrow{K_2Cr_2O_7 + H_2SO_4} \underset{\substack{\| \\ O}}{R-C-OH}$$

伯醇 醛 羧酸

2. 脱氢反应

$$RCH_2OH \underset{}{\overset{Cu,300℃}{\rightleftharpoons}} RCHO + H_2$$

伯醇 醛

四、与金属反应

$$ROH + Na \longrightarrow RONa + H_2 \uparrow$$

醚化学反应

一、成盐反应

$$R-\overset{..}{\underset{..}{O}}-R + H_2SO_4 \longrightarrow \left[R-\overset{\overset{H}{|}}{\underset{..}{O}}-R \right]^+ HSO_4^-$$

锌盐

二、醚键断裂

$$CH_3CH_2OCH_2CH_3 + HI \xrightarrow{\triangle} CH_3CH_2OH + CH_3CH_2I$$

$$CH_3CH_2OCH_3 + HI \xrightarrow{\triangle} CH_3CH_2OH + CH_3I$$

三、环氧乙烷的反应

$$\underset{\underset{O}{\diagdown\diagup}}{H_2C-CH_2} + H-OH \longrightarrow \underset{\substack{| \quad | \\ OH \quad OH}}{H_2C-CH_2}$$

$$\underset{\underset{O}{\diagdown\diagup}}{H_2C-CH_2} + H-OCH_2CH_3 \longrightarrow \underset{\substack{| \quad | \\ OH \quad OCH_2CH_3}}{H_2C-CH_2}$$

$$3\underset{\underset{O}{\diagdown\diagup}}{H_2C-CH_2} + NH_3 \longrightarrow (HOCH_2CH_2)_3N$$

$$\underset{\underset{O}{\diagdown\diagup}}{H_2C-CH_2} + R-MgX \longrightarrow RCH_2CH_2OMgX \longrightarrow RCH_2CH_2OH$$

第七章

芳 烃

 读一读

凯库勒——建筑学与化学相结合的红娘

凯库勒早年曾入吉森大学学习建筑，原想成为建筑师，他系统地学习了建筑学，形象思维能力比较强，后在李比希的影响下改学化学，受深厚的建筑学基础影响，他善于运用模型方法，把化合物的性能与结构联系起来。1866 年，凯库勒(图 7-1)首次满意地写出了苯的结构式，指出芳香族化合物的结构含有封闭的碳原子环，环中六个碳原子是由单键与双键交替相连的，以保持碳原子为四价。苯环的结构，被称为凯库勒式。这是有机化学发展史上的一座里程碑。

但是科学家们又发现，凯库勒式中含有三个双键，但不能发生烯烃的加成反应；它的二元取代物应有两种，实际上只有一种；结构式中有单、双键，事实上所有键长都相等。 这到底是为什么呢？通过这一章的学习我们就可以找到答案！

图 7-1　凯库勒

 完成本章的学习后，你可以做到

① 认识苯的结构；

② 知道芳烃的分类；

③ 能运用习惯命名法和系统命名法给简单单环芳烃命名；

④ 能熟练书写单环芳烃的取代反应、加成反应和氧化反应方程式，了解芳烃亲电取代定位规律；

⑤ 知道几种重要芳烃及其物理性质。

第一节

芳香烃

🔷 新概念

芳香化合物的定义 将苯及含有苯环结构的化合物统称为芳香化合物。随着研究的深入，现在人们将具有特殊稳定性的不饱和环状化合物称为芳香化合物。

苯的定义 苯是最简单的单环芳烃，它没有同分异构体。

一、苯的结构

🔷 新知识

苯的分子式是 C_6H_6。苯的结构式：

结构简式：⬡ 或 ⬡ 。有时苯分子结构简式也可写成 ⬡ 或 ⬡

苯的分子模型：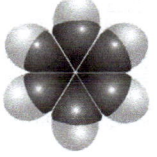

▶▶▶ 理论剖析助手

自从 1825 年英国的法拉第首先发现苯之后，有机化学家对它的结构和性质做了大量的研究工作，直到今日还有人把它作为主要研究课题之一。在此期间也有不少人提出过各种苯的构造式的表示方法，但都不能圆满地表达苯的结构。目前仍采用凯库勒式，因为它能很直观地表示出碳原子和氢原子的位置及个数，但凯库勒式存在着以下缺点：

① 分子中含有三个双键，但不发生烯烃类似的加成反应；

② 按照凯库勒式所表示的结构来看，苯的邻二取代物应有两种，一种连在双键上，一种连在单键上，但实际上只有一种。

所以苯还有其他表示方法，但仍有不足之处，如：

苯分子结构的近代观点是：

① 六个碳原子和六个氢原子都在同一平面上。

② 六个碳原子组成一个正六边形。

③ 碳碳键长完全相等（0.140nm）。

④ 所有键角都是120°。

对接生活

　　国际卫生组织已经把苯确定为强烈致癌物质，医学界公认苯可以引起白血病和再生障碍性贫血。人在短时间内吸入高浓度的甲苯或二甲苯，会使中枢神经麻醉，轻者头晕、恶心、胸闷、乏力，严重的会出现昏迷甚至因呼吸循环衰竭而死亡，如图7-2所示。慢性苯中毒会对皮肤、眼睛和上呼吸道有刺激作用，长期吸入苯能导致再生障碍性贫血，若造血功能完全破坏，可导致致命的颗粒性白细胞消失症，并引起白血病。苯对女性的危害比对男性更大些，育龄妇女长期吸入苯会导致月经失调，孕期的妇女接触苯时，妊娠并发症的发病率会显著增高，甚至会导致胎儿先天缺陷。

头晕　　　　　　　乏力

图 7-2　苯中毒的症状

　　由于苯属芳香烃类，使人不易警觉其毒性，如果在散发着苯的密封房间里，人可能会在短时间内出现头晕、胸闷、恶心、呕吐等症状，若不及时脱离现场，便会导致死亡。苯及苯的化合物主要来自合成纤维、塑料、燃料、橡胶等，隐藏在各种涂料的添加剂以及各种胶黏剂、防水材料中，还可来自燃料和烟叶的燃烧，如图7-3所示。

头痛、恶心、呕吐　　　　　　　　　意识混乱、神志不清

对皮肤黏膜有刺激　　　　**苯的**
危害　　　　呼吸增快、抽搐

抽搐、肌肉震颤　　　　　　　　　迅速昏迷、血压下降

图 7-3　苯的危害

随堂练一练

　　1. 苯的六个碳原子和六个氢原子都在＿＿＿＿＿上，组成一个＿＿＿＿形，碳碳键长＿＿＿＿，所有键角都是120°。

　　2. 苯的六个键完全＿＿＿＿，因此苯的邻二取代物应有＿＿＿＿种。

　　3. 将＿＿＿＿结构的化合物统称为芳香化合物。

　　4. 苯的分子式为＿＿＿＿＿＿＿，结构简式为＿＿＿＿＿＿＿，凯库勒式为＿＿＿＿＿＿，还可以写成＿＿＿＿＿＿。

　　5. 下列关于苯分子结构的说法中，错误的是（　　　）。

　　A. 各原子均位于同一平面上，6个碳原子彼此连接成一个平面正六边形

B. 苯环中含有 3 个 C—C 单键，3 个 C═C 双键
C. 苯环中碳碳键是介于 C—C 和 C═C 之间的特殊的键
D. 苯分子中六个碳碳键都相同

二、芳烃的分类与命名

新概念

芳香烃的定义　通常指分子中含有苯环结构的碳氢化合物。

苯的同系物　苯环上的氢原子，被不同的烷基取代时，则得到苯的同系物。通式为 C_nH_{2n-6}，其中 $n \geqslant 6$ 。

新知识

1. 芳烃的分类

根据分子中所含苯环的数目可将芳烃分为单环芳烃、多环芳烃和稠环芳烃。

单环芳烃是指只含一个苯环的芳烃，包括苯及其同系物。例如：

苯

甲苯

苯乙烯

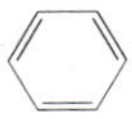

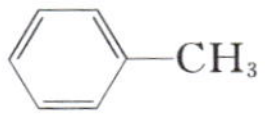

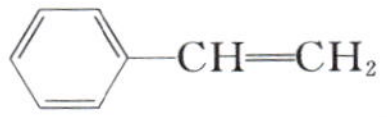

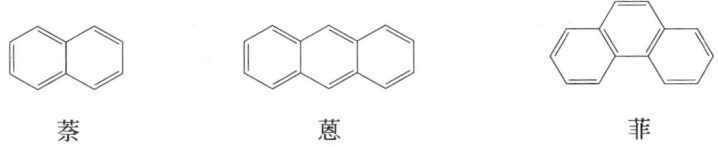

多环芳烃是指分子中含有两个或两个以上的苯环，并通过单键或碳链连接的芳烃。例如：

联苯

二苯甲烷

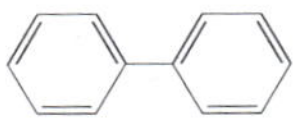

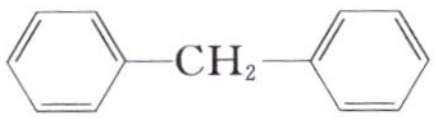

稠环芳烃是指分子中含有两个或两个以上的苯环，苯环之间共用相邻两个碳原子的芳烃。例如：

萘

蒽

菲

2. 单环芳烃的命名

① 一元烷基苯的命名以苯环为母体，烷基作为取代基，称为“某烷基苯”。其中“基”字通常可以省略。例如：

甲苯

乙苯

硝基苯

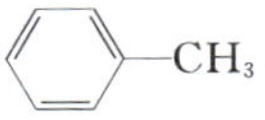

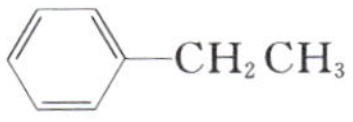

② 当苯环上连有两个或两个以上取代基时，为表明它们的相对位置，可用 1，2，3，…来表示。如果苯环上仅有两个取代基时，也可用邻、间、对来表示它们的相对位置。例如：

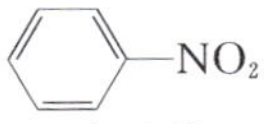

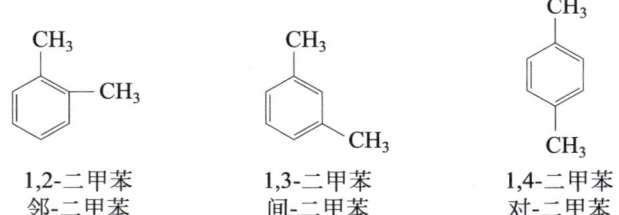

1,2-二甲苯	1,3-二甲苯	1,4-二甲苯
邻-二甲苯	间-二甲苯	对-二甲苯

③ 如果苯环上有三个取代基，且三个取代基都相同时，也可用连、偏、均来表示它们的相对位置。例如：

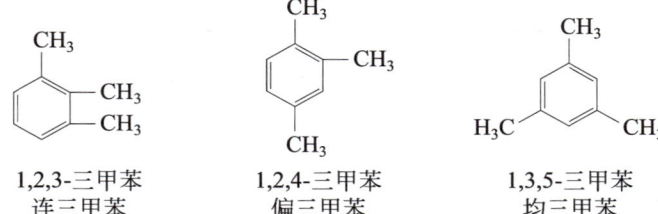

1,2,3-三甲苯	1,2,4-三甲苯	1,3,5-三甲苯
连三甲苯	偏三甲苯	均三甲苯

④ 当苯环上连有烯、炔、醇、醛、酮、羧酸、磺酸等取代基时，常以取代基的作为母体，苯环作为取代基。例如：

苯乙烯	苯乙炔	苯甲酸

⑤ 芳基的名称

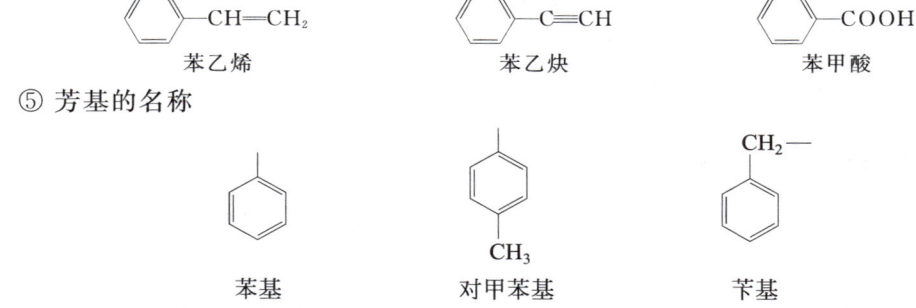

苯基	对甲苯基	苄基

随堂练一练

1. 芳香烃通常指分子中含有_____结构的_____化合物。

2. 苯环上的氢原子，被不同的烷基取代时，则得到苯的_____，通式为_____，其中 n 为_____。

3. 根据分子中所含苯环的数目将芳烃分为_____和_____、_____。

4. 写出下列化合物的名称。

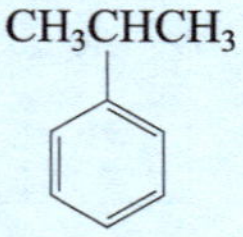

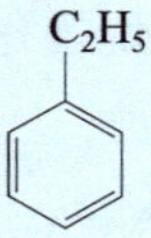

CH₃CHCH₃　　　　C₂H₅

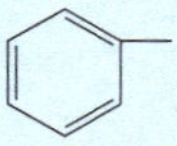

5. 写出下列化合物的结构简式

（1）硝基苯　　　　　　　　（2）1,4-二甲苯

（3）苯磺酸　　　　　　　　（4）苯乙烯

第二节
芳烃的化学反应

你知道单环芳烃的物理性质吗?

物态　单环芳烃一般为无色,具有特殊气味的液体,具有一定的毒性。

沸点　单环芳烃的沸点随分子量的增加而升高;分子量相同时,支链越多,沸点越高;分子量和支链数量均相同时,相邻的支链数量越多,沸点越高。

熔点　单环芳烃的熔点较低,绝大部分都小于0℃。

相对密度　单环芳烃的相对密度小于1,比水轻。

溶解度　单环芳烃不溶于水,易溶于汽油、乙醇和石油醚等有机溶剂。

温故知新

上一节中,我们学习了芳烃的结构,知道芳烃是含有苯环结构的烃类化合物。那么芳烃有哪些性质和作用呢?

一、苯环上的定位规则

新概念

定位基　单环芳烃发生一元取代反应时,决定新基团进入环上的位置及反应是否容易进行的取代基称为定位基。

定位基的作用　一是对取代反应的难易程度(即活性)有影响;二是对新基团有定位效应,即决定了新基团进入的位置。

新知识

1. 定位基的分类

根据定位基的定位效应不同,可将常见的定位基分为邻、对位定位基和间位定位基。

2. 常见定位基的定位效应

① 常见的邻、对位定位基定位效应由弱至强排列如下:

—C_6H_5(苯基)<—I<—Br<—Cl<—R(烷基)<—$NHCOCH_3$(乙酰氨基)<—OCH_3(甲氧基)<—OH(羟基)<—NH_2(氨基)<—N$(CH_3)_2$(二甲氨基)<—O^-(氧负离子基)

② 常见的间位定位基按其定位效应由弱至强排列如下:

—COOH(羧基)<—CHO(醛基)<—SO_3H(磺酸基)<—CN(氰基)<—NO_2(硝基)<—$N^+(CH_3)_2$(三甲铵基)

3. 常见定位基的特点与作用

(1) 邻、对位定位基特点

① 与苯环相连的原子均以单键与其他原子相连。

② 与苯环相连的原子大多带有孤对电子。

(2) 邻、对位定位基作用

① 使苯环活化，亲电取代比苯容易（卤素除外）。

② 使第二个取代基主要进入原取代基的邻、对位。

(3) 间位定位基特点　与苯环相连的原子带正电或是极性不饱和基团。

(4) 间位定位基作用

① 使苯环钝化，亲电取代比苯困难，反应速率变慢。

② 使第二个取代基主要进入原取代基的间位。

▶ **理论剖析助手**

应用定位规律，可以预测反应的主要产物，选择合理的合成路线，得到较高产量和容易分离有机化合物。

1. 预测反应的主要产物

请写出 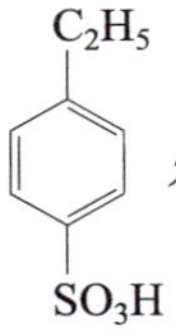 发生硝化反应时的主要产物。

分析与解答

① 分析定位基的种类，是邻、对位定位基，还是间位定位基。可以知道—SO_3H 为间位定位基，—C_2H_5 为邻、对位定位基。

② 分析两个定位基的具体定位。由于—SO_3H 为间位定位，新的取代基会因此被定位到它的间位，即—C_2H_5 的邻位；而是—C_2H_5 是邻、对位定位基，受它影响，新的取代基会定位在—C_2H_5 的邻位或对位，其中邻位就是—SO_3H 的间位，而对位则已经被—SO_3H 所占据，由此可见两个定位基都将新的取代基定位在同一个位置：。因此

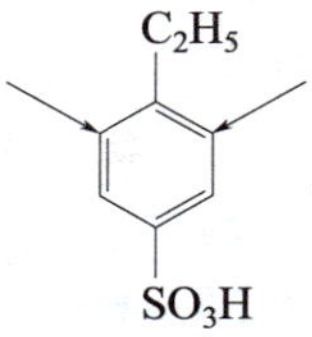

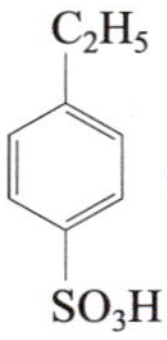

分子发生硝化反应的主要产物是 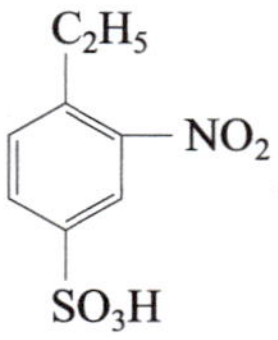 。

2. 选择合理的合成路线

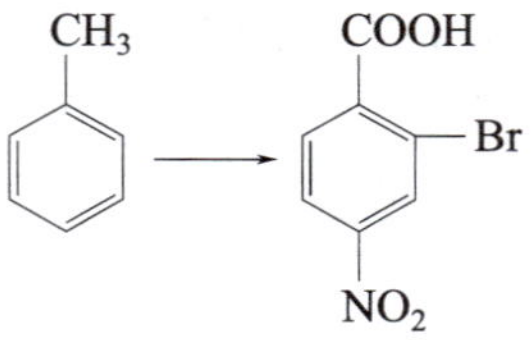

分析与解答

① 对比原料和产物，甲苯上需引入硝基和溴原子，甲基要被氧化为羧基。

② 分析定位基，甲基是邻、对位定位基，甲苯若先溴化，溴也是邻、对位定位基，再进行硝化则得到邻硝基溴苯、间硝基溴苯和对硝基溴苯等，这与题意不符。因此，必须先硝化，得到对硝基甲苯，由于硝基是间位定位基，再进行溴化，可将溴的位置定位在甲基邻位和硝基间位上，最后再氧化，就能得到预期产物。即合成路线为：

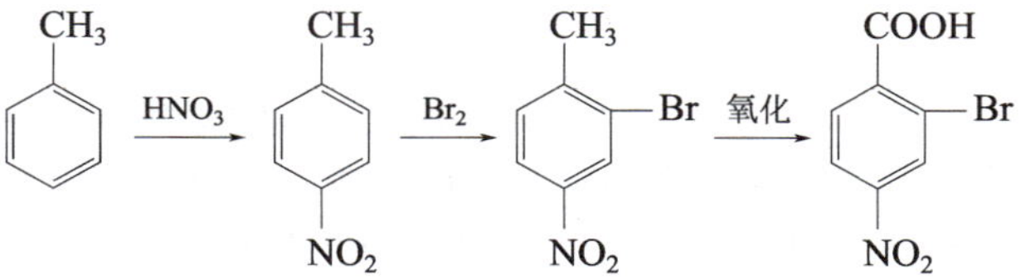

🔷 随堂练一练

1. 请写出下列物质发生硝化反应的主要产物。

(1) 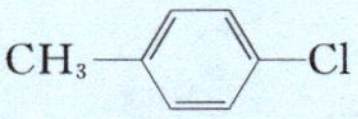 CH_3—⬡—Cl   (2) 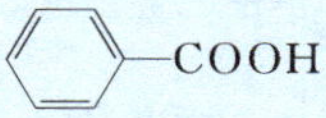 ⬡—COOH   (3) ⬡—OCH_3

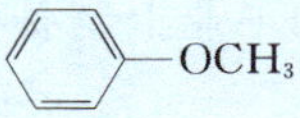

2. 请给下列反应选择合理的合成路线。

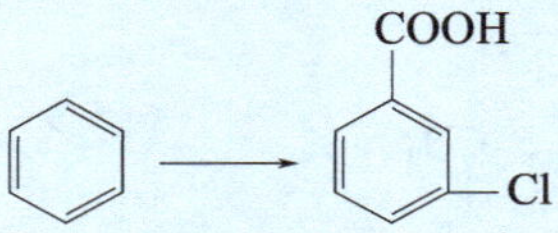

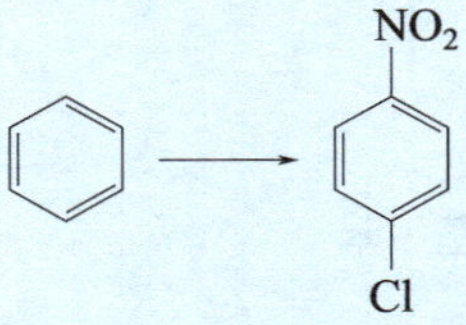

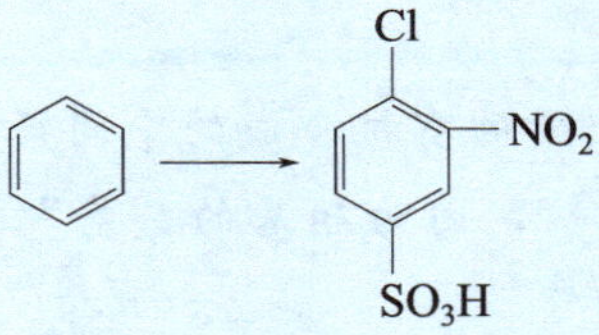

二、取代反应

🔷 新概念

卤代反应　卤素取代烃基上的氢原子或羟基等官能团的反应。

硝化反应　向有机物分子中引入硝基（—NO_2）的反应。

磺化反应　苯分子等芳香烃化合物里的氢原子被硫酸分子里的磺酸基（—SO_3H）所取代的反应。

🔷 新知识

1. **卤代反应**

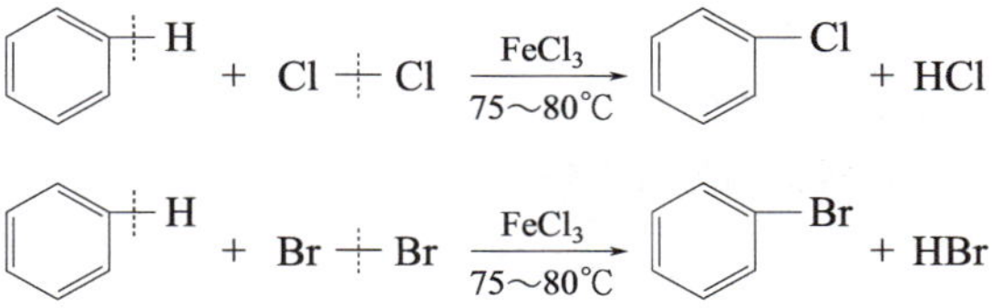

烷基苯发生环上卤代反应时，比苯容易进行。反应主要发生在烷基的邻位和对位上。例如：

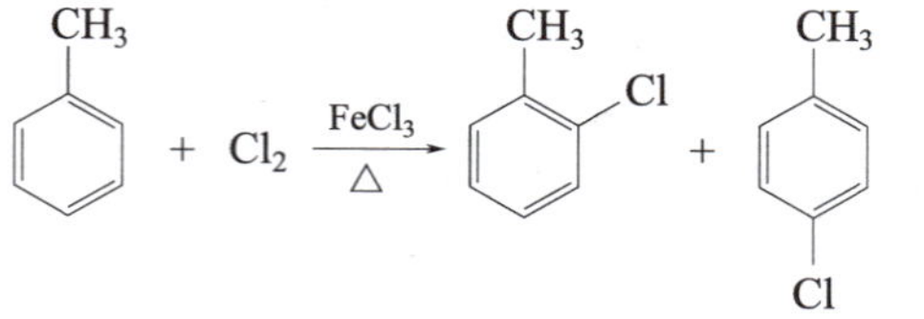

邻氯甲苯　　对氯甲苯

苯与卤素在一般情况下不发生取代反应，但在铁盐或铁粉的催化下加热，苯环上的氢被卤原子取代，生存卤代苯。不同的卤素与苯环发生取代反应的活泼顺序是：氟＞氯＞溴＞碘。其中氟代反应很猛烈，碘代反应不仅较慢，同时生成的碘化氢是一个还原剂，使反应成为可逆反应且以逆反应为主，因此氟化物和碘化物通常不用此法制备。

2. 硝化反应

实验室和工业上制备硝基苯的方法如下：

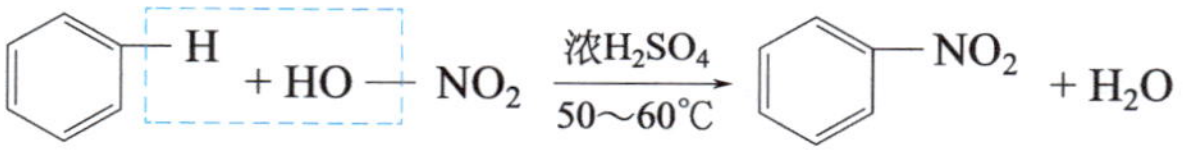

烷基苯比苯容易硝化，主要生成邻位和对位产物。例如：

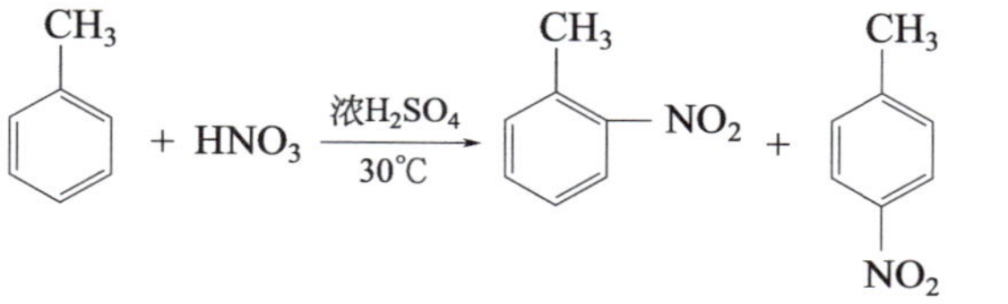

邻硝基甲苯　　对硝基甲苯

▮▮▶ 理论剖析助手

硝基苯是有苦杏仁味的油状化合物，难溶于水，是重要的有机合成的中间产物，分子中的"—NO_2"称为硝基，注意不能把硝基写成"NO_2—"，因为硝基的"基"是从氮原子连出的。

例如，正确的写法为：

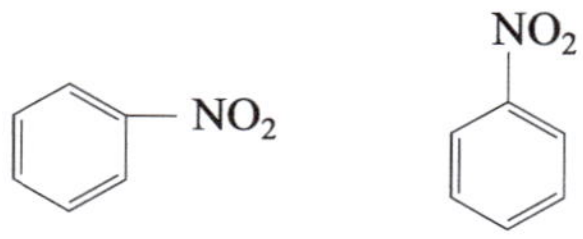

错误的写法为：

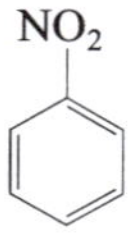

想一想

① 在苯的硝化反应中，浓 H_2SO_4 作用是什么？

② 如何混合硫酸和硝酸的混合液？

③ 为何要水浴加热，并将温度控制在 60℃？

④ 反应装置中的温度计水银头的位置在哪里？

⑤ 如何得到纯净的硝基苯？

分析与解答

① 浓硫酸用作催化剂和吸水剂。

② 混合酸时，一定要将浓硫酸沿器壁缓缓注入浓硝酸中，并不断振荡使之混合均匀。切不可将浓硝酸注入浓硫酸中，因混合时要放出大量的热量，以免浓硫酸溅出，发生事故。

③ 水浴的温度一定要控制在 60℃ 以下，温度过高，苯易挥发，且硝酸也会分解，同时发生苯和浓硫酸反应生成苯磺酸等副反应。

④ 反应装置中的温度计，应插入水浴液面以下，以测量水浴温度。

⑤ 用蒸馏水和 NaOH 溶液洗涤，再用分液漏斗分液。

3. 磺化反应

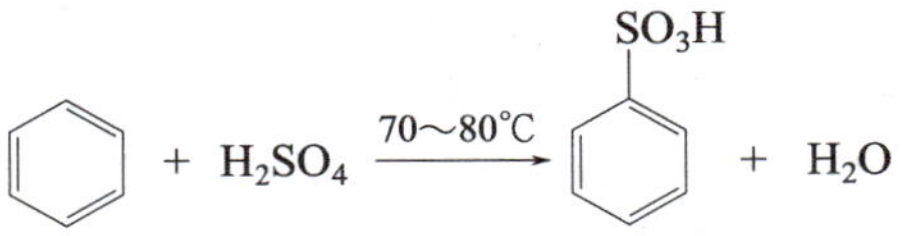

▶ 理论剖析助手

硫酸（H_2SO_4）在有机化学中可以写成（$HO—SO_3H$），即硫酸是由磺酸基（$—SO_3H$）和羟基（$HO—$）构成的，反应中取代苯分子中氢原子的是磺酸基。

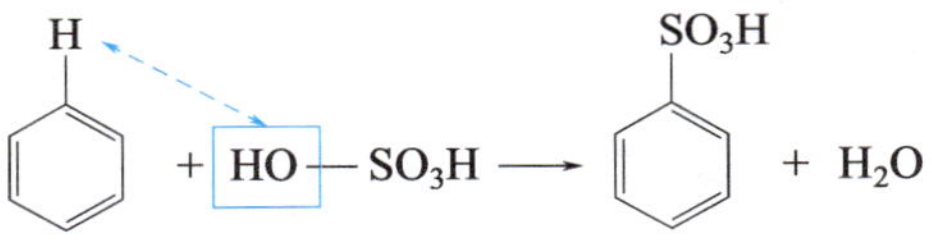

🔄 随堂练一练

1. 在铁的催化作用下，苯与溴反应，使溴褪色属于哪类反应（　　　）？
A. 取代反应　　　　B. 加成反应　　　　C. 氧化反应　　　　D. 还原反应

2. 下列物质既不能使溴水褪色，也不能使酸性 $KMnO_4$ 溶液褪色的是（　　　）。
A. 己烷　　　　　　B. 丙炔　　　　　　C. 甲苯　　　　　　D. SO_2

3. 做下列实验时，应将温度计水银球插入反应混合液中的是（　　　）。
A. 制蒸馏水　　　　B. 制乙烯　　　　　C. 制硝基苯　　　　D. 制乙炔

4. 纯硝基苯是无色，密度比水_____（填"小""大"），具有_____气味的油状液体。

三、加成反应

🔵 新知识

苯容易发生取代反应，难以发生加成反应，但在合适的条件下也可以加成。

1. 与卤素加成

苯在光照下与氯气加成，产物为六氯代苯。

对接生活

毒药"六六六"

六氯代苯，也称六氯代环己烷，又叫"六六六"，曾作为农药大量使用，但其有剧毒，人体中毒时，主要表现为头痛、头晕、多汗、无力、震颤、上下肢呈癫痫状抽搐、站立不稳。农药在环境中的分解，是通过生物学和化学两种途径进行的，农药的生物学分解是农药消失的重要原因。一般情况下有机氯农药中的"六六六"在土壤中消失需 6 年以上。剧毒农药的危害见图 7-4。

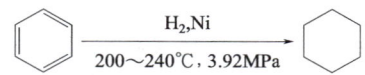

图 7-4　剧毒农药的危害

2. 与氢气加成

$$\text{苯} \xrightarrow[200\sim240℃,\ 3.92MPa]{H_2,Ni} \text{环己烷}$$

在较高温度和压力下，在有催化剂存在时，苯与氢气发生加成反应。这是工业上制备环己烷的方法。

四、苯环的侧链氧化

新知识

苯不易发生氧化反应，即使酸性高锰酸钾等强氧化剂长时间作用，苯也不被氧化。在空气中，苯燃烧生成二氧化碳和水。

$$2C_6H_6 + 15O_2 \xrightarrow{点燃} 12CO_2 + 6H_2O$$

但当苯环上有侧链烃基（如甲基、乙基）时，这些侧链都被氧化成羧基，生成苯甲酸。这种氧化作用称为侧链氧化。

苯环上如果有一个侧链，不论侧链大小，碳原子数多少，有无支链，均被氧化为羧基，例如：

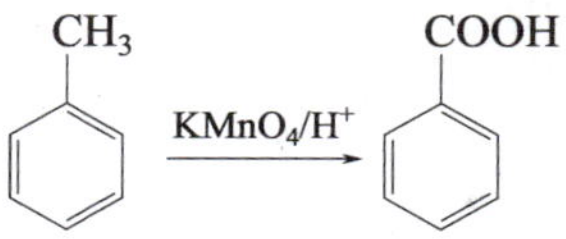

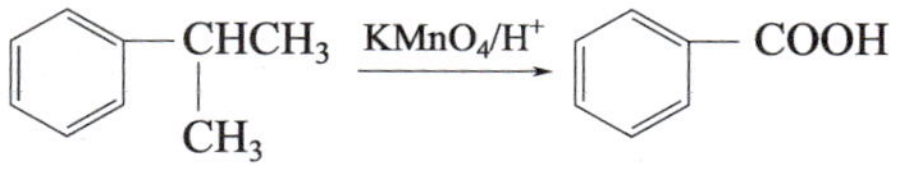

苯环上如果有两个侧链，则氧化成两个羧基，例如：

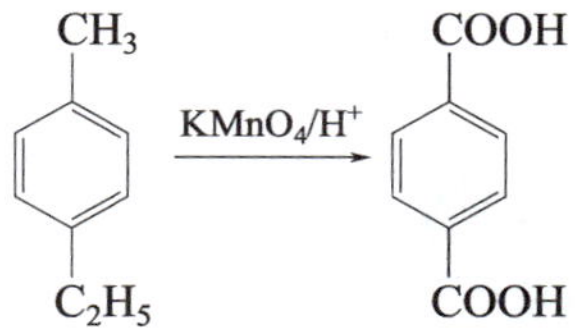

因此，苯的同系物的侧链氧化，可用于区别苯和苯的同系物。

做一做

① 在三支试管中分别加入等量的苯、甲苯、二甲苯，然后加入适量溴水，充分振荡，观察现象。

② 在另外三支试管中分别加入等量的苯、甲苯、二甲苯，然后加入适量酸性高锰酸钾溶液，充分振荡，观察现象。

随堂练一练

1. 芳香烃是指（　　）。

A. 分子组成符合 C_nH_{2n-6}（$n \geqslant 6$）的化合物

B. 分子中含有苯环的化合物

C. 有芳香气味的烃

D. 分子中含有一个或多个苯环的烃类化合物

2. 是谁第一个想到苯是环状结构的（　　）？

A. 拉瓦锡　　　　　B. 维勒　　　　　　　C. 阿佛加德罗　　　D. 凯库勒

3. 下列事实可以说明"苯分子结构中不存在碳碳单键和碳碳双键交替相连结构"的是（　　）。

A. 苯不能使溴水或酸性高锰酸钾溶液褪色

B. 苯环上碳碳键的键长都相等

C. 邻二甲苯只有一种结构

D. 苯在一定条件下既能发生取代反应又能发生加成反应

4. 有八种物质：①甲烷；②苯；③聚乙烯；④聚苯乙烯；⑤2-丁炔；⑥环己烷；⑦邻二甲苯；⑧环己烯。其中既能使高锰酸钾溶液褪色，又能与溴水反应使它褪色的是（　　）。

A. ③④⑤⑧　　　　B. ③④⑦⑧　　　　C. ⑤⑧　　　　　　D. ③④⑤⑦⑧

5. 六氯苯是被联合国有关公约禁止或限制使用的有毒物质之一。下式中能表示六氯苯的是（　　）。

A. （结构式）
B.
C.
D.

有机化学实验室

加热操作知识

加热是化学实验中最常用的操作技术之一。常用的加热方式有直接加热和间接加热两种。

(1)直接加热　直接加热常用酒精灯和电炉作热源，特点是酒精灯使用方便；电炉使用广泛，热度可调控。两者均属于明火热源，多用于加热不易燃烧的物质。

(2)间接加热　间接加热是指通过传热介质作热浴的加热方式。常用的热浴有水浴、油浴、沙浴和空气浴等。

① 水浴　加热温度在 90℃ 以下可用水浴，具有使用方便、安全的特点。

② 油浴　加热温度在 90～250℃ 可用油浴。常用的油类有甘油、硅油、食用油和液体石蜡等。因为油类易燃，因此使用油浴时要注意观察，发现有油烟冒出时，应马上停止加热。

③ 沙浴　加热温度在 250～350℃ 可用沙浴，使用安全，但升温速度较慢，温度分布不够均匀。

④ 空气浴　加热温度可达 400℃ 以上(适当保温时)。目前实验室广泛使用的电热套就属于空气浴加热，使用较为方便，安全。

近年来出现的新型加热方式——微波加热，安全可靠，温度可调，是非明火热源，具有广泛的应用前景。

第三节
重要的芳烃

温故知新

上一节以苯为例学习了芳烃的化学反应，苯容易发生取代反应，能发生加成反应，难发生氧化反应，那么芳烃的家族除了苯以外，还有哪些重要的成员呢？它们都有哪些作用呢？

新概念

稠环芳烃 由多个苯环稠合而成的芳烃，称为稠环芳烃。

新知识

一、重要的单环芳烃

1. 苯

苯是重要的有机化工原料，它广泛用来生产合成纤维、合成橡胶、塑料、农药、医药、染料和合成洗涤剂等，也常用作有机溶剂。

苯的熔点为 55℃，沸点为 80.1℃，密度（0.879g/cm³）比水小，是无色、易燃、易挥发、有类似汽油特殊气味的液体。根据相似相溶原理，苯不溶于水，易溶于乙醇、乙醚等有机溶剂。苯的蒸气与空气能形成爆炸性混合物，爆炸性极限为 1.5%～8.0%（体积分数），苯有毒，会损坏中枢神经系统以及肝脏等造血器官，易引起白血病，使用苯时应注意安全。

2. 甲苯

甲苯也是重要的有机化工原料，主要用于合成苯酚、炸药（2,4,6-三硝基甲苯）、苯甲醚、苯甲醛、香料、防腐剂等，也是重要的有机溶剂。

甲苯沸点为 110.6 ℃，密度（0.867g/cm³）比水小，是无色、易燃、易挥发的液体。根据相似相溶原理，甲苯不溶于水、易溶于乙醇、乙醚等有机溶剂。甲苯气味、毒性均与苯相似。其蒸气和空气混合，可生成爆炸性混合物，爆炸极限为 1.2%～7.0%（体积分数）。

3. 苯乙烯

苯乙烯沸点为 145.2℃，密度（0.906g/cm³）比水小，是无色、有辛辣气味的易燃液体，难溶于水，易溶于乙醇、乙醚和丙酮等有机溶剂，本身是良好的溶剂。苯乙烯有毒，在空气中允许浓度为 0.1mg/L 以下。苯乙烯在生产和储存时应加阻聚剂（如对苯二酚），因为其分子中含有活泼的碳碳双键，能发生加成、聚合等多种反应，即使在室温下放置也会逐渐聚合成聚苯乙烯。

二、重要的稠环芳烃

比较常见的稠环芳烃有萘、蒽、菲等，它们的构造式如下：

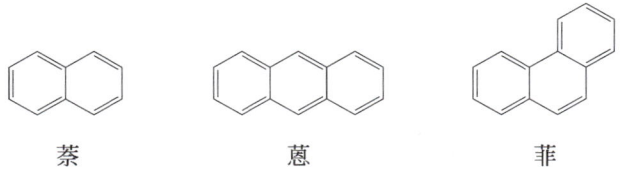

萘　　　　　　　蒽　　　　　　　菲

萘在以前曾被用于制造防蛀用的卫生球（图 7-5），现已停止生产和使用，蒽和菲是制造染料、药品的原料。

在稠环芳香烃中，有一些由 4 或 5 个苯环稠合而成的芳烃具有强的致癌作用，称为致癌烃，这类致癌烃中致癌作用最强的是苯并芘。例如：

图 7-5　卫生球

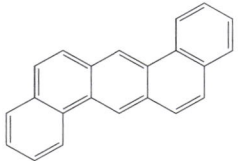
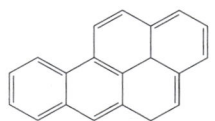
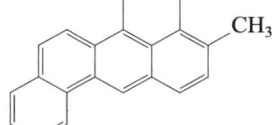

1,2,5,6-二苯并蒽　　　　　　3,4-苯并芘　　　　　　3-甲基胆蒽

对接生活

潜伏在身边的致癌物

　　苯并芘主要存在于煤、煤焦油、沥青中，因此不要在沥青路上翻晒粮食等。食用烟熏、油煎、烧烤食物，特别是油冒黑烟、食物烧焦时，苯并芘含量均会超标，有致癌作用，如图 7-6 所示。苯并芘可诱发皮肤、肺和消化道癌症。现已发现苯并芘存在于香烟的烟雾中，烧焦的食物中如鱼、肉等，汽车排出的废气中，煤、石油燃烧未尽的烟气中。

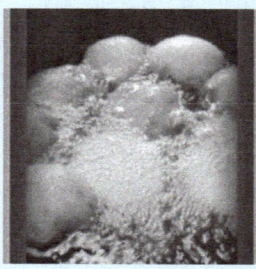

苯并芘的藏身之处

· 煤焦油、炭黑、烟气、香烟烟雾、汽车尾气。

· 原材料污染、制作过程中污染、油烟、反复加热食用油、熏烤、高温煎炸。

图 7-6　苯并芘的藏身之处

实验大爆发

苯与液溴的取代反应

一、实验目的

① 了解苯与液溴的取代反应。

② 培养学生实验动手能力，掌握排水法收集气体的要点。

二、实验原理

在实验室中，苯与液溴在铁粉作催化剂的条件下发生反应，反应方程式如下：

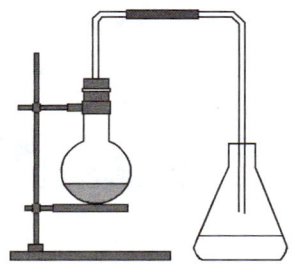

三、实验仪器

1. 实验仪器、材料

铁架台、烧瓶、导管、单孔橡皮塞、试管、锥形瓶。

2. 药品

石蕊试剂、$AgNO_3$ 溶液、苯、液溴。

四、实验步骤

① 在圆底小烧瓶里加入 5mL 苯和 2mL 液溴，轻轻振荡，使苯与溴混合均匀。实验装置见图 7-7。

② 在混合液冷却后，将准备好的还原铁屑（约 0.5g）或几枚去锈的小铁钉，迅速放入小烧瓶中，立即用带有长玻璃导管的单孔橡皮塞塞好。

③ 观察，液面上会有小气泡产生，随后反应逐渐剧烈，半分钟后液体呈沸腾状态。在锥形瓶内导管口附近出现大量白雾。

④ 检验生成的氢溴酸。把锥形瓶里的液体在两支试管各倒少许，在其中一支试管中加入石蕊试剂（会变红）；另一支试管中滴入几滴 $AgNO_3$ 溶液（会有浅黄色的 AgBr 沉淀析出）。

图 7-7　实验装置

⑤ 把烧瓶里的液体倒入盛有冷水的烧杯里，在烧杯底部有红褐色不溶于水的液体，这就是反应中生成的溴苯。

五、注意事项

① 为防止溴的挥发，先加入苯，后加入溴，然后加入铁粉。

② 溴应是纯溴，而不是溴水。加入铁粉起催化作用，实际上起催化作用的是 $FeBr_3$。

③ 伸出烧瓶外的导管要有足够长，其作用是导气、冷凝。

④ 导管末端不可插入锥形瓶内水面以下，因为 HBr 气体易溶于水，会发生倒吸。

⑤ 导管口附近出现的白雾，是溴化氢遇空气中的水蒸气形成的氢溴酸小液滴。

⑥ 纯净的溴苯是无色液体，制取时往往因溶解了少量的溴而呈红褐色。可用水或 10% NaOH 溶液进行洗涤，振荡，再用分液漏斗分离，可洗去 $FeBr_3$ 和没有反应的溴，能够得到无色透明的油状液体。

拓展视野

烧烤食物致癌的原因

烧烤食品气味香，味道美，颇受人们青睐，特别受年轻人喜欢。这类食品如少量吃点并无多大问题，但如果经常贪食，则对健康不利。这是为什么呢？原因如下：

① 世界卫生组织公布的研究报告称，吃烧烤等同于吸烟；还有研究表明，常吃烧烤的女性患乳腺癌的危险比不吃烧烤的女性高 2 倍。

② 烧烤容易产生致癌物质。研究发现，烧烤不仅会减少蛋白质的利用率，容易造成营养缺乏，还容易产生致癌物质。烧烤过程中，肉中的脂肪会滴在炭火中被分解，再与肉中的蛋白质相结合，产生一种被称为苯并芘的致癌物质吸附在肉的表面，如图 7-8 所示，尤其是轻微烤焦的部位。苯并芘是有明显致癌作用的有机化合物，属于强效致癌物质。经常食用被苯并芘污染的烧烤食品(图 7-9)，致癌物质就会在体内累积，有诱发肠癌、胃癌等癌症的危险。有研究表明，生活环境中苯并芘含量每增加 1%，肺癌死亡率就上升 5%。

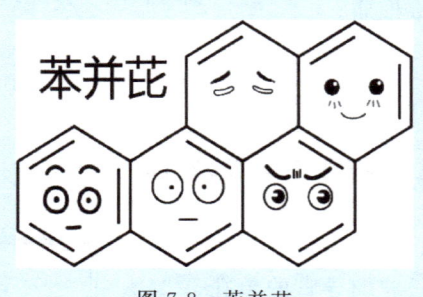

图 7-8　苯并芘

图 7-9　含有苯并芘的美味烧烤

本章小结

基本概念

芳香化合物：将苯及含有苯环结构的化合物统称为芳香化合物。

苯的定义：苯是最简单的单环芳烃，它没有同分异构体。

芳香烃：通常指分子中含有苯环结构的烃类化合物。

苯的同系物：苯环上的氢原子，被不同的烷基取代时，则得到苯的同系物，通式为 C_nH_{2n-6}，其中 $n \geqslant 6$。

定位基：苯环上原有的取代基叫定位基。

定位基的作用：一是影响取代反应的难易，即取代反应的活性；二是对新基团起着定位作用，也称定位效应。

卤代反应：卤素取代烃基上的氢原子或羟基等官能团的反应。

硝化反应：向有机物分子中引入硝基（$-NO_2$）的反应。

磺化反应：苯分子等芳香烃化合物中的氢原子被硫酸分子里的磺酸基（$-SO_3H$）所取代的反应。

氧化反应：有机物在反应中得氧或失氢的反应。

还原反应：有机物在反应中失氧或得氢的反应。

苯的结构

苯的分子式：C_6H_6

苯的结构式：

结构简式：

苯分子结构的近代观点：

① 六个碳原子和六个氢原子都在同一平面上。

② 六个碳原子组成一个正六边形。

③ 碳碳键长完全相等（0.140nm）。

④ 所有键角都是120°。

芳烃的分类

单环芳烃：只含一个苯环的芳烃，包括苯及其同系物。

多环芳烃：分子中含有两个或两个以上的苯环，并通过单键或碳链连接的芳烃。

稠环芳烃：分子中含有两个或两个以上的苯环，苯环之间共用相邻两个碳原子的芳烃。

芳烃的命名

① 一元烷基苯的命名以苯环为母体，烷基作为取代基，称为"某烷基苯"。其中"基"字通常可以省略。

② 当苯环上连有两个或两个以上取代基时，为表明它们的相对位置，可用1，2，3，…来表示。如果苯环上仅有两个取代基时，也可用邻、间、对来表示它们的相对位置。

③ 如果苯环上有三个取代基，且三个取代基都相同时，也可用连、偏、均来表示它们的相对位置。

④ 当苯环上连有烯、炔、醇、醛、酮、羧酸、磺酸等取代基时，常以取代基作为母体，苯环作为取代基。

苯环的定位规则

1. 定位基的分类

根据定位基的定位效应不同，可将常见的定位基分为邻、对位定位基和间位定位基。

2. 常见定位基的定位效应

① 常见的邻、对位定位基定位效应由弱至强排列如下：

$—C_6H_5$（苯基）$<—I<—Br<—Cl<—R$（烷基）$<—NHCOCH_3$（乙酰氨基）$<—OCH_3$（甲氧基）$<—OH$（羟基）$<—NH_2$（氨基）$<—N(CH_3)$（二甲氨基）$<—O^-$（氧负离子基）

② 常见的间位定位基按其定位效应由弱至强排列如下：

$—COOH$（羧基）$<—CHO$（醛基）$<—SO_3H$（磺酸基）$<—CN$（氰基）$<—NO_2$（硝基）$<—N^+(CH_3)_2$（三甲铵基）

3. 常见定位基的作用

邻对位定位基作用：①使苯环活化，亲电取代比苯容易（卤素除外）；②使第二个取代基主要进入原取代基的邻、对位。

间位定位基作用：①使苯环钝化，亲电取代比苯困难，反应速率变慢；②使第二个取代基主要进入原取代基的间位。

芳烃的化学性质

一、取代反应

1. 卤代反应

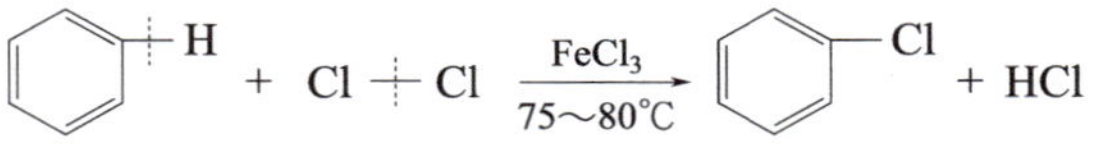

$$\text{C}_6\text{H}_5\text{—H} + \text{Cl}\text{—Cl} \xrightarrow[75\sim80℃]{\text{FeCl}_3} \text{C}_6\text{H}_5\text{—Cl} + \text{HCl}$$

2. 硝化反应

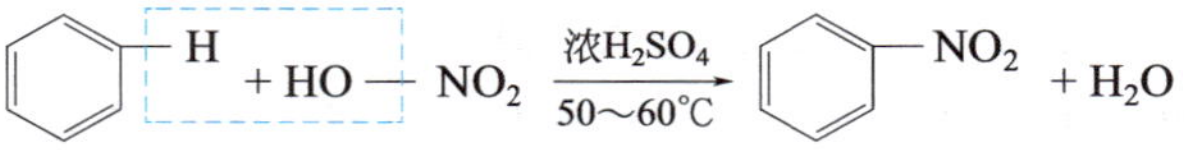

$$\text{C}_6\text{H}_5\text{—H} + \text{HO—NO}_2 \xrightarrow[50\sim60℃]{\text{浓H}_2\text{SO}_4} \text{C}_6\text{H}_5\text{—NO}_2 + \text{H}_2\text{O}$$

3. 磺化反应

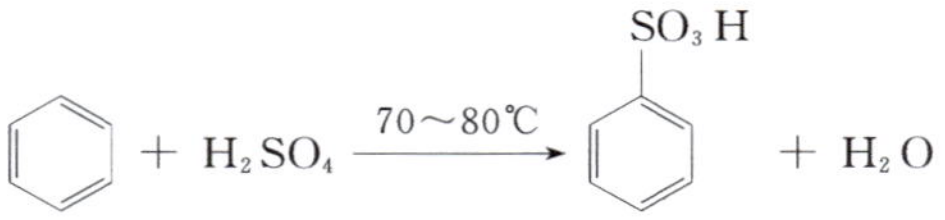

$$\text{C}_6\text{H}_6 + \text{H}_2\text{SO}_4 \xrightarrow{70\sim80℃} \text{C}_6\text{H}_5\text{—SO}_3\text{H} + \text{H}_2\text{O}$$

二、加成反应

1. 与卤素加成

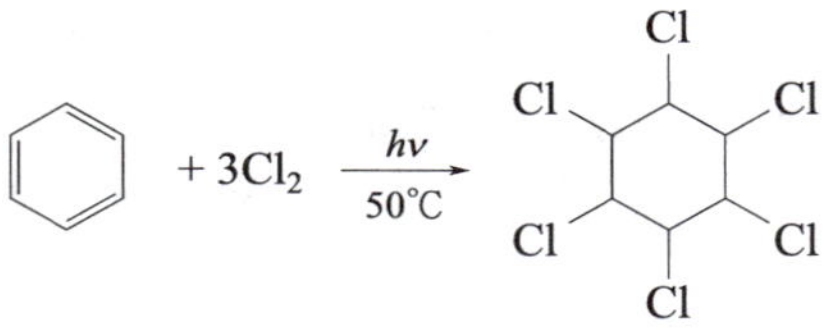

$$\text{C}_6\text{H}_6 + 3\text{Cl}_2 \xrightarrow[50℃]{h\nu} \text{C}_6\text{H}_6\text{Cl}_6$$

2. 与氢气加成

$$\text{C}_6\text{H}_6 \xrightarrow[200\sim240℃，3.92\text{MPa}]{\text{H}_2,\text{Ni}} \text{C}_6\text{H}_{12}$$

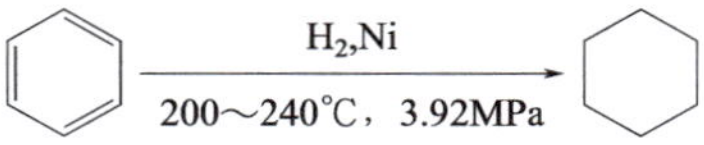

三、氧化反应

当苯环上有侧链烃基（如甲基、乙基）时，这些侧链都被氧化成羧基，生成苯甲酸：

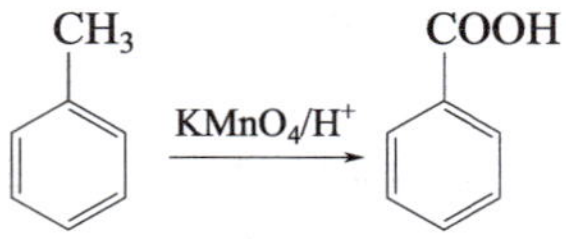

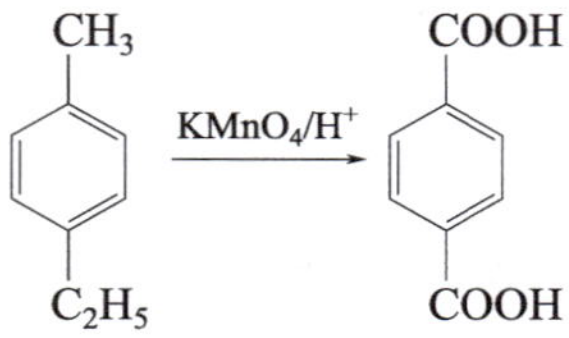

重要的芳烃

一、重要的单环芳烃

① 苯的结构：

苯是重要的有机化工原料，它广泛用来生产合成纤维、合成橡胶、塑料、农药、医药、染料和合成洗涤剂等，也常用作有机溶剂。

② 甲苯的结构：

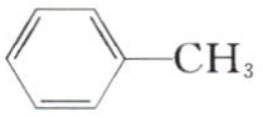

　　甲苯是重要的有机化工原料，主要用于合成苯酚、炸药（2,4,6-三硝基甲苯）、苯甲醚、苯甲醛、香料、防腐剂等，也是重要的有机溶剂。

　　③ 苯乙烯的结构：—CH=CH$_2$

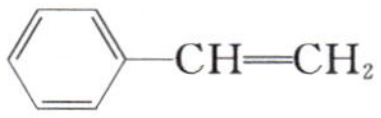

二、重要的稠环芳烃

　　比较常见的稠环芳烃有萘、蒽、菲等。

第八章

酚和芳醇

医学上杀死细菌的秘方

利斯特是爱丁堡医院的一名医生，这天他像往常一样去查看病房。他推开门，一缕阳光从窗户的缝隙里照了进来，那光线中成千上万个小灰尘在飞舞、飘荡……他想，病人的伤口是裸露在空气中的，肯定会受到灰尘的污染，而灰尘中存在着大量的细菌，还有手术器械、手术服、医生的双手等，肯定也沾有很多细菌，如图 8-1 所示。

这让他想起了那些失去生命的病人，他们大多死于伤口感染，医生最痛苦的事情莫过于眼睁睁地看着自己的病人死去而束手无策。细菌与病毒见图 8-2。

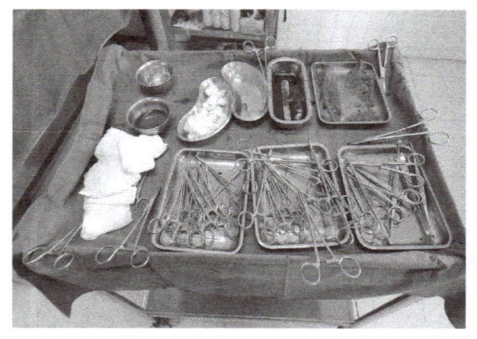

图 8-1　手术器械

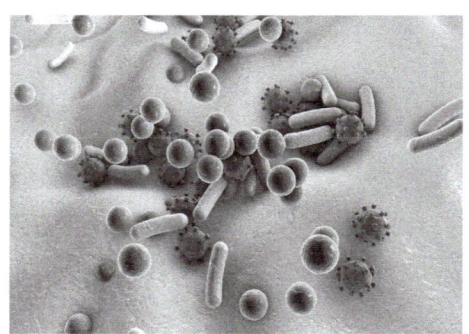

图 8-2　细菌与病毒

于是，他翻阅了大量的资料，千方百计地寻找一种既防腐又消毒的东西。经过日日夜夜的寻找，利斯特终于找到了提炼煤焦油的一种副产品。手术前，用它来喷洒手术器械、手术服以及医生的双手等，感染的现象很少，而且伤口恢复得很快。这种神奇的物质到底是什么呢？它就是本章介绍的一种重要物质——苯酚。

完成本章的学习后，你可以做到

① 认识酚的结构；
② 知道酚的分类及苯酚的物理性质；
③ 能给简单的酚命名；
④ 知道醇羟基和酚羟基的区别；
⑤ 能熟练书写苯酚的化学反应方程式；
⑥ 掌握酚的鉴别方法。

第一节

酚和芳醇

新概念

酚　羟基与芳环直接相连的化合物叫酚。
芳醇　羟基与芳环的侧链相连的化合物叫芳醇。

新知识

一、酚的分类

酚按其分子中所含羟基数目分为一元酚和多元酚（表 8-1）。

表 8-1　一元酚和多元酚

一元酚		多元酚	
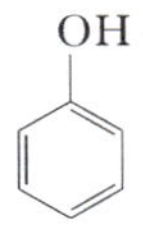	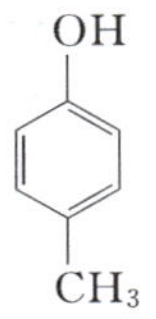	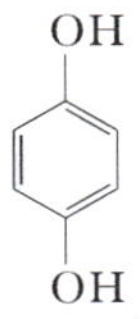	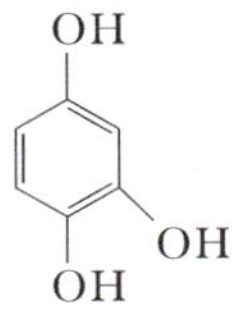

二、酚和芳醇的命名

一般以芳环的名称加"酚"字作为母体，再加上其他取代基的位次、数目和名称。

1. **酚的命名**

一元酚的命名是在芳环名称之后加"酚"字，例如：

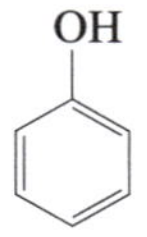

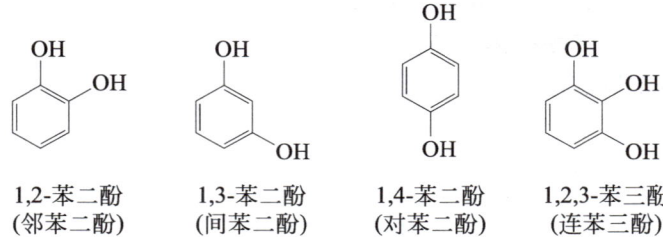

苯酚

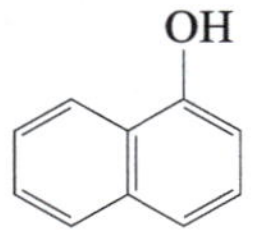

萘酚

对于多元酚，则在“酚”字前加汉字“二”“三”等表示酚羟基数目。例如：

1,2-苯二酚
(邻苯二酚)

1,3-苯二酚
(间苯二酚)

1,4-苯二酚
(对苯二酚)

1,2,3-苯三酚
(连苯三酚)

2. 芳醇的命名

芳醇的命名与脂肪醇的命名相似，其中芳环作为取代基。例如：

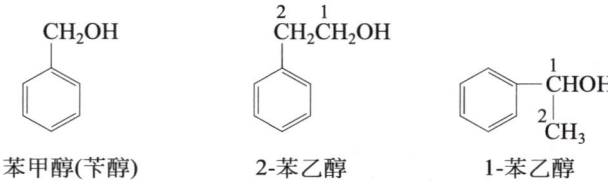

苯甲醇(苄醇)

2-苯乙醇

1-苯乙醇

随堂练一练

一、选择题

1. 下列化合物中，不属于酚类的有（　　）。

A.

B.

C.

D.

2. 下列有机物中，可以看作二元酚的是（　　）。

A.

B.

C.

D.

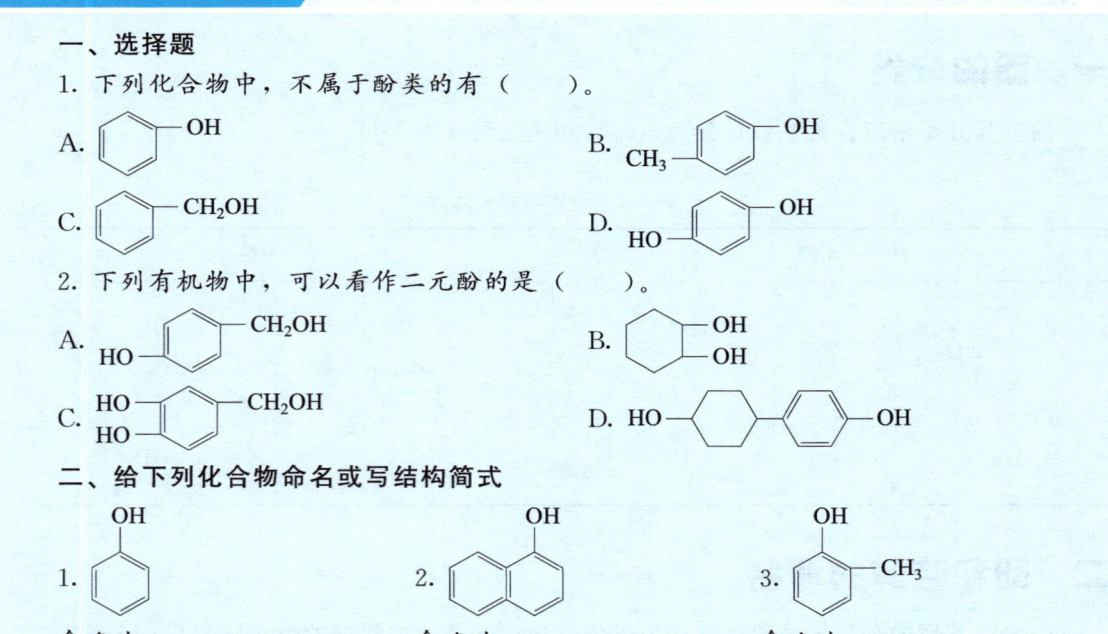

二、给下列化合物命名或写结构简式

1.

命名为＿＿＿＿＿＿＿＿。

2.

命名为＿＿＿＿＿＿＿＿。

3.

命名为＿＿＿＿＿＿＿＿。

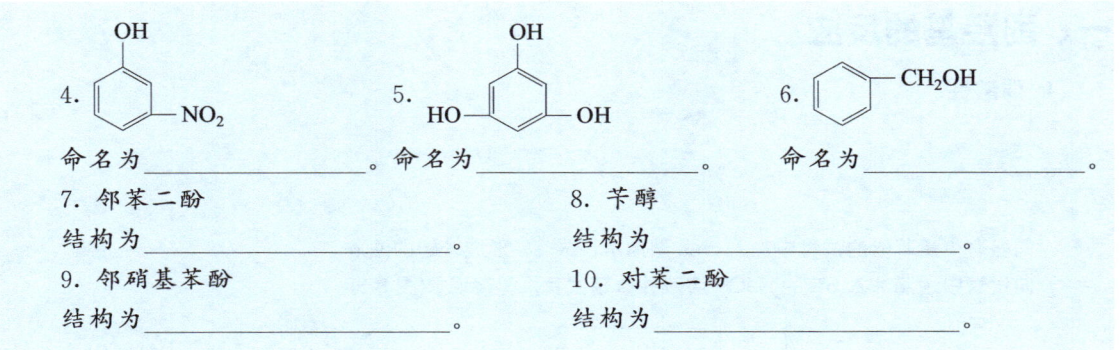

4. 命名为 _____。

5. 命名为 _____。

6. 命名为 _____。

7. 邻苯二酚

结构为 _____。

8. 苄醇

结构为 _____。

9. 邻硝基苯酚

结构为 _____。

10. 对苯二酚

结构为 _____。

第二节

酚的化学反应

你知道酚的物理性质吗？

物态　除少数烷基酚是高沸点液体外，大多数酚都是无色晶体。

沸点　由于分子间能形成氢键，酚具有较高的沸点。

熔点　酚的熔点比相应的烃高，其熔点与分子的对称性有关。一般来说，对称性较大的酚，其熔点较高，对称性较小的酚，熔点较低。

相对密度　酚类的相对密度均大于1，比水大。

溶解度　一元酚虽然含有羟基，但仅微溶于水或不溶于水，这是因为分子中芳基所占比例较大；多元酚在水中的溶解性随着羟基数目的增加而增大。酚溶于乙醇、乙醚等有机溶剂。

 读一读

　　苯酚是德国化学家隆格 1834 年在煤焦油中首先发现的。历史上苯酚作为一种强有力的消毒剂，曾经在外科医疗上发挥过重要作用，即使到了现代，苯酚仍在起消毒剂和消炎外用药的作用，3%～5%苯酚溶液用于消毒医疗器械和物品及用于环境消毒。那么苯酚除了杀菌消毒以外，还有哪些性质和用途呢？

新知识

　　由于酚中羟基与芳环直接相连，芳环与羟基之间的相互作用使酚羟基在性质上与醇羟基有显著差异：酚羟基比醇羟基更活泼。而酚的芳环由于受到酚羟基的影响，性质也和芳烃有一定的差异：酚的芳环比芳烃更易发生取代反应。下面，我们以苯酚为例，介绍酚的主要化学性质。

一、酚羟基的反应

1. 弱酸性

做一做

向盛有少量苯酚的试管中加入 3mL 蒸馏水，振荡，形成苯酚的浊液。

向试管中逐滴加入 5% 的 NaOH 溶液并振荡试管，观察现象(图 8-3)。

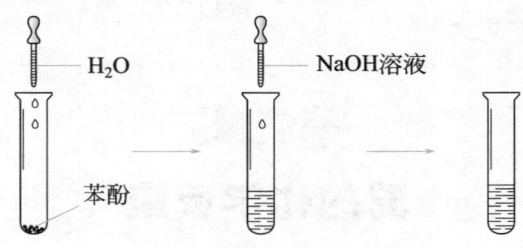

图 8-3　苯酚的小实验

现象 1：苯酚加水，形成苯酚浊液，说明苯酚微溶于水。

现象 2：滴加 5% 的 NaOH 溶液，振荡后溶液变澄清，是因为苯酚中的羟基在水溶液中能够发生微弱电离，具有弱酸性，其酸性比醇和水强，能与 NaOH 溶液反应，方程式如下：

$$\text{C}_6\text{H}_5\text{OH} + \text{NaOH} \longrightarrow \text{C}_6\text{H}_5\text{ONa} + \text{H}_2\text{O}$$

想一想

如果用一根吸管，向第三个试管中吹气，会看到什么现象呢？

我们呼出来的气体主要成分是 CO_2，第三个试管中的澄清液体的溶质是苯酚钠，当两者相遇后，会发现试管中的澄清溶液又变浑浊了，这是因为二氧化碳遇水形成碳酸，而易溶于水的苯酚钠在碳酸的作用下，重新生成了不易溶于水的苯酚：

$$\text{C}_6\text{H}_5\text{ONa} + \text{CO}_2 + \text{H}_2\text{O} \longrightarrow \text{C}_6\text{H}_5\text{OH} + \text{NaHCO}_3$$

同时也说明苯酚虽有酸性，但酸性比碳酸弱，其水溶液甚至不能使酸碱指示剂变色。

做一做

我们可以利用苯酚的酸性来提纯含有苯酚的苯，具体操作是：向含有苯酚的苯中加入适量的 NaOH 溶液，振荡，转移至分液漏斗中静置、分液，上层液体即为纯净的苯。

2. **酚醚的生成**

与醇相似，酚也可以生成醚，通常通过酚钠与较强的羟基化试剂（碘甲烷或硫酸二甲酯）反应制成。例如

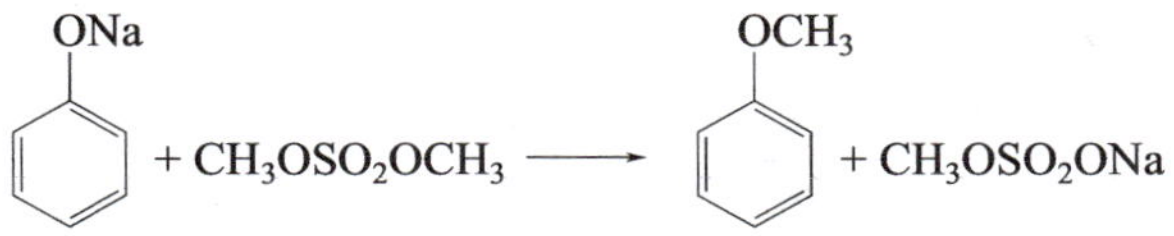

酚醚的化学性质比较稳定，但与氢碘酸反应可分解为原来的酚。

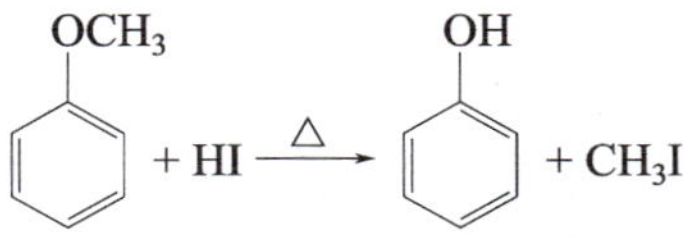

根据这一性质，有机合成上常常用酚醚来保护酚羟基，避免酚羟基在反应过程中被破坏，等反应结束后，再将酚醚分解成对应的酚。

3. **酚酯的生成**

酚与羧酸作用也能生成酯，但要比醇困难得多，且产率不高，所以通常采用与酸酐或酰氯作用来制备酚酯。例如：

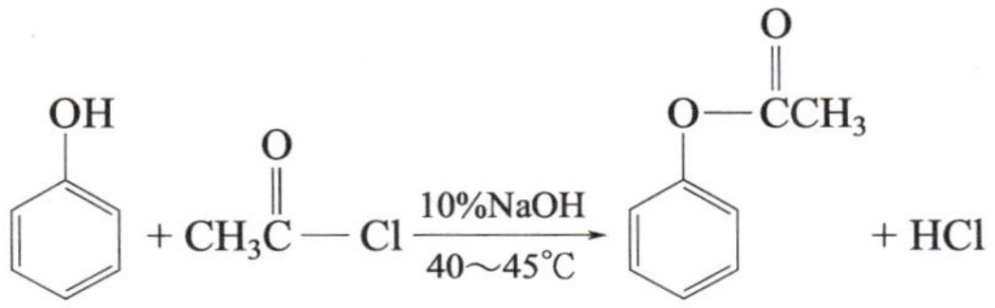

酰氯　　　乙酸苯酯

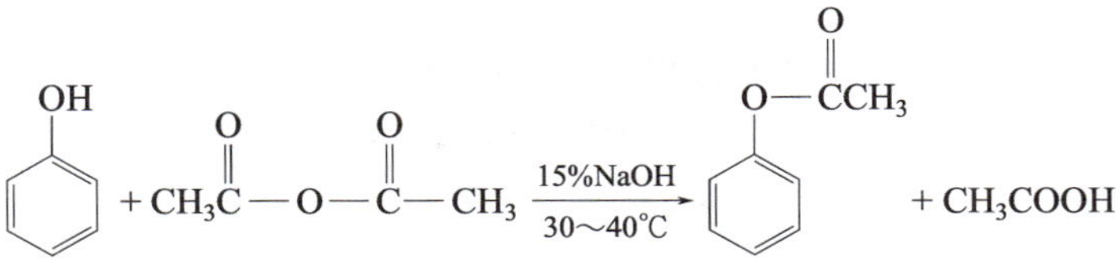

乙酸酐　　　乙酸苯酯

对接生活

酚酯的用途很广泛，如生产中的磷酸三甲酚酯，可用于聚氯乙烯电缆，氯丁橡胶、人造革、运输带、地板料等，也可在黏胶纤维中作增塑剂和防腐剂。又如在医学上，烟酸生育酚酯可用来治疗动脉硬化、脑中风、高血压、冠心病等疾病；还有吗替麦考酚酯，可用于治疗红斑狼疮。生育酚琥珀酚酯的结构见图 8-4。

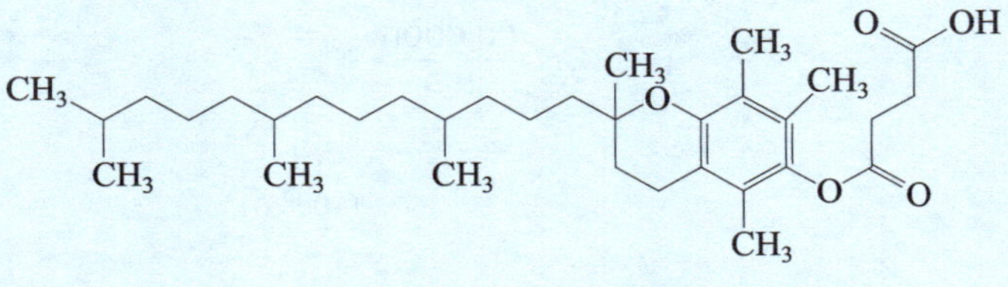

图 8-4　生育酚琥珀酚酯

随堂练一练

1. 苯酚，俗名＿＿＿＿＿，常温下纯净的苯酚为＿＿＿＿＿，但易被空气氧化而显＿＿＿＿色；苯酚有毒，如不慎沾到皮肤上，应立即用＿＿＿＿＿洗涤。

2. 盛过苯酚的试管可以用＿＿＿＿＿溶液清洗。

3. 苯酚的分子式为＿＿＿＿＿，结构简式为＿＿＿＿＿，官能团名称是＿＿＿＿＿。

4. 苯酚＿＿＿＿＿溶于水，但加热到 60℃ 以上时，可与水＿＿＿＿＿。

5. 苯酚和氢氧化钠溶液反应后，溶液会变＿＿＿＿＿，这是因为生成了易溶于水的＿＿＿＿＿，通入 CO_2 气体后，溶液又变＿＿＿＿＿，是因为易溶于水的＿＿＿＿＿在碳酸的作用下，重新生成了苯酚，这个反应说明苯酚的酸性比碳酸＿＿＿＿＿（填强或弱）。

6. 有机合成上常常用＿＿＿＿＿来保护酚羟基，避免酚羟基在反应过程中被破坏。

7. 在酸催化下，酚与羧酸作用也能生成酯，但要比醇困难得多，且产率不高，所以通常采用与＿＿＿＿＿或＿＿＿＿＿作用来制备酚酯。

二、苯环上的取代反应

羟基是一个较强的邻、对位取代基，因此酚的芳环上比苯更容易发生卤代、硝化、磺化等亲电取代反应。

1. 卤代反应

做一做

向盛有少量苯酚稀溶液的试管里加入浓溴水，边加边振荡，观察现象。

现象：试管中出现了白色沉淀，该沉淀是难溶于水的 2,4,6-三溴苯酚。

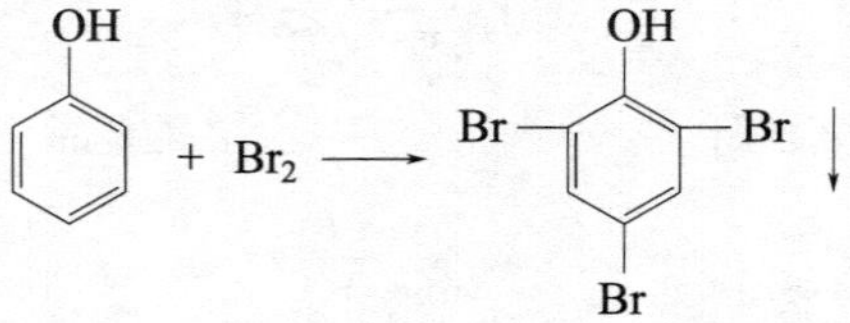

由于酚羟基的存在，提高了苯环上(主要是羟基邻、对位)氢原子的活性，使得苯酚比苯更容易发生取代反应。三溴苯酚的溶解度很小，质量分数为 1×10^{-5} 的苯酚稀溶液也能与溴水作用生成白色的三溴苯酚沉淀，反应非常灵敏，可用于苯酚的定性检验和定量测定。

苯酚在酸性溶液中卤化可以得到 2,4-二卤代苯酚，例如：

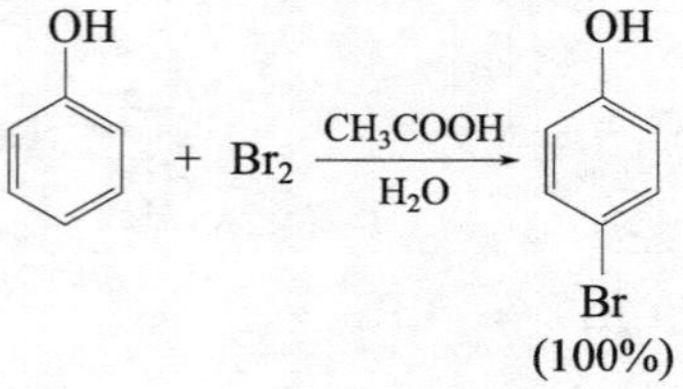

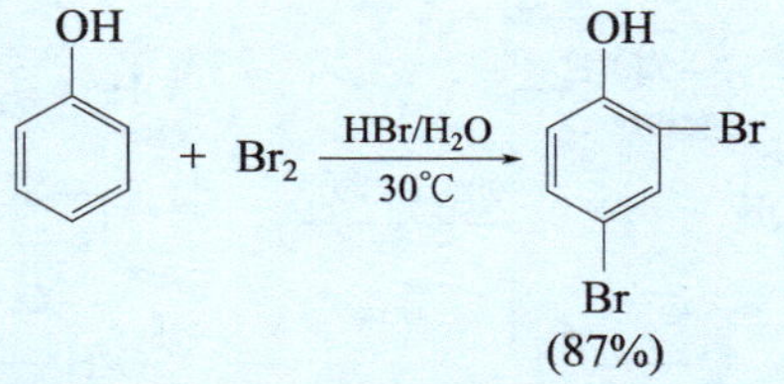

苯酚在非极性溶剂中，或在没有溶剂存在的条件下卤化，可以得到邻卤代苯酚、对卤代苯酚的混合物。例如：

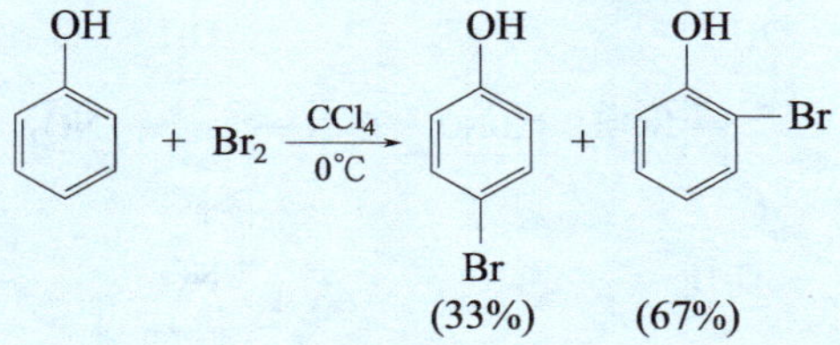

2. 硝化反应

苯酚的硝化反应比苯容易，在室温下就可以与稀硝酸作用生成邻硝基苯酚和对硝基苯酚的混合物，混合物可用水蒸气蒸馏法分离。但是反应得到大量的焦油状酚的氧化副产物，产率很低，因此无制备的意义。

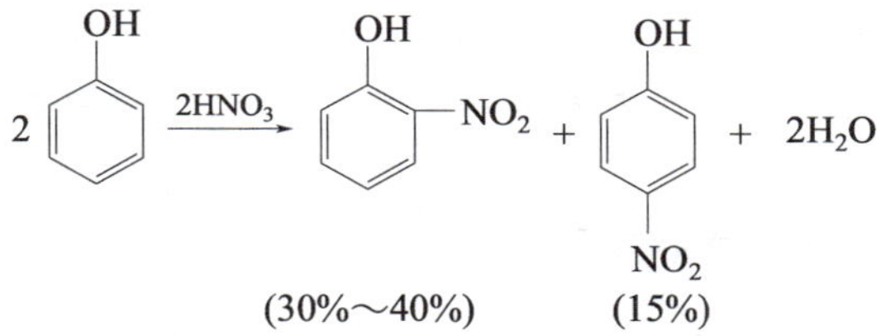

3. 磺化反应

酚的磺化与苯相似，浓硫酸容易使苯酚磺化，室温下的产物是几乎等量的邻羟基苯磺酸和对羟基苯磺酸的混合物，在 100℃ 进行时，主要产物为对羟基苯磺酸。

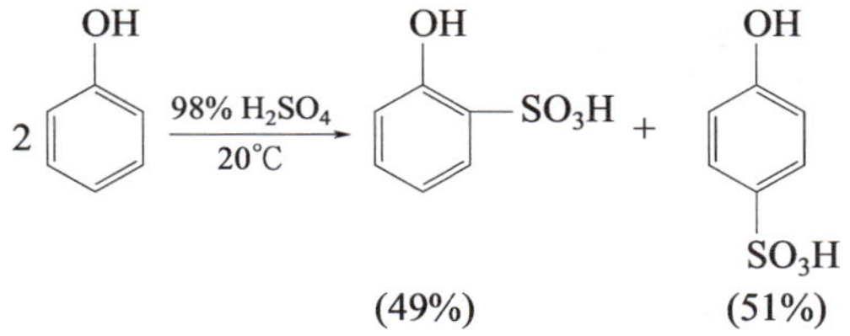

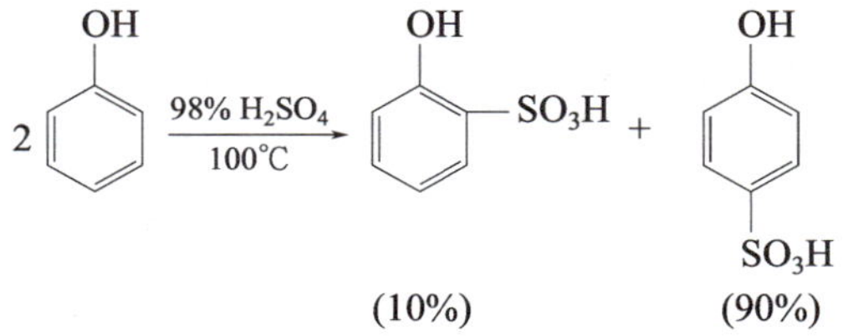

如果继续磺化可得到二磺酸（4-羟基苯-1,3-二磺酸）。二磺酸再硝化，可得到 2,4,6-三硝基苯酚（俗称苦味酸），这是工业上制备苦味酸常用的方法。苦味酸的酸性很强，酸性随着硝基数目增多而增强。

$$\text{(结构式反应图)}\xrightarrow{98\% \ H_2SO_4}\text{(结构式)}$$

$$\text{(结构式)}\xrightarrow{\text{浓}HNO_3}\text{(苦味酸结构式)}$$

苦味酸

随堂练一练

1. 羟基是一个较强的_____取代基，因此酚的芳环上比苯更容易发生卤代、硝化、磺化等亲电取代反应。

2. 向盛有少量苯酚稀溶液的试管里加入浓溴水，边加边振荡，可观察到的现象是_____，反应方程式为_____。

3. 由于酚羟基的存在，提高了苯环上_____位氢原子的活性，使得苯酚比苯更容易发生取代反应。

4. 苯酚在非极性溶剂中，或在没有溶剂存在的条件下卤化，可以得到_____、对卤代苯酚的混合物。

5. 苯酚可以发生的取代反应有_____，_____，和_____。

6. 酚的磺化与苯相似，浓硫酸容易使苯酚磺化，在100℃进行时，主要产物为_____。

7. 二磺酸继续硝化时可得到苦味酸，请写出其结构简式_____，名称为_____。

三、与三氯化铁的显色反应

做一做

向盛有苯酚溶液的试管中滴加几滴 $FeCl_3$ 溶液，观察现象，如图 8-5 所示，溶液变成漂亮的蓝紫色。

苯酚能与三氯化铁溶液作用产生蓝紫色的络离子。这一反应可以用来检验苯酚的存在。

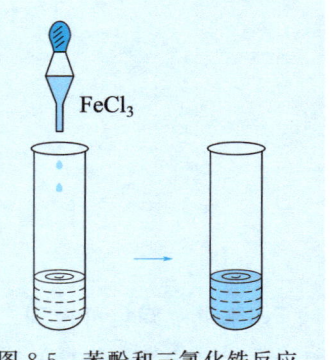

图 8-5　苯酚和三氯化铁反应

想一想

在生产蓝黑墨水的过程中要加入一种有机化合物没食子酸，结构简式为：

$$HO-C_6H_2(OH)_2-COOH$$

这是利用了该化合物中哪种官能团的性质呢？

其实，大多数的酚与三氯化铁作用都能生成带颜色的络离子。不同的酚显示的颜色不同，其中苯酚能与三氯化铁溶液作用产生蓝紫色的络离子，均苯三酚显紫色，邻位和对位苯二酚及 β-萘酚显绿色，甲基苯酚显蓝色等。这种特殊的显色反应，可用于检验酚羟基的存在。蓝墨水和没食子酸见图 8-6。

图 8-6 蓝墨水和没食子酸

四、氧化反应

想一想

苯酚是无色晶体，但为什么我们看到的苯酚往往是黄色或红色的？

酚类化合物很容易被氧化，因此苯酚在空气中，随氧化作用颜色不断加深，逐渐由无色变为粉红色、红色甚至是暗红色。

苯酚与重铬酸钾的硫酸溶液作用，则氧化成对苯醌。

$$\text{苯酚} \xrightarrow[0°C]{K_2Cr_2O_7 + 浓H_2SO_4} \text{对苯醌}$$

对苯醌

对接生产

　　对苯二酚是强还原剂，因此极易被氧化，其水溶液因易被氧化而呈褐色，它在碱溶液中更容易被氧化。对苯二酚能被感光后的弱氧化剂溴化银氧化成醌，而溴化银则被还原成金属银。这一反应用于照相的显影过程(图 8-7)，它还广泛地用作阻聚剂、橡胶防老化剂，氮肥工业中的催化脱硫剂和自由基链反应的抑制剂。

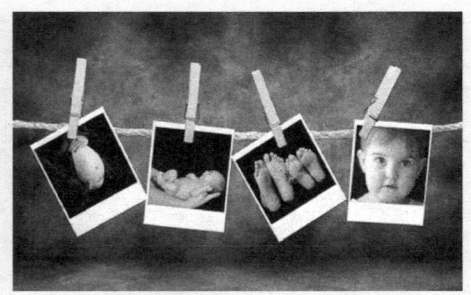

图 8-7　照片显影

随堂练一练

一、选择题

1. 只用一试种剂把苯酚、乙醇、NaOH、KSCN 四种溶液鉴别出来，该试剂是（　　）。

A. 苯　　　　　　　　B. $FeCl_3$ 溶液　　　　C. $FeCl_2$ 溶液　　　　D. 稀盐酸

2. 下列物质中，不能使酸性高锰酸钾溶液褪色的是（　　）。

A. 苯　　　　　　　　B. 甲苯　　　　　　　C. 乙醇　　　　　　　D. 苯酚

3. 除去苯中的少量苯酚的方法是（　　）。

A. 加三氯化铁溶液，分液　　　　　　　　B. 加浓溴水，过滤

C. 加浓溴水，蒸馏　　　　　　　　　　　D. 加氢氧化钠溶液，分液

二、实验题

1. 一组趣味化学实验如下所示，其中，A、C、E 中有类似牛奶的白色浊液，B、D 中是无色透明液体，F 中液体显蓝紫色。

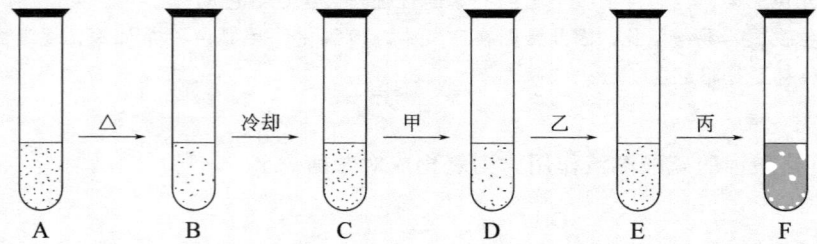

（1）B 中溶质分子的结构简式为_____。

（2）A→B 浊液变清液的原因是_____。

（3）试剂甲可能是_____。

（4）若乙是无色无味的气体，则乙的分子式是_____；D→E 的化学方程式为_____。

（5）试剂丙是_____。

2. 环保局在某工厂采集样品，根据群众举报，该厂污水中含有苯酚，我们该采用哪种试剂来进行鉴别呢？

有机化学实验室

冷却操作

冷却是化学实验中最常用的操作技术之一。化学中有些反应需要在低温下进行(如重氮化反应)，还有些反应因大量放热而难以控制，为除去过剩的热量，都需要冷却。结晶时，为降低物质在溶剂中的溶解度，便于结晶析出完全，也需要冷却。

最简单的冷却方法就是把盛有待冷却物质的容器浸入冷水或冰-水(碎冰与水的混合物)浴中。

如果需要冷却的温度在 0℃ 以下时，可采用冰和盐的混合物作为冷却剂，如表 8-2 所示。

表 8-2 冰-盐冷却剂

盐类	盐/(g/100g 碎冰)	冰浴最低温度/℃
NH_4Cl	25	－15
$NaCl$	30	－20
$NaNO_3$	50	－18
$CaCl_2 \cdot 6H_2O$	100	－29
$CaCl_2 \cdot 6H_2O$	143	－55

把干冰与某些有机溶剂（如乙醇、氯仿等）混合，可得到更低的温度（－70～－50℃）。

第三节

重要的酚和芳醇

读一读

2005 年 7 月 25 日，民富村的一位村民李某在浴池洗澡时，不慎将身体划破。7 月 27 日早晨，他来到村里的小药店购买消炎药。当时他告诉药店负责人买口服的消炎药螺旋霉素和外敷的依沙吖啶药水。李某回家后将买来的药水涂抹在患处，两天后涂抹药水处的皮肤出现溃烂。后来，李某的朋友发现，在药店购买的消炎药水瓶上写的竟是"来苏水"，他才发现药店给错了药。李某去医院处置后，伤情并没有好转，又来到市里的大医院诊治。那么"来苏水"到底是什么呢？同学们请在本节内找答案哦！

新知识

一、重要的酚

1. 苯酚（C_6H_5O）

苯酚俗称石炭酸，沸点为 181.8℃、熔点为 40.8℃，是具有特殊气味的无色晶体。苯酚微溶于水（当温度高于 65℃时可与水混溶），易溶于乙醚等有机溶剂中。苯酚有毒、有腐蚀性，3%～5%的苯酚水溶液可用于外科手术器械的消毒。

在工业上，煤焦油中的酚油和萘油馏分（该馏分含苯酚和甲苯酚）可以用 15%的氢氧化钠溶液处理，酚类物质与氢氧化钠反应生成酚钠，通入二氧化碳后，酚又游离出来，经蒸馏可得苯酚。但是，由煤焦油中提取酚，远远满足不了有机化工发展的需要。因此，目前苯酚主要由合成法制取。

2. 甲酚（C_7H_8O）

甲酚（甲苯酚）俗称煤酚，有邻、间、对三种异构体。

邻甲苯酚   间甲苯酚   对甲苯酚

三种甲酚都是重要的化工原料，也用作分析试剂（包括色谱分析试剂）。由于三种甲酚沸点相近不易分离，所以实际上常将三种异构体的混合物称为粗甲苯酚。粗甲苯酚的肥皂水溶液俗称"来苏水"，具有很强的杀菌能力，常用作消毒剂。苯酚、邻甲酚等化合物是水体污染物质。水体受酚污染后，会严重影响各种水生生物的生长和繁殖，使水产品产量和质量降低，如图 8-8所示。

图 8-8 酚等有机物导致的水体污染

对接生活

"来苏水"是甲酚的肥皂溶液，溶于水可杀灭细菌繁殖体和某些亲脂病毒。"来苏水"使用方法是加水配成 1%～5%的溶液，将衣物、被单放在液体中浸泡 30～60min，再用水清洗。对室内家具、便器、运输工具等，可用 1%～3%的溶液擦拭或喷洒。对手进行消毒，可用 2%溶液浸泡 2min，然后用清水洗净。本品毒性大，气味易滞留。高浓度"来苏水"对皮肤有一定刺激作用和腐蚀作用，可致灼伤、疼痛、糜烂、坏死，眼部接触可使结膜和角膜灼伤、坏死。村里的药店误将浓度较高的"来苏水"当成消炎药水卖给村民李某，造成了李某伤口的严重灼伤。

二、重要的芳醇

苯甲醇又名苄醇，是最简单的芳香醇之一，可看作是苯基取代的甲醇。它的沸点为 205.3℃，是有轻微愉快香气的无色液体，微溶于水。

苯甲醇可由苄基氯（也叫苄氯）水解制得。

$$\text{⟨⟩—CH}_2\text{Cl} + \text{NaOH} \xrightarrow{\text{H}_2\text{O}} \text{⟨⟩—CH}_2\text{OH} + \text{NaCl}$$

苯甲醇与脂肪族伯醇性质相似，可被氧化为苯甲醛，继续氧化则得到苯甲酸。

$$\text{⟨⟩—CH}_2\text{OH} \xrightarrow{\text{[O]}} \text{⟨⟩—CHO} \xrightarrow{\text{[O]}} \text{⟨⟩—COOH}$$

苯甲醛　　　　　　苯甲酸

苯甲醇除了羟基，分子内还具有苯环，因此还能进行硝化反应和磺化反应。

🌀 实验大爆发

芳香烃、乙醇、苯酚的性质

一、实验目的
① 加深对苯和苯的同系物性质的认识；
② 加深对乙醇和苯酚重要性质的认识。

二、实验仪器、材料和药品
1. 实验仪器、材料

试管、胶头滴管、烧杯、温度计、铁架台、石棉网、酒精灯、药匙、试管夹、玻璃片、镊子、小刀、滤纸、火柴。

2. 药品

苯、甲苯、二甲苯、植物油、0.05％$KMnO_4$酸性溶液、浓硫酸、浓硝酸、无水乙醇、稀硝酸、金属钠、铜丝、pH 试纸、蓝色石蕊试纸、蒸馏水、苯酚晶体、2％苯酚溶液、10％NaOH 溶液、稀盐酸、饱和溴水、1％$FeCl_3$溶液、热水。

三、实验内容
1. 苯和苯的同系物性质

① 在四个试管里分别加入 1mL 苯、1mL 甲苯、1mL 二甲苯、1mL 水。各滴入几滴植物油，振荡，观察现象。

② 在三支试管里分别加入 1mL 苯、1mL 甲苯、1mL 二甲苯，再向试管中滴加少量 $KMnO_4$ 酸性溶液。振荡后，观察现象，并加以解释。

③ 在一个大试管里加入 1.5mL 浓硝酸和 2mL 浓硫酸，待混合酸冷却后，逐滴滴入 1mL 苯，同时振荡试管，使液体混合均匀，并不断将试管放入水中冷却。然后将盛有混合液的大试管放在 60℃的水浴中加热，10min 后，把试管里的物质倒入盛着大量水的烧杯中。HNO_3 和 H_2SO_4 就溶解在水里，生成的硝基苯是一种黄色的液体，聚集在杯底。同时，可以闻到一股苦杏仁的气味。实验完毕后，把得到的硝基苯倾入教师指定的容器里。写出化学反应方程式。

2. 乙醇的性质

（1）乙醇与金属钠的反应　在干燥的大试管中加入 5 mL 无水乙醇，再加入一块新切开并立即用滤纸擦干的黄豆大的金属钠。观察实验现象。用玻璃棒蘸取 2 滴反应后的溶液滴在玻璃片上晾干，观察玻璃片上的残留物。向试管中滴加约 10 滴蒸馏水，用 pH 试纸检验其酸碱性。

（2）乙醇氧化生成乙醛的反应　在试管里加入 2mL 乙醇。把一端弯成螺旋状的铜丝放在酒精灯外焰中加热，使铜丝表面生成一层薄的黑色的氧化铜，立即把它插入盛有乙醇的试管中，这样反复操作几次，注意闻生成物的气味，并注意观察铜丝表面的变化。写出有关反应的化学方程式。

3. 苯酚的性质

（1）苯酚在水中的溶解性　在试管里加入少量苯酚固体，再加入约 2mL 水，振荡，观察现象。然后加热苯酚和水的混合物，继续观察现象。再让液体冷却，然后观察所发生的变化，并解释这些现象。

（2）苯酚的弱酸性　向上述溶液中注入少量 NaOH 溶液，振荡，观察并解释发生的现象，写出反应的化学方程式。

向上述溶液中注入少量稀盐酸，溶液又变浑浊。解释发生这一现象的原因，并写出反应的化学方程式。

（3）苯酚的卤代反应　在试管中滴入 2 滴苯酚稀溶液，再加入约 4mL 水，振荡，然后逐滴滴入饱和溴水，加到有白色浑浊现象出现为止。解释产生现象的原因，并写出反应的化学方程式。

（4）苯酚与三氯化铁的显色反应　在试管里滴入几滴苯酚稀溶液，再加入约 3mL 水，振荡，然后再逐滴滴入 FeCl$_3$ 稀溶液，观察现象。

四、注意事项

① 在室温条件下，苯酚微溶于水，如果稀酸加的过量，则苯酚全部溶解。

② 向苯酚溶液中滴加 FeCl$_3$ 溶液，不要多加，否则生成的颜色易被 FeCl$_3$ 溶液的深黄色所掩盖，观察不到正确的结果。

五、问题和讨论

① 在苯的硝化反应的实验中，为什么用水浴而不用酒精灯直接加热？在反应中浓硫酸起什么作用？为什么要等混合酸冷却后再逐滴滴入苯？

② 根据实验结果，说明苯与苯的同系物在性质上有哪些差别？

③ 可以用什么方法检验乙醇与钠反应所产生的气体？

④ 在乙醇氧化生成乙醛的实验中，加热铜丝以及将它插入乙醇中的操作为什么要反复进行几次？

⑤ 设计实验，证明苯酚是一种比碳酸还弱的酸。

⑥ 用一种试剂鉴别 NaOH 溶液、AgNO$_3$ 溶液、乙醇、苯酚溶液。

拓展视野

安全炸药的发明

　　19 世纪下半叶，欧洲许多国家正处于工业革命的高潮，矿山开发、河道挖掘、铁路修建等工程都需要大量烈性炸药，诺贝尔发明的硝化甘油炸药在许多企业得到了应用。为了找到一种能把硝化甘油吸进去的物质，他用纸、煤、木炭粉等各种东西做过实验。结果木炭粉的效果似乎最好，但诺贝尔还不满意。

　　1867 年的一天，诺贝尔助手们把刚从工厂拉来的硝化甘油从湖岸往实验船上搬运。为了保证运输的安全，他们在运输前先把硝化甘油装在一个个铁盒里，然后把铁盒子摆放在填塞着防止晃动的硅藻土的木箱子里。但运输途中的晃动，仍然使一个盒子破漏了，流出来的硝化甘油全部被下面的硅藻土吸收了。诺贝尔很快配好了一袋渗透着硝化甘油的硅藻土，开始了爆炸实验。只听"轰隆"一声巨响，实验取得了出人意料的成功。经过大量实验，他把硅藻土和硝化甘油二者的比例确定为 1∶2，就这样制成了被称为黄色炸药的安全炸药。

本章小结

概念与分类

一、基本概念

酚：羟基与芳环直接相连的化合物叫酚。

芳醇：羟基与芳环的侧链相连的化合物叫芳醇。

二、酚的分类

酚按其分子中所含羟基的数目分为一元酚和多元酚。

酚和醇的命名

一、酚的命名

① 一元酚的命名是在芳环名称之后加"酚"字。

② 对于多元酚，则在"酚"字前加汉字"二""三"等表示酚羟基的数目。

二、醇的命名

芳醇的命名与脂肪醇的命名相似，其中芳环作为取代基。

酚的化学性质

一、酚羟基的反应

1. 弱酸性

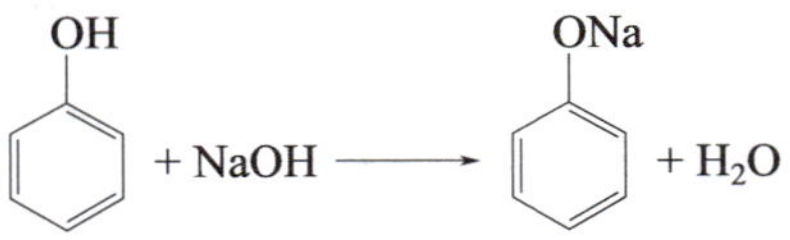

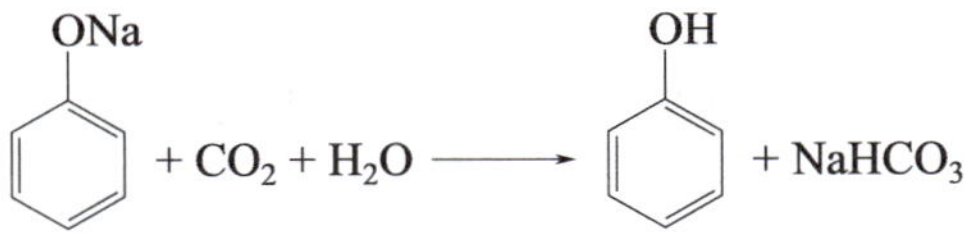

2. 酚醚的生成

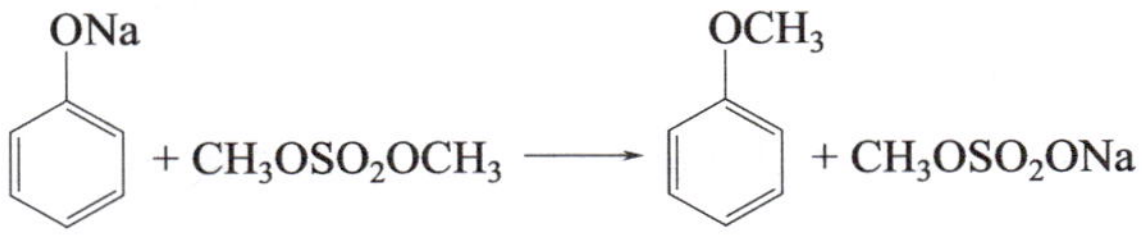

酚醚的化学性质比较稳定，但与氢碘酸反应可分解为原来的酚。

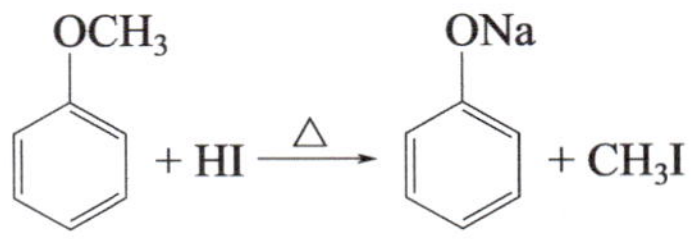

3. 酚酯的生成

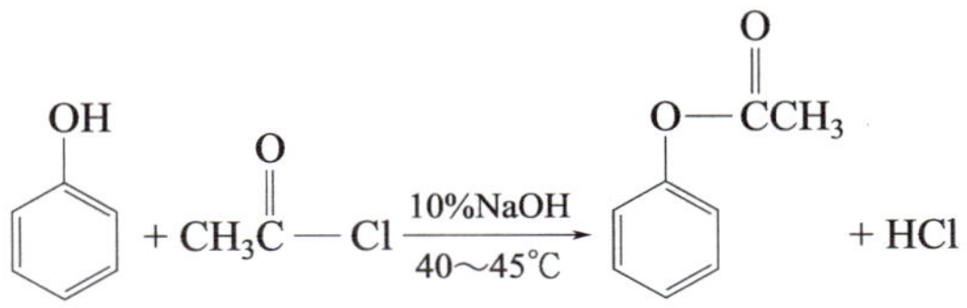

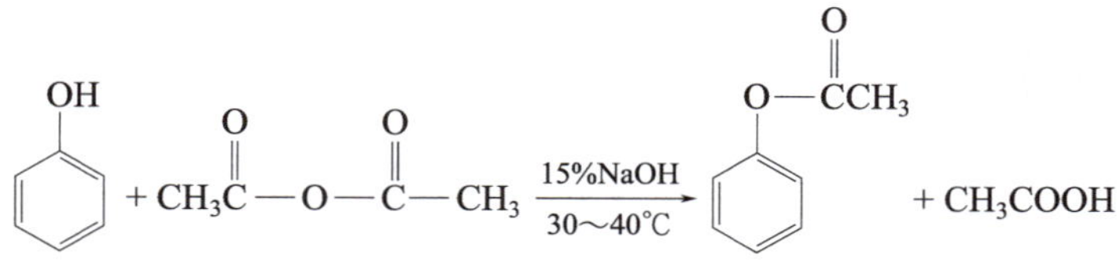

二、苯环上的取代反应

1. 卤代反应

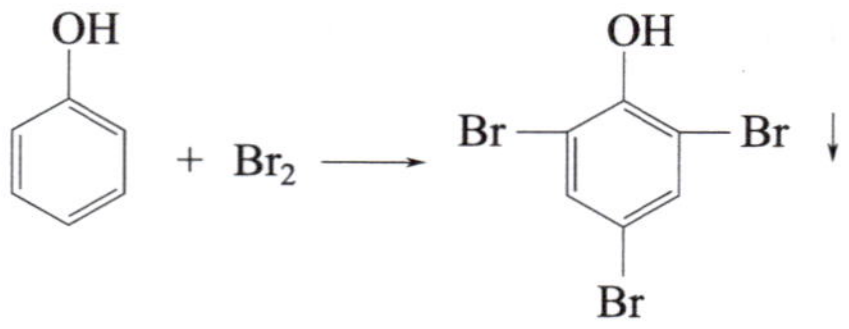

2. 硝化反应

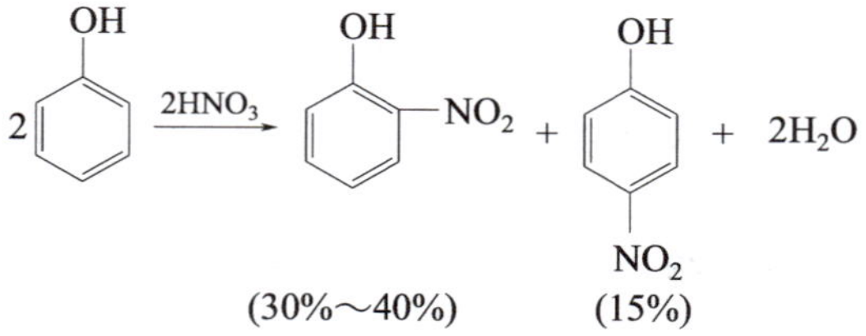

$$(30\%\sim40\%) \qquad (15\%)$$

3. 磺化反应

$$(49\%) \qquad (51\%)$$

$$(10\%) \qquad (90\%)$$

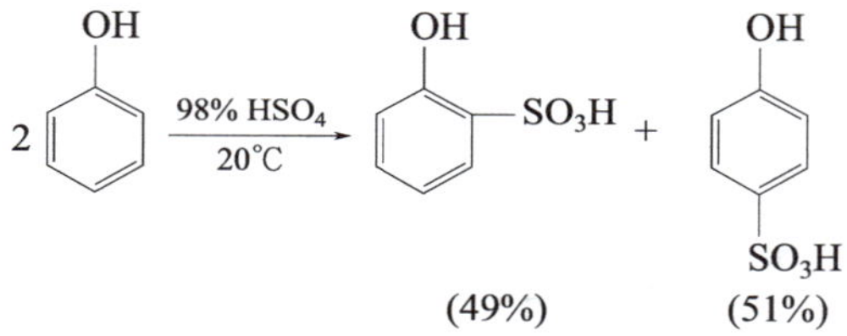

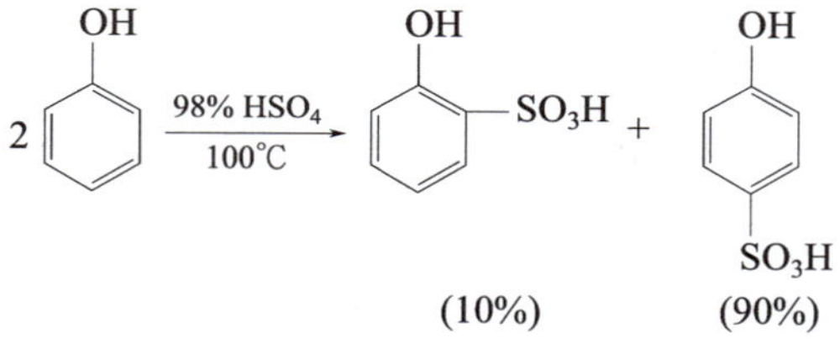

三、与三氯化铁的显色反应

向盛有苯酚溶液的试管中滴加几滴 $FeCl_3$ 溶液，溶液变成漂亮的蓝紫色，这一反应可以用来检验苯酚的存在。

重要的酚和芳醇

一、重要的酚

1. 苯酚（C_6H_5O）

苯酚俗称石炭酸，有毒、有腐蚀性，3％～5％的苯酚水溶液可用于外科手术器械的消毒。目前苯酚主要由合成法制取。

2. 甲酚（C_7H_8O）

甲酚是重要的化工原料，可用于制备染料、炸药、农药、树脂等，也用作分析试剂（包括色谱分析试剂）。

二、重要的芳醇

苯甲醇又名苄醇，是最简单的芳香醇之一，苯甲醇可由苄基氯（也叫苄氯）水解制得。

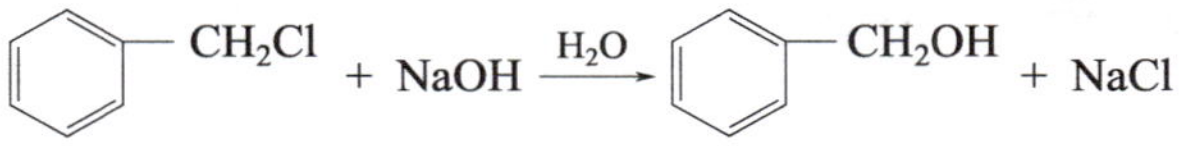

$$\text{C}_6\text{H}_5-\text{CH}_2\text{Cl} + \text{NaOH} \xrightarrow{\text{H}_2\text{O}} \text{C}_6\text{H}_5-\text{CH}_2\text{OH} + \text{NaCl}$$

苯甲醇与脂肪族伯醇性质相似，可被氧化为苯甲醛，继续氧化则得到苯甲酸。

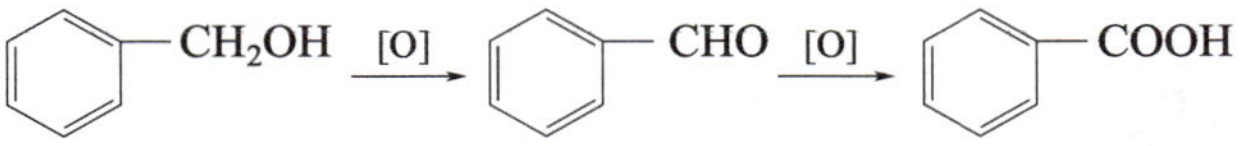

$$\text{C}_6\text{H}_5-\text{CH}_2\text{OH} \xrightarrow{[\text{O}]} \text{C}_6\text{H}_5-\text{CHO} \xrightarrow{[\text{O}]} \text{C}_6\text{H}_5-\text{COOH}$$

第九章

醛和酮

 读一读

发现天然减肥元素——树莓酮

热带地区，特别是赤道附近太平洋岛国的居民体型终生瘦削，经过科学家研究发现，他们的饮食结构中的脂肪、蛋白质和糖的含量一点不少于其他地区的人们，那么到底是什么原因让他们终身都能保持好身材，不用刻意减肥呢？

最重要的就是当地水果中富含树莓酮（树莓如图 9-1 所示）。研究发现，他们每天都要吃很多当地特有的水果，所以身体内的树莓酮含量高出其他地区人群 5 倍以上，体内的脂肪总是能够被迅速分解代谢出去，所以终生保持着非常骨感的身材。

树莓酮也是我们本章要学习的醛、酮大家族的一分子！

图 9-1　树莓

 完成本章的学习后，你可以做到

① 认识羰基、醛基的结构；
② 知道醛和酮的分类及其物理性质；
③ 能给简单的醛、酮命名；
④ 知道醛和酮的化学性质及应用；
⑤ 掌握醛和酮的鉴别方法。

第一节

醛和酮

新概念

羰基　碳原子与氧原子以双键相结合形成的基团（$\diagup$C＝O）。

羰基化合物　含有羰基的有机化合物，统称为羰基化合物。

醛　羰基分别与烃基和氢原子相连的化合物称为醛。

酮　羰基与两个烃基相连的称为酮。

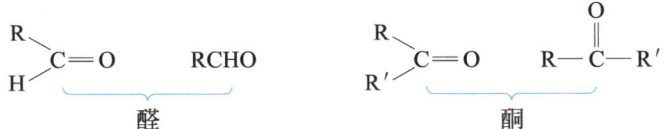

新知识

一、醛和酮的分类

① 按烃基类型不同，醛（酮）可以分为脂肪醛（酮）、脂环醛（酮）、芳香醛（酮）。例如：

CH_3CHO 　　　　　CH_3COCH_3

乙醛（脂肪醛）　　　丙酮（脂肪酮）　　　环己酮（脂环酮）　　　苯甲醛（芳香醛）

② 按烃基中是否含不饱和键，醛（酮）可以分为饱和醛（酮）、不饱和醛（酮）。例如：

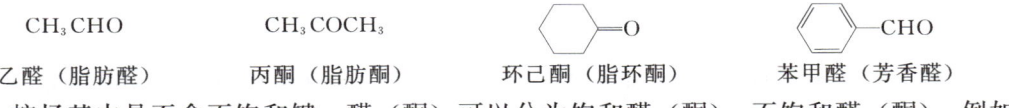

丁酮　　　　　　　　　　丙烯醛
（饱和酮）　　　　　　　（不饱和醛）

③ 按分子中羰基数目，醛（酮）可以分为一元醛（酮）、二元醛（酮）、多元醛（酮）。例如：

丙酮　　　　　　　　　　丙二醛
（一元酮）　　　　　　　（二元醛）

二、醛和酮的构造异构

醛、酮分子均有构造异构体（除甲醛和乙醛外）。醛基总是位于碳链的末端，所以醛没有官能团异构体，只有碳链异构体。

酮分子中，羰基位于碳链中间，因此同除碳链异构外，还有官能团—$\overset{O}{\underset{\|}{C}}$—的位置异构。

　　具有相同的通式（$C_nH_{2n}O$）的饱和一元醛、酮，它们互为同分异构体。这种异构体属于官能团不同的构造异构体。

　　例如：丙醛 $CH_3—CH_2—CHO$ 和丙酮 $CH_3—\overset{\overset{\displaystyle O}{\|}}{C}—CH_3$。

▶ 理论剖析助手

　　请写出分子式为 C_4H_8O 的构造异构体？

分析与解答

　　① 如果是醛，分子式为 C_4H_8O 的饱和一元醛的官能团位置固定在末端，因此只存在碳链异构，不存在官能团异构。

　　② 碳链异构，支链的碳原子数要小于主链的碳原子数，因此只能拿下来一个碳作为支链。

　　根据以上分析，可知分子式为 C_4H_8O 的饱和一元醛的结构有两种，分别为：

$$CH_3CH_2CH_2CHO \qquad\qquad CH_3\underset{\underset{\displaystyle CH_3}{|}}{CH}CHO$$

丁醛　　　　　　　　　　2-甲基丙醛

　　③ 分子式为 C_4H_8O 的物质，除了醛以外，还可能是酮，由于四个碳的主链，呈对称结构，因此饱和一元酮只有一个构造异构体：

$$CH_3\overset{\overset{\displaystyle O}{\|}}{C}CH_2CH_3$$

2-丁酮

　　因此分子式为 C_4H_8O 的物质有三种同分异构体，其中醛的两个同分异构体属于碳链异构。

◉ 随堂练一练

一、选择题

1. 下列化合物中与乙醇互为同分异构体的是（　　　）。

 A. $CH_3—O—CH_3$ B. $CH_3—CHO$

 C. $CH_3—CH_3$ D. $CH_3—O—CH_2CH_3$

2. 下列化合物中，属于醛类的化合物的是（　　　）。

 A. $CH_3—CH(CH_3)—OH$ B. $CH_3—CHO$

 C. CH_3COOH D. CH_3COCH_3

二、简答题

　　分子式为 $C_5H_{10}O$ 的醛有四个构造异构体，戊酮有三个构造异构体，请写出其结构简式，并指出哪些是官能团异构体，哪些是碳链异构体。

三、醛和酮的命名

　　简单的醛、酮采用习惯命名法，复杂的醛、酮则采用系统命名法。

1. 习惯命名法

醛的习惯命名法与醇相似，只需将"醇"字改为"醛"字即可。例如：

$$CH_3 — CH_2 — CH_2OH$$

正丙醇

$$CH_3CHCH_2OH$$
$$\quad\ |$$
$$\quad CH_3$$

异丁醇

$$CH_2OH$$ （苯环）

苯甲醇

$$CH_3 — CH_2 — CHO$$

正丙醛

$$CH_3CHCHO$$
$$\quad\ |$$
$$\quad CH_3$$

异丁醛

$$CHO$$ （苯环）

苯甲醛

2. 系统命名法

① 选择含羰基的最长碳链作为主链，根据主链碳原子数目叫"某醛"或"某酮"。

② 酮是从靠近羰基的一端开始编号，醛是从醛基碳原子开始编号（编号可用阿拉伯数字也可用希腊字母表示，靠近羰基的碳原子为 α-碳）。

③ 酮羰基（除丙酮、丁酮）要标明羰基碳的位置。

④ 分子中若连有支链或取代基时，将它们的位次、数目、名称写在"某醛"或"某酮"的前面。

$$CH_3 — CH — CHO$$
$$\qquad |$$
$$\quad\ CH_3$$

2-甲基丙醛

$$CH_3 — CH_2 — CH — CHO$$
$$\qquad\qquad\ \ |$$
$$\qquad\qquad CH_3$$

2-甲基丁醛

$$CH_3 — CH_2 — \overset{}{\underset{O}{C}} — CH_3$$

丁酮

$$CH_3 — CH_2 — \overset{}{\underset{O}{C}} — CH_2 — CH — CH_3$$
$$\qquad\qquad\qquad\qquad\qquad |$$
$$\qquad\qquad\qquad\qquad CH_3$$

5-甲基-3-己酮

$$CH_3 — CH_2 — \overset{CH_3}{CH} — \overset{}{\underset{O}{C}} — CH_2 — CH_2 — CH_3$$

3-甲基-4-庚酮

➤➤➤ **理论剖析助手**

请用系统命名法命名：
$$CH_3CHCH_2CHO$$
$$\qquad |$$
$$\quad\ CH_3$$

分析与解答

a. 选择含官能团—CHO 的最长碳链作为主链，然后从靠近—CHO 的一侧开始编号。

$$\overset{4}{CH_3} — \overset{3}{CH} — \overset{2}{CH_2} — \overset{1}{CHO}$$
$$\qquad |$$
$$\quad\ CH_3$$

b. 将分子中的取代基的位次、数目、名称写在"某醛"或"某酮"的前面，即：

$$CH_3CHCH_2CHO$$
$$\qquad |$$
$$\quad\ CH_3$$

3-甲基丁醛

⑤ 芳香醛、酮命名时，常把苯环作为取代基，侧链作为母体。芳基的"基"字常可以省略。例如：

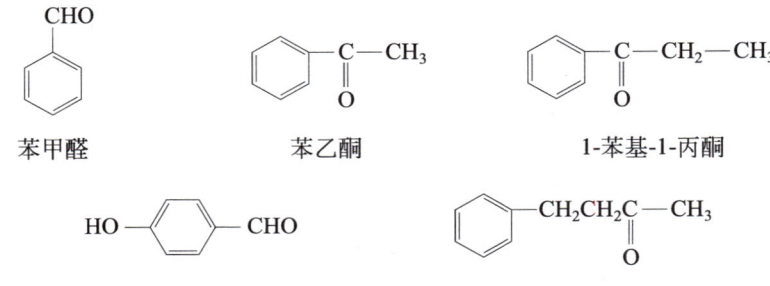

苯甲醛　　　　　　　苯乙酮　　　　　　　1-苯基-1-丙酮

4-羟基苯甲醛　　　　　　4-苯基-2-丁酮

⑥ 不饱和醛、酮命名时，应使羰基的位次最小。可写成"m-某烯醛"或"m-某烯-n-酮"，m 和 n 代表烯、酮等官能团的位置。例如：

$$CH_2{=}CHCH_2CHO \qquad\qquad CH_2{=}CHCCH_2CH_3$$

3-丁烯醛　　　　　　　　1-戊烯-3-酮

⑦ 脂环醛、酮命名时，称为"环某基某醛"或"环某酮"，若醛、酮基在脂环的侧链上，则把脂环作为取代基。例如：

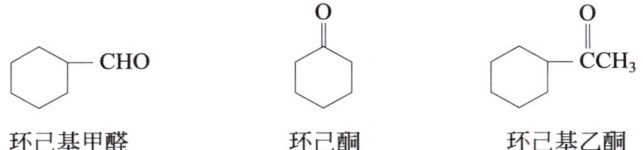

环己基甲醛　　　　　　环己酮　　　　　　环己基乙酮

🐟 随堂练一练

一、命名下列化合物

1. 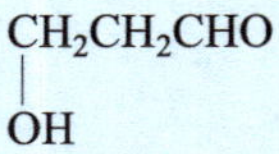 CH_2CH_2CHO
   　　|
   　　OH

命名为：_____。

2. 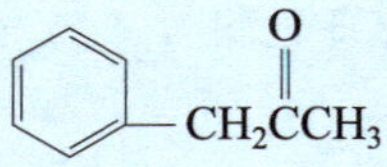 CH_2CCH_3（苯基，O）

命名为：_____。

3. 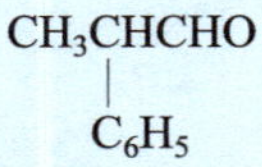 CH_3CHCHO
   　　　|
   　　　C_6H_5

命名为：_____。

4. 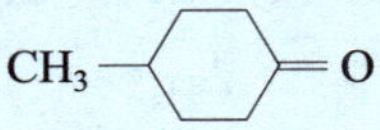 $CH_3{-}$（环己烷）$=O$

命名为：_____。

二、写出下列化合物的构造式

1. 3-甲基戊醛

构造式为：_____。

2. 4-甲基-2-戊酮

构造式为：_____。

3. 邻硝基苯甲醛

构造式为：_____。

4. 乙基环己基甲酮

构造式为：_____。

第二节
醛和酮的化学性质

自然界存在的醛、酮有许多是植物药中的有效成分，具有重要的生理活性。它们还是药物合成的重要原料和中间体，有许多药物都具有醛、酮的结构。例如：

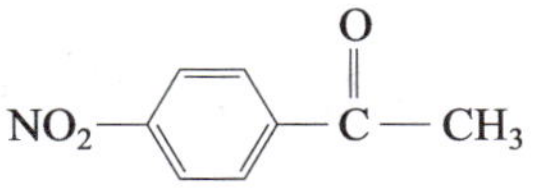

对硝基苯乙酮(合成氯霉素的原料) 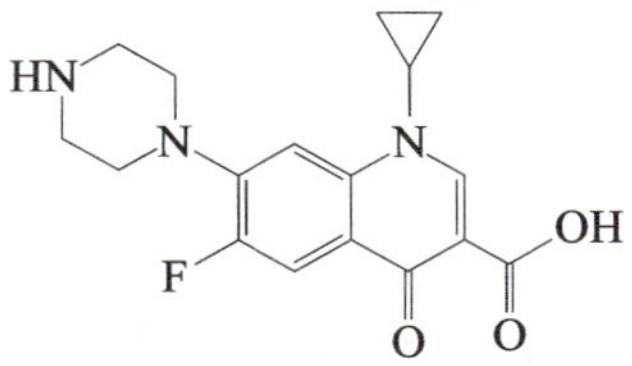　　环丙沙星(抗菌药)

那么，除了是药的有效成分以外，醛和酮还有哪些性质呢？

你知道醛和酮的物理性质吗？

物态　常温下，只有甲醛是气体，低级醛、酮都是液体，高级醛、酮为固体。低级醛有强烈刺激性气味，中级醛有花果香味。

沸点　醛和酮是极性分子，故沸点与分子量相近的烃和醚相比高很多。但醛和酮分子间不能形成氢键，故其沸点低于相应的醇。

熔点　醛和酮的熔点较低，绝大部分都小于$0℃$。

相对密度　脂肪族醛、酮的相对密度小于1，芳香族醛、酮的相对密度则大于1。

溶解度　醛和酮的羰基能与水中的氢形成氢键，故低级醛、酮可溶于水，如甲醛、乙醛、丙酮能与水混溶。醛、酮在水中的溶解度，随着碳原子数的增加而减小。醛和酮易溶于乙醇、乙醚等有机溶剂，丙酮本身就是优良的溶剂。

新知识

醛和酮都含有羰基，因此，它们具有许多相似的化学性质，主要表现在羰基的加成反应、α-活泼氢的反应以及氧化还原反应等。但因为羰基所连接的基团不完全相同，又使它们在性质上表现出一些差异。醛和酮的化学性质主要表现为：

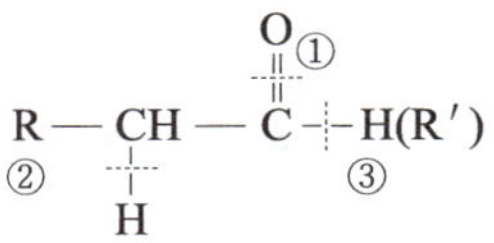

①羰基的加成反应；②α-活泼氢的反应；③醛基的特征反应。

一、羰基的加成反应

醛和酮分子中的碳氧双键（羰基）和烯烃的碳碳双键相似，容易和某些试剂发生加成反应。

1. 与氢氰酸加成

HCN 与醛或酮作用生成的产物称为 α-羟基腈或 α-氰醇。

$$\underset{(CH_3)H}{\overset{R}{}}C=O + H-CN \underset{OH^-}{\rightleftharpoons} \underset{(CH_3)H}{\overset{R}{}}C\overset{OH}{\underset{CN}{}}$$

α-羟基腈(氰醇)

α-羟基腈比原来的醛、酮增加了一个碳原子，这是使碳链增长的一种方法。

例如：丙酮与氢氰酸加成的产物为 2-甲基-2-羟基丙腈（丙酮氰醇）。

$$\underset{H_3C}{\overset{H_3C}{}}C=O + H-CN \longrightarrow \underset{H_3C}{\overset{H_3C}{}}C\overset{OH}{\underset{CN}{}}$$

丙酮氰醇

2. 与醇加成

在干燥氯化氢气体或其他无水强酸催化下，一分子醛能与一分子醇发生加成反应生成不稳定的半缩醛。半缩醛不稳定，可以与另一分子醇进一步发生反应生成缩醛：

$$\underset{H}{\overset{R}{}}C=O + H-OR' \underset{干HCl}{\overset{干HCl}{\rightleftharpoons}} \underset{H}{\overset{R}{}}C\overset{OH}{\underset{OR'}{}} \underset{干HCl}{\overset{R''OH}{\rightleftharpoons}} \underset{H}{\overset{R}{}}C\overset{OR'}{\underset{OR''}{}} + H_2O$$

（半缩醛）　　　　（缩醛）

例如，乙醛和乙醇反应生成缩醛：

$$\underset{H}{\overset{H_3C}{}}C=O + \overset{H-OC_2H_5}{\underset{H-OC_2H_5}{}} \rightleftharpoons CH_3CH\overset{OC_2H_5}{\underset{OC_2H_5}{}} + H_2O$$

缩醛是具有花果香味的液体，性质与醚相似。缩醛在碱性溶液中比较稳定，而在稀酸中则易水解为原来的醛和酮，因此在药物合成中常利用生成缩醛来保护醛基。

🌀 随堂练一练

请实现以下转变：$CH_2=CH-CH_3 \longrightarrow CH_3CH_2CHO$（提示：要从丙烯转变为丙醛，就必须先经缩醛，保护醛基，然后再进行加氢）。

3. 与格氏试剂加成

醛和酮与格氏试剂发生加成反应，加成物经水解生成醇。

$$\underset{\delta^-}{\overset{\delta^+}{}}C=O + R-MgX \overset{干醚}{\longrightarrow} C\overset{OMgX}{\underset{R}{}} \overset{H_3O^+}{\longrightarrow} C\overset{OH}{\underset{R}{}}$$

① 格氏试剂与甲醛反应，可以制成伯醇。

$$\underset{}{\text{苯基MgBr}} + HCHO \overset{干醚}{\longrightarrow} \underset{}{\text{苯基CH}_2\text{OMgBr}} \overset{H_3O^+}{\longrightarrow} \underset{}{\text{苯基CH}_2\text{OH}}$$

苯甲醇

② 格氏试剂与除甲醛外的其他醛反应，可以制成仲醇。

$$CH_3CH_2CH_2MgBr + CH_3CH_2CHO \xrightarrow{干醚} CH_3CH_2CH_2\overset{\overset{CH_2CH_3}{|}}{C}HOMgBr \xrightarrow{H_3O^+} CH_3CH_2CH_2\overset{\overset{OH}{|}}{C}HCH_2CH_3$$

3-己醇

③ 格氏试剂与酮反应，可以制成叔醇。

$$CH_3CH_2CH_2MgBr + CH_3\overset{\overset{O}{||}}{C}CH_3 \xrightarrow{干醚} CH_3CH_2CH_2\overset{\overset{CH_3}{|}}{\underset{\underset{CH_3}{|}}{C}}OMgBr \xrightarrow{H_3O^+} CH_3CH_2CH_2\overset{\overset{CH_3}{|}}{\underset{\underset{CH_3}{|}}{C}}OH$$

2-甲基-2-戊醇

由此可见，只要原料选择适当，几乎任何醇都可以通过格氏试剂来制取。

读一读

格氏试剂的全称是格利雅试剂，它是由法国化学家格利雅(图 9-2)发现的。格利雅 1901 年获博士学位，他在 1901 年研究用镁进行缩合反应时，发现烷基卤化物易溶于醚类溶剂，与镁反应生成烷基氯化镁(即格氏试剂)。他在第一次世界大战期间研究过光气和芥子气等毒气。格利雅因发现格氏试剂而与萨巴蒂埃分获 1912 年诺贝尔化学奖。

图 9-2　格利雅

4. 与氨的衍生物加成-缩合反应

氨分子中氢原子被其他原子或基团取代后生成的化合物称为氨的衍生物。有机分析中常将氨的衍生物称为羰基试剂。羟氨（NH_2OH）、肼（NH_2NH_2）、苯肼（ NH_2NH—⬡ ）、2,4-二硝基苯肼（NH_2NH—⬡—NO_2，含 NO_2）等都是氨的衍生物。

醛、酮可以和氨的衍生物发生加成反应，产物分子内继续脱水得到含有碳氮双键的化合物，分别生成肟、腙、苯腙及 2,4-二硝基苯腙。这一反应可用下列通式表示：

$$\diagup\!\!\!\diagdown C{=}O + H{-}N{-}Y \xrightarrow{加成} \left[-\overset{\overset{OH}{|}}{\underset{|}{C}}{-}\overset{\overset{H}{|}}{N}{-}Y \right] \xrightarrow{-H_2O} \diagup\!\!\!\diagdown C{=}N{-}Y$$

不稳定

上式也可直接写成：

$$\diagup C = O + H_2 - N - Y \rightleftharpoons \diagup C = N - Y + H_2O$$

所以醛和酮与氨的衍生物的反应是加成-脱水反应，这一反应又称为羰基化合物与氨的衍生物的缩合反应。例如：

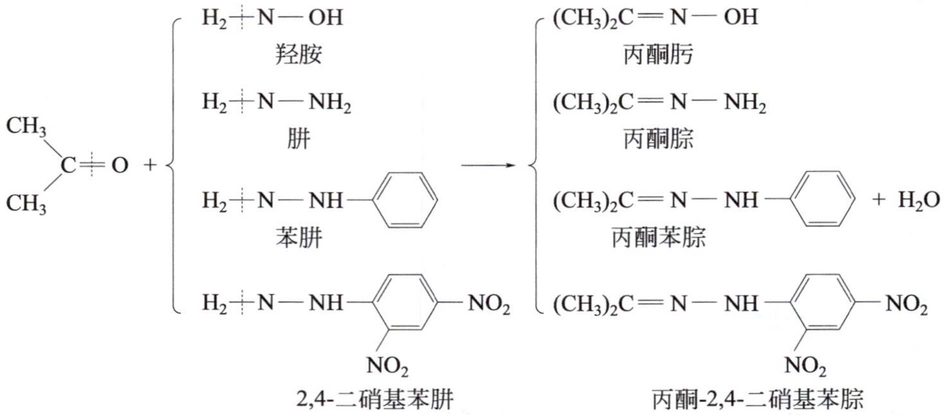

$$丙酮与羟胺反应$$

例如，丙酮与羟胺反应，首先生成不稳定的加成产物，然后脱水生成碳氮双键化合物丙酮肟。

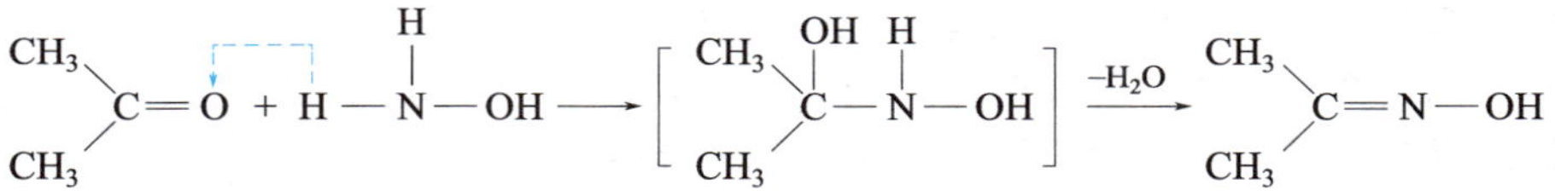

上式可以直接写成：

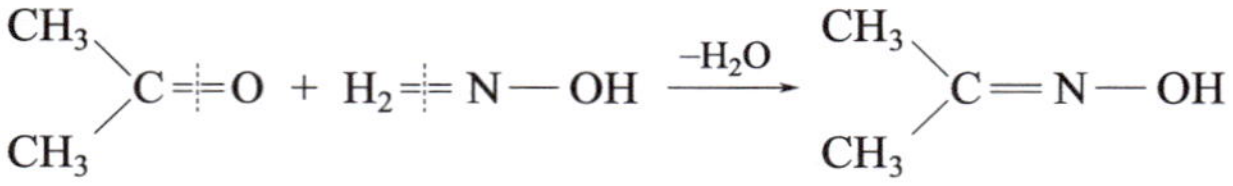

反应的结果是在醛、酮与羟氨分子间脱去一分子水，生成含有 $\diagup C = N$ 双键的化合物肟。这一反应又叫醛（酮）与氨的衍生物的缩合反应。

因此，苯甲醛与苯肼、乙醛与 2,4-二硝基苯肼的反应也可用下列反应式表示：

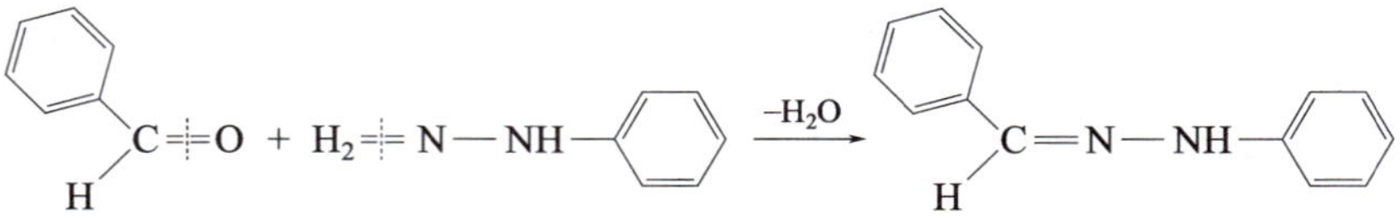

苯甲醛-苯腙

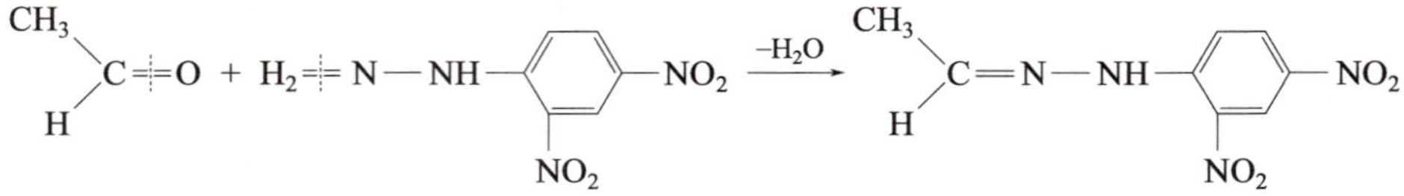

乙醛-2,4-二硝基苯肼

羰基试剂可用于鉴别羰基化合物。它们与醛和酮的加成缩合产物一般都是具有固定熔点的结晶固体，因此，只要测定反应产物的熔点，就能确定参加反应的醛和酮。醛和酮与 2,4-二硝基苯肼作用生成的 2,4-二硝基苯腙是橙黄色或橙红色晶体，反应明显，便于观察，常被用来鉴别醛和酮。此外，肟、腙等在稀酸作用下能够水解为原来的醛和酮，所以也可以利用这一性质来分离和提纯醛和酮。

二、α-氢原子的反应

有机分子中与官能团直接相连的碳上的氢原子称为 α-氢原子。例如：醛和酮分子中与羰基直接相连的碳上的氢原子就称为 α-氢原子。有卤仿生成的反应称为卤仿反应。

做一做

碘仿反应

取四只试管，分别加入甲醛、乙醛、乙醇和丙酮各 5 滴，再各加入碘试剂 10 滴，然后分别滴加 1.25mol/L NaOH 溶液至碘的颜色恰好褪去，振摇，观察并解释发生的现象。若无沉淀，可在温水浴中加热数分钟，冷却后再观察。现象：加入乙醛、乙醇和丙酮的试管中生成黄色沉淀，并有特殊气味。

α-氢原子容易被卤素取代，生成 α-卤代醛、酮，一卤代醛或酮往往可以继续卤化为二卤代、三卤代产物。例如：

$$CH_3CHO \xrightarrow[H_2O]{Cl_2} CH_2ClCHO \xrightarrow{Cl_2} CHCl_2CHO \xrightarrow{Cl_2} CCl_3CHO$$
$$\text{三氯乙醛}$$

在酸催化下，卤代反应可以控制在生成一卤代物阶段。例如

$$CH_3-\overset{O}{\overset{\|}{C}}-CH_3 + Br_2 \xrightarrow[65℃]{CH_3COOH} CH_3-\overset{O}{\overset{\|}{C}}-CH_2Br + HBr$$
$$\text{α-溴丙酮}$$

在碱催化下，卤代反应速度很快，具有 $CH_3-\overset{O}{\overset{\|}{C}}-$ 构造的醛（乙醛）、酮（甲基酮）一般

不易控制在生成一卤代物或二卤代物阶段，而是生成同碳三卤代物 $CX_3-\overset{O}{\overset{\|}{C}}-$，而这种三卤代物在碱性溶液中不稳定，立即分解成三卤甲烷（卤仿）和羧酸盐。例如：

$$(H)R-\overset{O}{\overset{\|}{C}}-CH_3 + 3NaOX \longrightarrow (H)R-\overset{O}{\overset{\|}{C}}-CX_3 + 3NaOH$$
$$(X_2 + NaOH) \qquad \qquad \downarrow NaOH \quad (H)RCOONa + CHX_3$$

上式也可直接写成：

$$CH_3-\overset{O}{\overset{\|}{C}}-H(R) + 3NaOX \longrightarrow H(R)COONa + CHX_3 + 2NaOH$$

因为这个反应有卤仿生成，所以称为卤仿反应，例如和白色的次碘酸钠反应，乙醇首先生成乙醛，继续反应生成黄色的碘仿。

$$CH_3CH_2OH \xrightarrow{NaOI} CH_3CHO \xrightarrow{NaOI} HCOONa + CHI_3\downarrow$$
$$\text{碘仿(黄色)}$$

碘仿为黄色晶体，难溶于水，并有特殊气味，容易识别，因此可利用碘仿反应来鉴别乙醛、甲基酮以及含有 $\underset{CH_3CH—}{\overset{OH}{|}}$ 结构的醇。

三、氧化反应及鉴别

1. 与托伦（Tollens）试剂反应

托伦试剂又叫银氨溶液，是在硝酸银溶液中滴加氨水，直至生成的沉淀恰好溶解时所得的溶液。

做一做

银镜反应

在大试管中加入 0.05mol/L 硝酸银溶液 2mL，再加入 1.25mol/L 氢氧化钠溶液 1 滴，然后在振摇下滴加 0.5mol/L 的氨水，直至生成的沉淀恰好溶解为止，即得托伦试剂。把配好的托伦试剂分装在 4 只洁净的试管中，分别加入 2 滴甲醛、乙醛、丙酮、苯甲醛，摇匀后放在 60℃左右的水浴中加热。观察并解释发生的变化。

现象：在洁净的试管壁上形成光亮的银镜(图 9-3)。因此这一反应又称为银镜反应(图 9-4)。

图 9-3　银镜现象

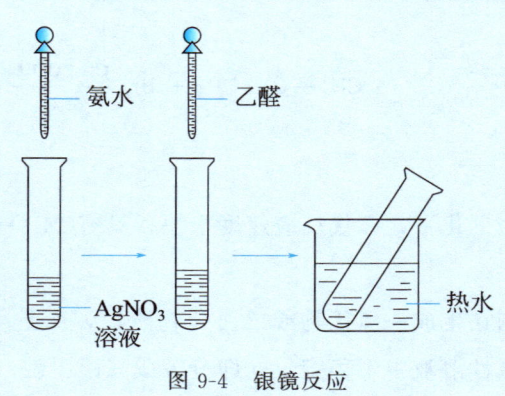

图 9-4　银镜反应

原理：

$$RCHO + 2\,[Ag(NH_3)_2]OH \xrightarrow{\triangle} RCOONH_4 + 2Ag\downarrow + 3NH_3\uparrow + H_2O$$

例如，与乙醛反应方程式为：

$$CH_3CHO + 2\,[Ag(NH_3)_2]OH \xrightarrow{\triangle} CH_3COOHNH_3 + 2Ag + 3NH_3 + H_2O$$

托伦试剂不能氧化碳碳双键和碳碳三键，选择性较好。工业上用它来氧化巴豆醛制取巴豆酸。

$$CH_3CH = CHCHO \xrightarrow{[Ag(NH_3)_2]OH} CH_3CH = CHCOOH$$

2. 与斐林试剂（Fehling）反应

斐林试剂是由硫酸铜与酒石酸钾钠的碱溶液等体积混合而成的蓝色溶液。

做一做

斐林反应

在 4 只试管中各加入 0.5mL 斐林试剂 A 和 0.5mL 斐林试剂 B，混匀后分别加入 5 滴甲醛、乙醛、丙酮、苯甲醛，充分振摇后，置于沸水浴中加热几分钟，取出观察现象差别，记录并解释原因。斐林试剂见图 9-5。

现象：生成砖红色沉淀氧化亚铜(图 9-6)。

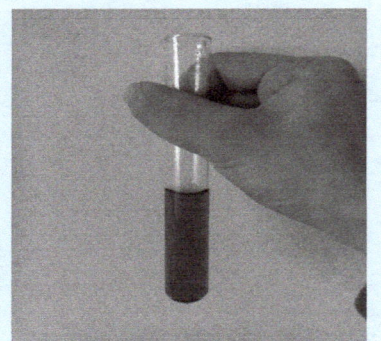

图 9-5　斐林试剂

图 9-6　氧化亚铜

原理：

$$RCHO + 2Cu(OH)_2 + NaOH \xrightarrow{\triangle} RCOONa + Cu_2O\downarrow + 3H_2O$$
$$\text{蓝色} \qquad\qquad\qquad\qquad\qquad \text{红色}$$

斐林试剂能将脂肪醛氧化成脂肪酸，同时二价铜离子被还原成砖红色的氧化亚铜沉淀。但斐林试剂不能氧化芳香醛。因此可用斐林反应来区别脂肪醛和芳香醛。

甲醛的还原性较强，与斐林试剂反应可生成铜镜，可借此性质鉴别甲醛和其他醛类。

$$HCHO + Cu(OH)_2 + NaOH \xrightarrow{\triangle} HCOONa + Cu\downarrow + 2H_2O$$

3. 与希夫试剂的反应

希夫试剂将二氧化硫通入品红（红色的染料）的水溶液中后，品红的红色褪去，得到的无色溶液称为希夫试剂。

做一做

在 3 只试管中，各加入 1mL 新配制的希夫试剂，再分别加入 3 滴甲醛、乙醛、丙酮，振摇后静置，观察溶液的颜色变化，然后在加入甲醛、乙醛的试管中各加入 1mL 浓硫酸，振摇后观察，比较两支试管中溶液的颜色变化。记录并解释原因。

现象：醛与希夫试剂作用可显紫红色。

该反应非常灵敏，因此可用于鉴别醛类化合物。使用希夫试剂时，溶液中不能有碱性物质和氧化剂，否则会消耗试剂中的亚硫酸，使溶液恢复品红的颜色，而出现假阳性。

四、还原反应

醛或酮都能很容易地被分别还原为伯醇或仲醇。

$$R - \overset{\overset{O}{\parallel}}{C} - H(R') \xrightarrow{[H]} R - \overset{\overset{OH}{|}}{C}H - H(R')$$

在不同的条件下，用不同的试剂可以得到不同的产物。

① 金属氢化物还原

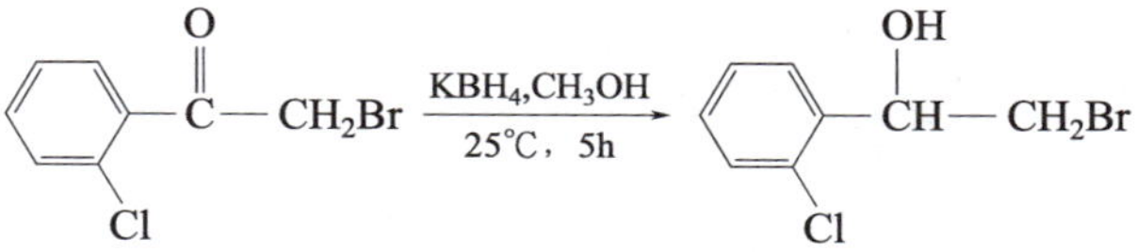

1-邻氯苯基-2-溴乙醇

② 催化加氢

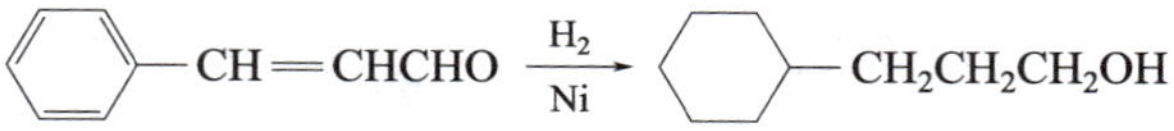

五、坎尼扎罗(Cannizzaro)反应

不含 α-氢原子的醛在浓碱作用下，能发生分子间的氧化还原反应，一分子醛被氧化成相应的羧酸（在碱溶液中以羧酸盐形式存在），另一分子的醛被还原为相应的醇，这种反应称为坎尼扎罗反应，又称为歧化反应。例如：

$$HCHO + HCHO \xrightarrow[\triangle]{浓NaOH} HCOONa + CH_3OH$$

若甲醛与其他不含 α-氢的醛作用，一般是甲醛被氧化成甲酸钠，例如：

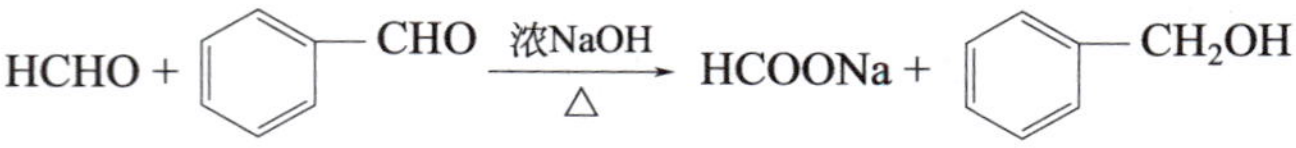

随堂练一练

一、选择题

1. 将一小块金属钠投入下列有机物中，能放出氢气的是（ ）。

A. 乙醇　　　　B. 乙醛　　　　C. 乙醚　　　　D. 苯酚

2. 醛可和下列物质中（　　）发生银镜反应。

A. 溴水　　　　　　B. 托伦试剂　　　　　C. 斐林试剂　　　　　D. 高锰酸钾溶液

3. 指出下列化合物中能发生斐林反应的是（　　）。

A. CH_3COCH_3　　　B. 苯酚　　　　　C. CH_3OH　　　　D. CH_3CHO

4. 下列物质能使溴水褪色且产生沉淀的是（　　）。

A. 苯　　　　　　　B. 甲苯　　　　　　C. 苯酚　　　　　　D. 乙醛

二、填空题

1. 银氨溶液的配制方法：在洁净的试管里加入 1mL _____ 溶液，然后一边摇动试管，一边 _____ 加入 _____，至最初产生的沉淀恰好 _____ 为止（这时得到的溶液称为银氨溶液）。

2.（1）乙醇生成乙醛的方程式 _____，属于 _____ 反应。

（2）乙醛生成乙醇的方程式 _____，属于 _____ 反应。

（3）乙醛生成乙酸的方程式 _____，属于 _____ 反应

 **有机化学实验室**

减压过滤

减压过滤也就是抽滤，是利用抽气泵使抽滤瓶中压强降低，以达到固液分离的目的的操作。其装置需要布氏漏斗、抽滤瓶、胶管、抽气泵、滤纸等。具体过程为：

① 安装仪器，检查布氏漏斗与抽滤瓶之间连接是否紧密，抽气泵连接口是否漏气；

② 修剪滤纸，使其略小于布氏漏斗，但要把所有的孔都覆盖住，并滴加蒸馏水使滤纸与漏斗连接紧密；

③ 将固液混合物转移到滤纸上；

④ 打开抽气泵开关，开始抽滤；

⑤ 过滤完之后，先拔掉抽滤瓶接管，后关抽气泵；

⑥ 尽量使要过滤的物质处在布氏漏斗中央，防止其未经过滤，直接通过漏斗和滤纸之间的缝隙流下。

注意事项：

① 剪滤纸　将滤纸经两次或三次对折，让尖端与漏斗圆心重合，以漏斗内径为标准，做记号。沿记号将滤纸剪成扇形，打开滤纸。如不圆，稍作修剪放入漏斗，试大小是否合适。滤纸要比漏斗内径略小，但又要能把全部瓷孔盖住。

② 过滤　过滤时一般先转移溶液，后转移沉淀或晶体，使过滤速度加快。转移溶液时，用玻璃棒引导，倒入溶液的量不要超过漏斗总容量的 2/3。

③ 抽滤时，布氏漏斗尖嘴要与抽气方向相反，避免溶液被吸走。

第三节

重要的醛和酮

　　世界无醛日启动仪式于 2015 年 4 月 26 日在上海隆重举行，这一天被定为首个世界无醛日，那么甲醛到底是什么物质呢？

　　甲醛，是一种对人类健康有着严重影响的化学物质，它极其容易挥发，形成游离性气体，从而成为空气污染，特别是室内空气污染的主要来源。由于监督的缺乏和技术的限制，甲醛虽然有害，却广泛运用于家庭装修和家具生产中，从而对人们，特别是对孕妇和小孩的健康形成极大的威胁，如图 9-7 所示。

图 9-7　隐形杀手

新知识

一、重要的醛

1. 甲醛（HCHO）

甲醛又称蚁醛，是最简单的醛，目前工业上以甲醇或天然气为原料经催化氧化来制取甲醛。

$$CH_3OH \ + \ \frac{1}{2}O_2 \ \xrightarrow[450\sim600℃]{Ag或Cu} \ HCHO \ + \ H_2O$$

甲醛在常温下是无色的有特殊刺激性气味的气体，沸点为 −21℃，易燃，与空气混合后遇火爆炸，爆炸范围为 7%～77%（体积分数）。

甲醛性质活泼，还原性较强，容易氧化。甲醛还容易发生自身的羰基加成生成聚合度不同的各类聚合物。例如，在常温下，甲醛气体能自动聚合为三聚甲醛。60%～65% 的甲醛水溶液在少量硫酸存在下煮沸，也可聚合为三聚甲醛。

$$3\ HCHO \ \underset{解聚}{\overset{聚合}{\rightleftharpoons}} \ \text{三聚甲醛结构式}$$

三聚甲醛

对接生产

甲醛易溶于水，它的 31% ～ 40% 水溶液(常含 8% 甲醇作稳定剂)称为"福尔马林"，常用作消毒剂和防腐剂，也可用作农药防治稻瘟病，原因是甲醛溶液能使蛋白质变性，致使细菌死亡，因而有消毒、防腐作用。甲醛有毒，对眼黏膜、皮肤都有刺激作用，过量吸入蒸气会引起中毒。甲醛还可用作色谱分析试剂。

2. 乙醛（CH_3CHO）

乙醛是一种无色、有刺激性气味、易挥发的液体，沸点为 21℃，可溶于水、氯仿和乙醇等溶剂中，比例模型如图 9-8 所示。

工业上常用乙烯直接氧化法、乙炔水合法、乙醇氧化法制备乙醛。其中，乙烯氧化法是生成乙醛的主要方法，将乙烯和空气（或氧气）通过氯化钯和氯化铜的水溶液，乙烯被氧化生成乙醛。

$$CH_2{=\!=}CH_2 + \frac{1}{2}O_2 \xrightarrow[100℃,\ 1MPa]{PdCl_2\text{-}CuCl_2} CH_3CHO$$

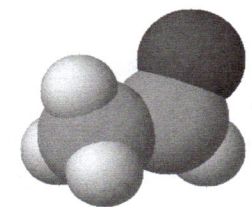

图 9-8　乙醛的比例模型

乙醛在三乙醇铝作用下，也可发生分子间的氧化和还原反应，但产物不是乙酸和乙醇，而是它们进一步的酯化产物——乙酸乙酯，这是工业上生产乙酸乙酯的方法之一。

$$CH_3CHO + CH_3CHO \xrightarrow{(C_2H_5O)_3Al} CH_3\overset{\overset{\displaystyle O}{\|}}{C}-OCH_2CH_3$$
乙酸乙酯

3. 苯甲醛（C_6H_5CHO）

苯甲醛又称苦杏仁油，是最简单的芳香醛。目前工业上常用甲苯在气相下氧化制取苯甲醛。也可用甲苯在光催化下发生侧链氯代生成苯二氯甲烷，然后在铁粉催化下，于 100℃ 时水解生成苯甲醛。它们的化学反应如下：

苯甲醛常与糖类物质结合存在于杏仁、桃仁等许多果实的种子中，尤以苦杏仁中含量最高，所以又将苯甲醛称为苦杏仁油。苯甲醛为无色液体，沸点为 179℃，微溶于水，易溶于乙醇和乙醚中。

苯甲醛很容易被空气氧化成白色苯甲酸晶体，因此保存苯甲醛时常加入少量的对苯二酚作为抗氧化剂。

苯甲醛在工业上是一种重要的化工原料，用于制备药物、染料、香料等。

二、重要的酮

1. 丙酮（CH_3COCH_3）

丙酮是无色、易燃、易挥发的具有清香气味的液体，沸点为 56℃，在空气中的爆炸极限为 2.55%～12.80%（体积分数）。丙酮是常用的有机溶剂，能溶解油脂、树脂、蜡和橡胶等许多物质。丙酮也是各种维生素和激素生产过程中的萃取剂。工业上除用淀粉发酵、异丙醇催化氧化或催化脱氢制备外，目前使用较多的是异丙苯氧化制苯酚和丙酮，也可由丙烯直接氧化制得：

$$CH_3CH = CH_2 + \frac{1}{2}O_2 \xrightarrow[90\sim120℃,\ 1MPa]{PdCl_2\text{-}CuCl_2} CH_3 - \overset{\overset{O}{\|}}{C} - CH_3$$

2. 环己酮（$C_6H_{10}O$）

环己酮可由苯酚催化加氢，再脱氢或由环己烷氧化而制得。目前工业上主要以环己烷为原料制取环己酮。环己酮具有一般酮的性质，如可以还原成醇、氧化成酸，也可与氢氰酸、羟胺等作用。例如：

$$\xrightarrow[或KMnO_4]{HNO_3} HOOC - (CH_2)_4 - COOH$$

环己酮是无色液体，沸点为 155.7 ℃，具有薄荷气味，微溶于水，易溶于乙醇和乙醚，本身也是一种常用的有机溶剂。环己酮最主要的用途是制备己二酸和己内酰胺。己二酸是生产尼龙-66 的单体，如图 9-9 所示。己内酰胺是生产尼龙-6 的单体，如图 9-10 所示。环己酮还可用作色谱分析标准物质用的气相色谱分析液。

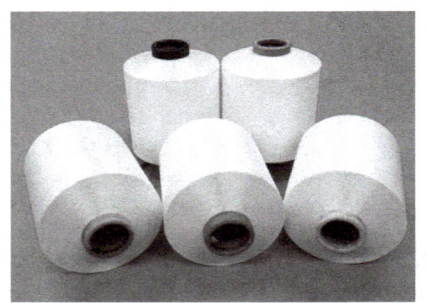

图 9-9　高强尼龙-66 丝　　　　　　　图 9-10　尼龙-6 弹力丝

随堂练一练

1. 甲醛的分子式为 _____，结构简式为 _____。乙醛分子式是 _____，结构简式为 _____，它的官能团是 _____。乙醛的化学性质很活泼，既能发生 _____ 反应，又能发生 _____。

2. 甲醛俗名为 _____，在常温下具有强烈的刺激性气味的 _____。35%～40%的甲醛水溶液俗称为 _____，可作消毒剂和 _____。

3. 乙醛是一种 _____ 色、有 _____ 气味、易 _____ 的液体，沸点为 21℃，可溶于水、氯仿和乙醇等溶剂中。

4. 工业上常用 _____、_____、乙醇氧化法制备乙醛。

5. 苯甲醛又称 _____，结构简式为 _____，是最简单的芳香醛。目前工业上常用甲苯在 _____ 制取苯甲醛。

6. 苯甲醛常与糖类物质结合存在于 _____、桃仁等许多果实的种子中，尤以 _____ 中含量最高，所以又将苯甲醛称为 _____ 油。

7. 丙酮是_____色、易燃、易_____的具有_____气味的液体，沸点为 56℃，在空气中的爆炸极限为 2.55%～12.80%（体积分数）。

8. 丙酮是常用的有机溶剂，能溶解油脂、树脂、蜡和橡胶等许多物质。丙酮也是各种_____和激素生产过程中的_____剂。

实验大爆发

醛和酮的性质实验

一、实验目的
① 加深对乙醛重要性质的认识；
② 掌握醛和酮的鉴别方法。

二、实验仪器、材料和药品
1. 实验仪器、材料

试管、烧杯、铁架台、石棉网、酒精灯、药匙、试管夹。

2. 药品

2%的 $AgNO_3$ 溶液、2%氨水、40%乙醛溶液、40%甲醛溶液、10% NaOH、5% $CuSO_4$ 溶液、品红试剂、丙酮。

三、实验内容
1. 银镜反应

在试管里先注入少量 NaOH 溶液，振荡，然后加热煮沸。把 NaOH 溶液倒去后，再用蒸馏水洗净试管备用。在上面洗净的试管里注入 1mL $AgNO_3$ 溶液，然后逐滴滴入氨水，边滴边振荡，直到最初生成的沉淀刚好溶解为止。然后，沿试管壁滴入 3 滴乙醛溶液，把试管放在盛有热水（60～70℃）的烧杯中水浴加热，静置几分钟，观察试管内壁有无银镜产生。解释原因，并写出反应的化学方程式。

2. 乙醛被新制的 $Cu(OH)_2$ 氧化

在试管中注入 2mLNaOH 溶液，再滴入 $CuSO_4$ 溶液 4～5 滴，振荡。然后加入 0.5mL 乙醛稀溶液，加热试管中的液体至沸腾，观察有无红色沉淀产生。解释原因，并写出反应的化学方程式。

3. 乙醛和品红试剂的反应

在三支试管中分别加入 1mL 品红试剂，再分别滴入 3～4 滴 40%甲醛溶液、40%乙醛溶液和丙酮，摇匀后静置几分钟，观察溶液颜色的变化。

然后在加入甲醛、乙醛的试管中分别滴入 0.5mL 浓硫酸，振荡后观察溶液的颜色有无变化。

四、注意事项
① 如果要让反应现象明显，生成的银镜洁净明亮，反应中所用的试管必须洗涤得非常干净，否则只要有极少的污秽都会使金属银不能附着在管壁上形成银镜，而以黑色粉末状金属银沉淀析出。

② 若得到的沉淀是红里带黑，则可能是由于氢氧化铜沉淀受热分解为氧化铜。

③ 制品红试剂最快的方法是在品红溶液中通入 SO_2 气体，使品红溶液的桃红色褪去，即制得品红试剂。

随堂练一练

1. 做银镜反应实验用的试管，为什么要用热的 NaOH 溶液洗涤？
2. 在三支试管里，分别盛有乙醇、乙酸、乙醛，请用简便方法区别，写出有关方程式。

拓展视野

树莓酮——植物清脂软黄金

　　日本熊本大学专家发现，树莓的芳香成分树莓酮能促进人体基础代谢，具有降低体内脂肪含量的作用，有助于缓解肥胖和治疗因肥胖导致的疾病。该大学铃木公教授领导的研究小组在实验时，让 1074 名女性每天服用 200mg 树莓酮，连续服用六周，然后检测其体内脂肪含量。结果表明，每个实验对象树莓的基础代谢量平均提高了 8.9%，体重人均减少了 1.3%，体内脂肪含量平均下降了 2.2%，腰围平均减少了 1.5cm，双臂、大腿等囤积的脂肪明显消减。铃木教授认为，实验结果说明树莓酮促使皮下脂肪减少的效果和减少内脏脂肪的效果均十分突出，对身材偏胖的中老年人进行的相同实验表明，树莓酮有助于防止肥胖，缓解由肥胖引起的高血脂等疾病。树莓见图 9-11。树莓酮见图 9-12。

图 9-11　树莓

树莓酮

图 9-12　树莓酮

本章小结

基本概念

　　羰基：碳原子与氧原子以双键相结合形成的基团。

　　羰基化合物：含有羰基的有机化合物，统称为羰基化合物。

　　醛：羰基分别与烃基和氢原子相连的化合物称为醛。

　　酮：羰基与两个烃基相连的称为酮。

　　氨的衍生物：氨分子中氢原子被其他原子或基团取代后生成的化合物称为氨的衍生物。

　　羰基试剂：有机分析中常将氨的衍生物称为羰基试剂。

　　α-氢原子：有机分子中与官能团直接相连的碳上的氢原子称为 α-氢原子。

　　卤仿反应：有卤仿生成的反应称为卤仿反应。

　　托伦试剂：又叫银氨溶液，是在硝酸银溶液中滴加氨水，直至生成的沉淀恰好溶解时所得的溶液。

斐林试剂：由硫酸铜与酒石酸钾钠的碱溶液等体积混合而成的蓝色溶液。

希夫试剂：将二氧化硫通入品红（红色的染料）的水溶液中后，品红的红色褪去，得到的无色溶液称为希夫试剂。

坎尼扎罗反应：不含 α-氢原子的醛在浓碱作用下，能发生分子间的氧化还原反应，一分子醛被氧化成相应的羧酸（在碱溶液中以羧酸盐形式存在），另一分子的醛被还原为相应的醇，这种反应称为坎尼扎罗反应，又叫歧化反应。

醛酮分类

一、按烃基类型不同

分为：脂肪醛（酮）、脂环醛（酮）、芳香醛（酮）。

二、按烃基中是否含不饱和键

分为：饱和醛（酮）、不饱和醛（酮）。

三、按分子中羰基数目

分为：一元醛（酮）、二元醛（酮）、多元醛（酮）。

醛酮命名

一、习惯命名法

醛的习惯命名法与醇相似，只需将"醇"字改为"醛"字即可。

二、系统命名法

① 选择含羰基的最长碳链作为主链，根据主链碳原子数目叫"某醛"或"某酮"。

② 酮是从靠近羰基的一端开始编号，醛是从醛基碳原子开始编号（编号可用阿拉伯数字也可用希腊字母表示，靠近羰基的碳原子为 α-碳）。

③ 酮羰基（除丙酮、丁酮）要标明羰基碳的位置。

④ 分子中若连有支链或取代基时，将它们的位次、数目、名称写在某醛（酮）的前面。

醛酮的化学性质

一、羰基的加成反应

1. 与氢氰酸加成

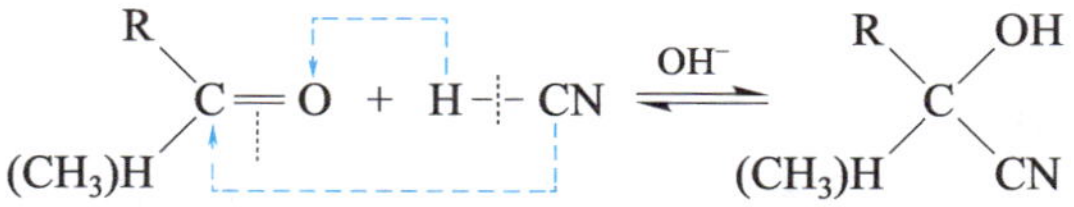

α-羟基腈(氰醇)

2. 与醇加成

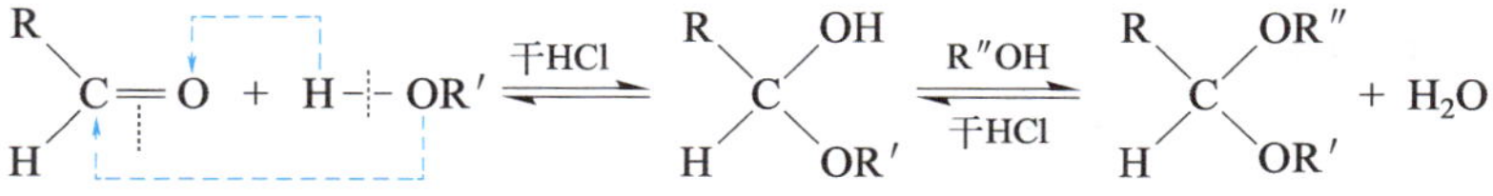

（半缩醛）　　（缩醛）

3. 与格氏试剂加成

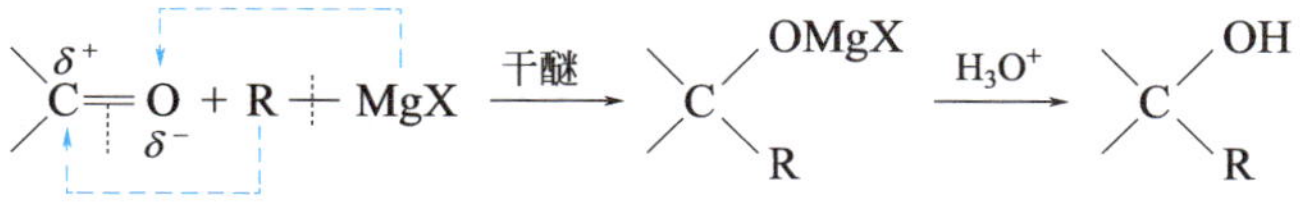

4. 与氨的衍生物加成

$$\text{C=O} + \text{H—N—Y} \xrightarrow{\text{加成}} \left[-\text{C—N—Y} \right] \xrightarrow{-H_2O} \text{C=N—Y}$$

不稳定

二、α-氢原子的反应

$$CH_3CHO \xrightarrow[H_2O]{Cl_2} CH_2ClCHO \xrightarrow{Cl_2} CHCl_2CHO \xrightarrow{Cl_2} CCl_3CHO$$

三氯乙醛

三、氧化反应及鉴别

1. 托伦反应

$$RCHO + 2[Ag(NH_3)_2]OH \longrightarrow RCOONH_4 + 2Ag\downarrow + 3NH_3\uparrow + H_2O$$

2. 斐林反应

$$RCHO + 2Cu(OH)_2 + NaOH \xrightarrow{\triangle} RCOONa + Cu_2O\downarrow + 3H_2O$$

3. 希夫反应

现象为紫红色，用于鉴别醛类。

四、还原反应

还原成醇

$$R—\overset{O}{\underset{\|}{C}}—H(R') \xrightarrow{[H]} R—\overset{OH}{\underset{|}{CH}}—H(R')$$

五、坎尼扎罗（Cannizzaro）反应

$$HCHO + HCHO \xrightarrow[\triangle]{浓NaOH} HCOONa + CH_3OH$$

重要的醛酮

一、重要的醛

1. 甲醛（HCHO）

甲醛又称蚁醛，是最简单的醛。

2. 乙醛（CH_3CHO）

乙醛是一种无色、有刺激性气味、易挥发的液体，乙醛是重要的工业原料，可用于制造乙酸、乙醇和季戊四醇等。

3. 苯甲醛（C_6H_5CHO）

苯甲醛又称苦杏仁油，是最简单的芳香醛。苯甲醛在工业上是一种重要的化工原料，用于制备药物、染料、香料等。

二、重要的酮

1. 丙酮（CH_3COCH_3）

丙酮是无色、易燃、易挥发的具有清香气味的液体。

2. 环己酮（$C_6H_{10}O$）

环己酮是无色液体，具有薄荷气味。

第十章

羧酸及其衍生物

　　体育课结束了，口渴的同学们都去超市购买饮料，又解渴又解暑。正在这时，王伟忽然问大家："你们看饮料瓶上的标签？我这上面有蔗糖、柠檬酸、色素，你们的呢？"同学们一下子来了兴趣，纷纷研究起自己的饮料瓶子来。最终，大家发现，每种饮料中，都有柠檬酸这种物质，见图 10-1。这个柠檬酸到底是什么呢？在饮料中又起到什么作用呢？

图 10-1　含有柠檬酸的饮料

　　① 认识羧酸的结构；
　　② 知道羧酸的通式，能运用习惯命名法和系统命名法给羧酸命名；
　　③ 了解羧酸的酸性和重要的化学反应；
　　④ 了解羧酸的衍生物；
　　⑤ 知道几种重要羧酸及其物理性质。

第一节

羧酸

一、认识羧酸

🔵 新概念

羧（suō）基的定义　有机化学中，把一个羰基和一个羟基组成的一价基团称为羧基。

羧基的构造式为 $-\overset{\overset{\displaystyle O}{\|}}{C}-OH$，也可简写为 $-COOH$。

羧酸定义　羧酸就是烃基和羧基相连接的化合物，常用通式 RCOOH（R 代表烃基或氢原子）和 ArCOOH（Ar 代表含有苯环的芳香基）来表示，$-COOH$ 是羧酸的官能团。

🔵 新知识

羧酸可以表示为 $R-\overset{\overset{\displaystyle O}{\|}}{C}-OH$，R 代表烃基或氢原子。当 R 为 H 时，构造式为 $H-\overset{\overset{\displaystyle O}{\|}}{C}-OH$，此时代表化合物甲酸；当 R 为乙基时，构造式为 $C_2H_5-\overset{\overset{\displaystyle O}{\|}}{C}-OH$，此时代表化合物丙酸。饱和羧酸的通式是 $C_nH_{2n}O_2$。

乙酸的分子模型见图 10-2。

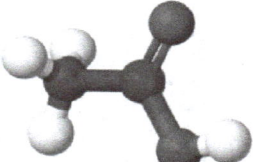
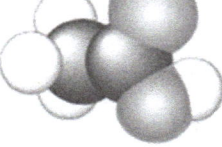

(a) 乙酸分子的球棍模型　　(b) 乙酸的比例模型

图 10-2　乙酸的分子模型

对接生产 ⚠

乙酸工业发展历史

乙酸，也称为醋酸，是食醋的主要成分。古代山西运城有个酿酒高手名字叫杜康，杜康的儿子名叫黑塔，从小就跟随父亲学习酿酒技术。有一次酿酒之后，他发觉酿酒的废料酒糟直接扔掉有点可惜，就把酒糟顺手浸泡在水缸里，之后就忘记了这件事。到了第二十一天之后的酉时，他才想起来，赶紧打开水缸，却有一股浓郁的香气扑鼻而来。黑塔把"二十一日"加"酉"字合起来命名这种酸水为"醋"，这就是醋的来历，见图 10-3。

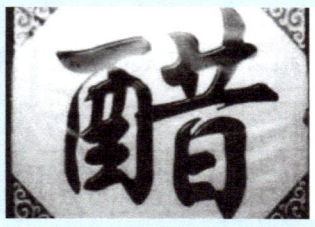

图 10-3　食醋的来历

读一读

中国人厨房里的宝贝——醋

　　说起味道，我们说"酸甜苦辣咸"，酸味列为第一，说明酸味之重要。食醋是给予食物酸味最常用的调味品，我国各地著名的醋也很多，其中山西老陈醋、镇江香醋尤为有名。山西的老陈醋产于太原清徐县，为我国传统"四大名醋"之一。老陈醋色泽黑紫，质地浓稠，除具有醇酸、清香、味长三大优点外，还有香绵、不沉淀、久存不变质的特点。而镇江香醋有一种独特的香气，味道与山西老陈醋相比，特点在于微甜。吃醋可以维持人体内的酸碱平衡，有利于身体健康。北方人喜欢吃面食，而面食相对难消化，吃醋能增加身体的胃液酸度，有助面食的消化吸收。除此以外，醋还有软化血管、降低血压、增加人体微量元素等好处。醋有这么多的作用，大家可以多多尝试。

随堂练一练

1. 乙酸的分子式是_____，羧酸的通式是_____。
2. 含有_____这种官能团的化合物称为羧酸。
3. 下列物质中属于羧酸的是（　　）。

A. CH_3OH　　　　　B. CH_3COOH　　　　　C. CH_4　　　　　D. CH_3CH_2OH

二、羧酸的分类、构造异构和命名

新知识

1. 羧酸的分类

① 根据连接羧基的烃基种类的不同，羧酸可分为脂肪族羧酸、脂环族羧酸和芳香族羧酸。如：

CH_3COOH
乙酸（脂肪族羧酸）　　　　环己烷甲酸（脂环族羧酸） 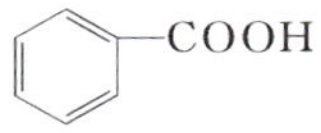　　　　苯甲酸（芳香族羧酸）

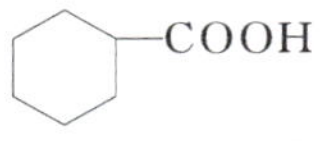

② 根据烃基是否饱和，羧酸可分为不饱和羧酸和饱和羧酸。

CH_3CH_2COOH　　　　　$CH_2{=}CH{-}COOH$
丙酸（饱和羧酸）　　　　　丙烯酸（不饱和羧酸）

③ 根据分子中所含有羧基数目的不同，羧酸分为一元羧酸、二元羧酸、三元羧酸。二元以上的羧酸又称为多元羧酸。

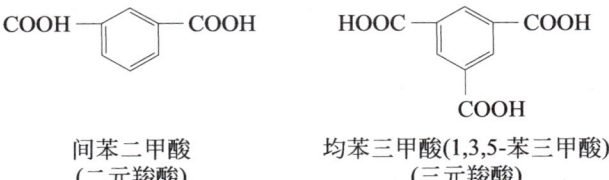

间苯二甲酸　　　　　均苯三甲酸(1,3,5-苯三甲酸)
（二元羧酸）　　　　　　（三元羧酸）

2. 羧酸和醛的构造异构体的关系

脂肪族羧酸是由相应的脂肪醛氧化得到的，所以含有相同数目碳原子的羧酸和醛，他们的异构体数目是相同的。

▶▶▶ **理论剖析助手**

分子式为 $C_5H_{10}O_2$ 的羧酸类化合物的构造异构体有哪几种？

分析与解答

羧酸数量与醛的数量一样，因为羧酸都是由醛氧化得到的。

（1）首先分析直链羧酸异构　写出最长的直链碳骨架，直链碳骨架包含五个碳原子：

$$CH_3CH_2CH_2CH_2—COOH$$

正戊酸

写出少一个碳原子的直链作主链，即主链上有四个碳原子，剩余的一个碳原子作为支链取代基：

$$CH_3CHCH_2—COOH \qquad CH_3CH_2CH—COOH$$
$$\quad\quad | \qquad\qquad\qquad\qquad\qquad |$$
$$\quad\quad CH_3 \qquad\qquad\qquad\qquad\quad CH_3$$

3-甲基丁酸　　　　　　　　　2-甲基丁酸

写出少两个碳原子的直链作主链，即主链上有三个碳原子，剩余的两个碳原子作为支链取代基：

$$\qquad CH_3$$
$$\qquad |$$
$$CH_3C—COOH$$
$$\qquad |$$
$$\qquad CH_3$$

2,2-二甲基丙酸

（2）环状碳链异构　先写出四元环结构的环状碳链，即环状链上有四个碳原子：

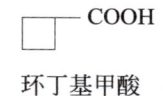

环丁基甲酸

再写出三元环结构的环状碳链，即环状链上有三个碳原子，剩余两个碳原子作为取代基：

$$CH_3 \triangle—COOH \qquad\qquad \triangle—COOH$$
$$\qquad\qquad\qquad\qquad\qquad —CH_3$$

1-甲基环丙甲酸　　　　　　　2-甲基环丙甲酸

注意：支链不能连接在端位的碳原子上；支链的位置可能产生构造式相同的物质，只能保留一种，其余舍去。

3. 羧酸的命名

很多羧酸都是从自然界中得到或发现的，因此，常根据来源命名，也就是俗名。例如：甲酸俗名蚁酸，乙酸俗名醋酸，丙酸俗名初油酸，乙二酸俗名草酸等。普通命名法优点是简单方便，缺点是只能用于化学结构比较简单的羧酸，对于结构比较复杂的羧酸则必须采用系统命名法。羧酸系统命名法有以下几个方面。

(1) 一元羧酸的命名原则　与醛类似，具体有如下步骤。

① 先选择含有羧基的最长碳链为主链。

② 根据主链碳原子数称为某酸。

③ 从含有羧基的一端开始编号，若有支链和取代基时，将它们的位次、数目和名称写在某酸前面。

④ 主链碳原子的位次编号也可用希腊字母（α、β、γ、δ……）表示。与羧基直接相连的第一个碳原子为 α 位，其他碳原子依次编号为 β、γ、δ 等。例如：

$$\overset{4}{\underset{\gamma}{CH_3}}-\overset{3}{\underset{\beta}{CH}}-\overset{2}{\underset{\alpha}{CH_2}}-\overset{1}{COOH}$$
$$|$$
$$CH_3$$

$$\overset{3}{\underset{\beta}{CH_3}}-\overset{2}{\underset{\alpha}{CH}}-\overset{1}{COOH}$$
$$|$$
$$CH_3$$

$$\overset{4}{CH_3}-\overset{3}{\underset{\beta}{CH_2}}-\overset{2}{\underset{\alpha}{CH}}-\overset{1}{COOH}$$
$$|\qquad|$$
$$CH_3\quad CH_3$$

3-甲基丁酸　　　　2-甲基丙酸　　　　2,3-二甲基丁酸
β-甲基丁酸　　　　α-甲基丙酸　　　　α,β-二甲基丁酸

[2] 不饱和羧酸的命名原则　选择包括羧基和不饱和键在内的最长碳链为主链，从靠近羧基端开始编号，称为"某烯酸"或"某炔酸"。

$$\overset{4}{CH_3}-\overset{3}{CH}=\overset{2}{C}-\overset{1}{COOH}$$
$$|$$
$$CH_3$$

$$\overset{5}{CH_3}-\overset{4}{C}\equiv\overset{3}{C}-\overset{2}{CH}-\overset{1}{COOH}$$
$$|$$
$$CH_3$$

2-甲基-2-丁烯酸　　　　　　　　2-甲基-3-戊炔酸

[3] 二元羧酸的命名原则　选择含有两个羧基的最长碳链作为主链，根据主链上碳原子数目称为"某二酸"；芳香族和脂环族二元酸必须标明两个羧基的位次。

$$COOH-CH_3-CH_2-COOH$$

丁二酸

[4] 芳香酸的命名原则　芳香酸分为两类，其中一类是羧基连在芳环上，另一类是羧基连在侧链上。第一类以苯甲酸为母体，环上其他基团作为取代基来命名，第二类以脂肪酸为母体，芳基作为取代基来命名。

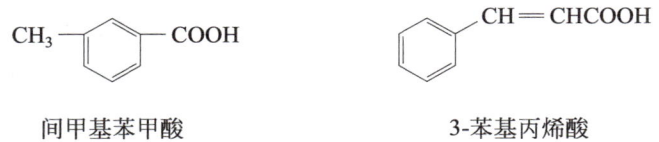

间甲基苯甲酸　　　　　　　　　3-苯基丙烯酸

▌▶ 理论剖析助手

用系统命名法命名下列化合物。

（1）
$$CH_3CH-CH_2-COOH$$
$$|$$
$$CH_2CH_3$$

分析与解答

找出含有羧基最长的碳链作为主链：

$$CH_3$$
$$|$$
$$CH_2$$
$$|$$
$$CH_3-CH\leftarrow CH_2-COOH$$

上式中包含羧基的最长碳链有 5 个碳原子，因此该化合物为戊酸。给主链编号：

$$
\begin{array}{c}
^5CH_3 \\
| \\
^4CH_2 \\
| \\
CH_3 - \overset{3}{C}H - \overset{2}{C}H_2 - \overset{1}{C}OOH
\end{array}
$$

从含有羧基的一端开始编号，依次用阿拉伯数字1，2，3，4，5进行编号，取代基的位次在主链第3位碳原子上，取代基位次是3。该物质名称为3-甲基戊酸。

（2） $CH_3 - \overset{\underset{|}{CH_3}}{C} = CH - COOH$

分析与解答

找出含有羧基最长的碳链作为主链（同时含有羧基和双键的最长碳链为主链）：

$$
CH_3 - \overset{\underset{|}{CH_3}}{C} = CH - COOH
$$

主链上共有四个碳原子，有一个羧基和双键，根据主链碳原子数确定为丁烯酸；

给主链上碳原子编号：

$$
\overset{4}{CH_3} - \overset{\overset{CH_3}{|}}{\overset{3}{C}} = \overset{2}{CH} - \overset{1}{COOH}
$$

从羧基一端开始编号，依次用阿拉伯数字1，2，3，4进行编号，取代基位次用3表示，双键的位次用2表示。该物质名称为3-甲基-2-丁烯酸。

（3）
$$
\begin{array}{c}
\text{—COOH} \\
\text{—CH}_2\text{—CH}_3
\end{array}
$$

分析与解答

首先，确定羧基是直接连在脂肪环上，以脂肪烃甲酸为母体，乙基为取代基，脂肪环为六元环，称为环己烷甲酸。其次，取代基在邻位，将邻位乙基写在主体前面。此物质命名为邻乙基环己烷甲酸。

（4）
$$
\text{—CH} = \text{CH} - \text{COOH}
$$

分析与解答

首先，苯环没有直接与羧基相连，这种情况以脂肪酸为母体，把苯环作为取代基。其次，给主链上碳原子编号：

$$
\overset{3}{CH} = \overset{2}{CH} - \overset{1}{COOH}
$$

苯环作为取代基在3位，此物质名称为3-苯基丙烯酸。

🌀 随堂练一练

一、判断对错

1. 戊醛与戊酸的异构体数目一样多，都是五种。 （ ）

2. 甲酸的俗名是醋酸。 （ ）

3. 羧酸命名时，先选择最长碳链为主链。 （ ）

二、用系统命名法命名下列化合物

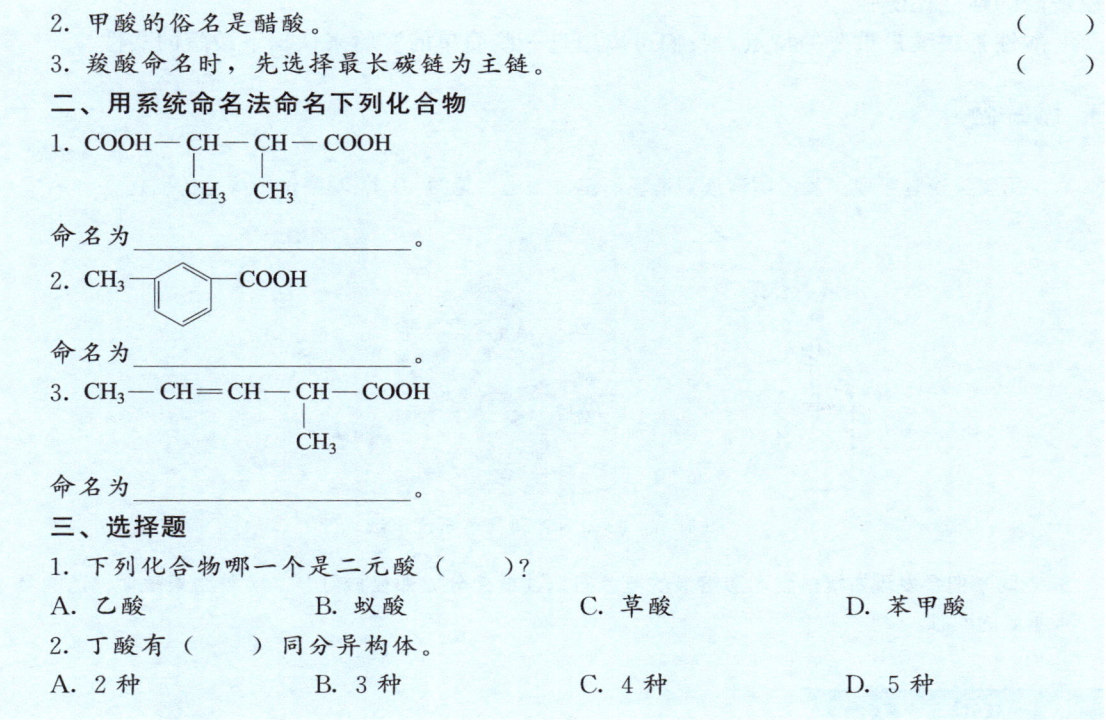

1. COOH—CH—CH—COOH
　　　　　|　　|
　　　　 CH₃　CH₃

命名为 _____。

2. CH₃——〈苯环〉——COOH

命名为 _____。

3. CH₃—CH=CH—CH—COOH
　　　　　　　　　|
　　　　　　　　 CH₃

命名为 _____。

三、选择题

1. 下列化合物哪一个是二元酸（ 　　 ）？

A. 乙酸 　　　　　 B. 蚁酸 　　　　 C. 草酸 　　　　 D. 苯甲酸

2. 丁酸有（ 　 ）同分异构体。

A. 2 种 　　　　　 B. 3 种 　　　　 C. 4 种 　　　　 D. 5 种

第二节

羧酸的化学性质

你知道羧酸的物理性质吗？

　　物态　常温常压下，饱和一元羧酸中，甲酸、乙酸、丙酸是无色并有刺激性酸味的液体；$C_4 \sim C_{10}$ 的直链羧酸是具有腐败气味的油状液体，C_{10} 以上的羧酸都是无味的蜡状固体。脂肪族二元羧酸和芳香羧酸均为晶体。

　　熔点　直链饱和脂肪酸的熔点随分子量的增大而升高，熔点随碳原子数增加而呈锯齿形变化，偶数碳原子数的羧酸比相邻奇数碳原子数羧酸的熔点高。

　　沸点　羧酸分子间能形成氢键，比醇分子间的氢键更强，所以羧酸的沸点比分子量相近的醇高。

　　升华特性　芳香羧酸一般有升华特性，有些能随水蒸气挥发，可利用这些特性分离和精制芳香羧酸。

🔷 **新知识**

一、羧酸的酸性

　　羧基是羧酸的官能团，羧基中的羟基受到羰基的影响，导致羟基中的氢原子容易离解，使羧酸的酸性比醇强。

　　酸性是羧酸最重要的特点，我们可以通过一些简单的实验来认识下羧酸的酸性。

做一做

　　用胶头滴管吸取少量乙酸溶液到蓝色石蕊试纸上，见图 10-4，观察试纸颜色的变化。

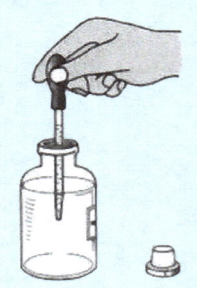 

图 10-4　胶头滴管和蓝色石蕊试纸

　　同学们会发现：接触到乙酸溶液的蓝色石蕊试纸部分立即变成红色。实验结果表明，乙酸具有明显的酸性。

 **读一读**

什么是酸碱试纸？

　　蓝色石蕊试纸，是一种酸碱试纸。酸碱试纸分石蕊试纸和广用试纸两种，用来检测溶液的酸碱性。石蕊试纸是将纸张浸入含石蕊试剂的溶液中制成。石蕊试纸在酸性液中呈红色，在碱性液中呈蓝色。如果要检测酸性溶液时应用蓝色石蕊试纸，检测碱性溶液时则用红色石蕊试纸。广泛试纸(图 10-5)则是由数种指示剂混合成的混合指示剂浸染而成，其变色范围从酸至碱有红橙黄绿蓝各色连续变化，所以比石蕊试纸更准确地指出酸碱度的强弱程度。有一点需要注意，酸碱试纸在干燥时无法检验干燥气体的酸碱性，故若要检验气体的酸碱性必须先将试纸润湿，才会产生反应。

图 10-5　广泛试纸

一般采用电离常数 K_a 的负对数 pK_a 来表示羧酸的酸性强弱，pK_a 越大，酸性越弱，反之，pK_a 越小，酸性越强。

表 10-1 是一些常见的羧酸的 pK_a 值。

表 10-1　常见羧酸的电离平衡常数

名称（俗名）	pK_a	名称（俗名）	pK_a	名称（俗名）	pK_a
甲酸（蚁酸）	3.77	丁酸（酪酸）	4.82	苯甲酸（安息香酸）	4.17
乙酸（醋酸）	4.76	十六酸（软脂酸）	—	乙二酸（草酸）	1.46 4.40
丙酸（初油酸）	4.88	十八酸（硬脂酸）	6.37	丁二酸（琥珀酸）	4.2 5.6

想一想

如果用干净的玻璃棒分别蘸取三种未知溶液(乙酸、甲酸、硬脂酸)于广用试纸上，请问能否分辨出为哪种羧酸？

做一做

准备两支试管，分别预先配好塞子和导管。两支试管分别加入 20% 的乙酸溶液 15mL，再向其中一支试管中加入 1g 碳酸钠，另一支试管中加入 2g 碳酸氢钠，塞好塞子，并将导管插入装有 10mL 澄清石灰水的试管中。加入反应试管，当有连续气泡出现后，可看到石灰水逐渐浑浊，出现白色的碳酸钙沉淀。

实验表明，羧酸能与碳酸钠及碳酸氢钠反应成盐，并放出二氧化碳气体。

这个实验中包括以下一些反应：

$$2RCOOH + Na_2CO_3 \longrightarrow 2RCOONa + CO_2\uparrow + H_2O$$
$$RCOOH + NaHCO_3 \longrightarrow RCOONa + CO_2\uparrow + H_2O$$

羧酸的钠盐与无机酸盐的性质相同，易溶于水，不能挥发，加入无机强酸又可使盐转变为羧酸析出。

$$RCOONa + HCl \longrightarrow RCOOH + NaCl$$

实验说明，羧酸具有弱酸性，酸性强于碳酸($pK_a = 6.37$)。

羧酸与碳酸钠、碳酸氢钠反应放出二氧化碳，可用此性质鉴别羧酸；羧酸盐与无机强酸反应后转化回羧酸的性质，可应用于羧酸与醇类、胺类、酚类等化合物的分离。

不同构造的羧酸，因与羧基所连基团不同，羧酸的酸性强弱不同，规律总结如下：

① 羧基连接供电子基（如烷基）时，会增大羧基中羟基氧原子的电子密度，增强对氢原子的吸引力，不利于羟基中氢原子的解离，因而减弱其酸性。例如，在所有饱和一元羧酸中，酸性最强的是甲酸，原因是甲酸中羟基与氢原子相连，而其余羧酸与烷基相连，烷基为

供电子基团，因而甲酸比其余羧酸的酸性强。

酸性依次减弱 →

	HCOOH	CH$_3$COOH	CH$_3$CH$_2$COOH
pK_a	3.77	4.76	4.88

② 当与羧基直接相连的烃基上连有吸电子的原子和基团（—X、—NO$_2$、—OH 等）时，有利于此羟基中氢原子的解离，故其酸性增强，分别有以下两种情况：

a. 取代乙酸的氯原子数目越多，生成的氯代乙酸酸性越强。酸性：

Cl$_3$CCOOH（三氯乙酸）＞Cl$_2$CHCOOH（二氯乙酸）＞ClCH$_2$COOH（一氯乙酸）＞CH$_3$COOH（乙酸）

b. 丁酸中不同氢原子（如 α-H、β-H、γ-H 等）被一个氯原子取代后，所得一氯代丁酸中，氯原子离羧基越近，酸性越强。酸性强弱顺序：

$$\underset{\underset{\text{Cl}}{|}}{\overset{\alpha}{\text{CH}_3\text{CH}_2\text{CHCOOH}}} > \underset{\underset{\text{Cl}}{|}}{\overset{\beta}{\text{CH}_3\text{CHCH}_2\text{COOH}}} > \underset{\underset{\text{Cl}}{|}}{\overset{\gamma}{\text{CH}_2\text{CH}_2\text{CH}_2\text{COOH}}}$$

一些常见取代基的吸（供）电子能力强弱能力：

吸电子基：—NO$_2$＞—COOH＞—F＞—Cl＞—Br＞—I＞—OR＞—OH＞—C$_6$H$_5$＞—H

供电子基（CH$_3$）$_3$C—＞（CH$_3$）$_2$CH—＞CH$_3$CH$_2$—＞CH$_3$—＞H—

随堂练一练

一、填空题

1. 甲酸、乙酸都＿＿＿＿＿＿溶于水。

2. 羧酸分子中的烃基上的氢原子被＿＿＿＿＿＿或＿＿＿＿＿＿的基团（原子）取代后，可使其酸性＿＿＿＿＿＿或＿＿＿＿＿＿。

二、将下列化合物按照酸性由弱到强顺序排列

1. Cl$_3$CCOOH、Cl$_2$CHCOOH、ClCH$_2$COOH、CH$_3$CH$_2$COOH

2. H$_2$O、C$_2$H$_5$OH、CH$_3$COOH、NH$_3$、H$_2$CO$_3$、HCOOH

3. NO$_2$—〇—COOH　　〇—COOH　　CH$_3$—〇—COOH

二、羟基的取代反应（羧酸衍生物的生成）

在不同的条件下，羧基中的羟基可以被卤原子（—Cl、—Br、—I）、酰氧基（R—$\overset{\text{O}}{\underset{\|}{\text{C}}}$—O—）、烷氧基（—OR）和氨基（—NH$_2$）取代，生成酰卤、酰酐、酯和酰胺等羧酸衍生物。

1. 酰卤的生成

有机合成中，羧酸与三氯化磷、五氯化磷和亚硫酰氯反应都能生成酰氯。

$$3\text{R}-\overset{\text{O}}{\underset{\|}{\text{C}}}-\text{OH} + \text{PCl}_3 \longrightarrow 3\text{R}-\overset{\text{O}}{\underset{\|}{\text{C}}}-\text{Cl} + \text{H}_3\text{PO}_3$$

例如：$CH_3—\overset{\overset{O}{\|}}{C}—OH + PCl_3 \longrightarrow 3CH_3—\overset{\overset{O}{\|}}{C}—Cl + H_3PO_3$

乙酰氯

$R—\overset{\overset{O}{\|}}{C}—OH + SOCl_2 \longrightarrow R—\overset{\overset{O}{\|}}{C}—Cl + SO_2\uparrow + HCl\uparrow$

亚硫酰氯与羧酸反应，生成的产物除了酰卤外，其余都是气体，利于分离提纯，并且产率高，所以亚硫酰氯是制备酰氯常用的试剂。

2. 酸酐的生成

$R—\overset{\overset{O}{\|}}{C}—OH + HO—\overset{\overset{O}{\|}}{C}—R \xrightarrow[\text{加热}]{P_2O_5} R—\overset{\overset{O}{\|}}{C}—O—\overset{\overset{O}{\|}}{C}—R + H_2O$

羧酸（除甲酸）与脱水剂 P_2O_5 共热，分子间脱水生成酸酐。

3. 酯的生成

$R—\overset{\overset{O}{\|}}{C}—OH + HOR' \underset{}{\overset{H^+}{\rightleftharpoons}} R—\overset{\overset{O}{\|}}{C}—OR' + H_2O$

羧酸与醇在酸性环境下发生酯化反应，生成有机酸酯。本反应为可逆反应，为提高酯的产率，可以加入过量的酸或醇。

4. 酰胺的生成

$R—\overset{\overset{O}{\|}}{C}—OH + NH_3 \longrightarrow R—\overset{\overset{O}{\|}}{C}—ONH_4 \xrightarrow{\text{加热}} R—\overset{\overset{O}{\|}}{C}—NH_2 + H_2O$

此反应先生成羧酸铵盐，加热后，最终生成酰胺。

> ▶▶▶ **理论剖析助手**

以丙醇为原料，合成丙酰氯。

分析与解答

审题后确定丙酰氯是一种羧酸衍生物，在前文内容介绍酰氯的合成方法是羧酸与三氯化磷、五氯化磷和亚硫酰氯反应生成酰氯。已知合成材料是丙醇而不是羧酸，所以需要先将丙醇氧化成丙醛再氧化成丙酸，将丙酸再进行酰氯的合成。具体方法如下。

第一步　先将丙醇在高锰酸钾和浓硫酸的作用下氧化成醛，最终被氧化成丙酸。

$$CH_3CH_2CH_2OH \xrightarrow{K_2Cr_2O_7 + H_2SO_4} CH_3CH_2COOH$$

第二步　丙酸与亚硫酰氯反应，生成的产物为丙酰氯。

$$CH_3CH_2—\overset{\overset{O}{\|}}{C}—OH + SOCl_2 \longrightarrow CH_3CH_2—\overset{\overset{O}{\|}}{C}—Cl + SO_2\uparrow + HCl\uparrow$$

丙酰氯

三、脱羧反应

羧酸在加热条件下脱去 CO_2 的反应叫脱羧反应，除甲酸外，饱和一元羧酸一般不发生脱羧反应，但其盐或羧酸中 α-碳上连有吸电子基时，受热后可以脱羧。

1. 羧酸盐的脱羧

羧酸的碱金属盐与碱石灰在高温下，脱去羧基生成烃。这个反应副产物多，只能应用于低级羧酸盐。例如：

$$CH_3-\overset{\overset{\displaystyle O}{\|}}{C}-ONa + NaOH \xrightarrow[\text{加热}]{CaO} CH_4\uparrow + Na_2CO_3$$

羧酸的一元碱金属盐在高温下脱羧能生成烷烃，可用于实验室制取甲烷。

2. 羧酸的脱羧

有些二元羧酸加热时容易发生脱羧。例如：

$$\overset{\displaystyle COOH}{\underset{\displaystyle COOH}{|}} \xrightarrow{150℃} CO_2\uparrow + HCOOH$$

四、α-氢原子的卤代反应

羧基和羰基相似，能使 α-H 活化，但羧基 α-H 不如醛羰基、酮羰基的 α-氢原子的卤代反应活性高，需要在碘、硫或红磷等催化下发生反应。可控制此反应生成一卤、二卤或多卤代羧酸。例如，工业上应用此反应，制取一氯乙酸、二氯乙酸和三氯乙酸。

$$CH_3COOH + Cl_2 \xrightarrow{P} \underset{\underset{\displaystyle Cl}{|}}{CH_2}-COOH \xrightarrow[P]{Cl_2} Cl-\underset{\underset{\displaystyle Cl}{|}}{\overset{\overset{\displaystyle Cl}{|}}{CH}}-COOH \xrightarrow[P]{Cl_2} Cl-\underset{\underset{\displaystyle Cl}{|}}{\overset{\overset{\displaystyle Cl}{|}}{C}}-COOH$$

α-卤代酸的卤原子，可发生取代反应，转变为 $-CN_2$、$-NH_2$、$-OH$ 等，由此得到多种 α-取代酸。α-卤代酸发生消除反应得到 α、β-不饱和酸，在合成上非常重要。

有机化学实验室

认识干燥剂

常用的干燥剂有变色硅胶和分子筛。

① 变色硅胶是使用较普遍的干燥剂，其制备方法是：将无色硅胶平铺在盘中，在大气中放置几天，任其吸收水分，以减少应力，如果部分干燥的硅胶有内应力，浸入溶液中即会破裂，分散成更小的颗粒，当吸收的水分使它质量增加了原质量的 1/5 时，浸入 20% 氯化钴的乙醇溶液中，15～30min 后取出晾干，再置于 250～300℃ 的烘箱中活化至恒重，即得变色硅胶。变色硅胶干燥时为蓝色，吸水后变成红色，烘干后可再次使用。

② 分子筛是一种硅铝酸盐晶体，在晶体内部有许多孔径均一的孔道。它只允许比孔径小的分子进入，如水分子，大的分子被排除在外，从而达到将大小不同的分子分离的目的。

随堂练一练

1. 写出正丁酸与下列试剂作用的主要产物。

（1）PBr_3　　　　（2）$SOCl_2$　　　　（3）NH_3，高温　　　　（4）Cl_2，红磷

2. 完成下列反应。

(1) $CH_3COOH + CH_2 - CH_2 \xrightarrow{浓H_2SO_4}$
                            | |
                            OH   OH

(2) （邻甲基苯二甲酸）$+ NaOH \longrightarrow$

(3) （邻甲基苯二甲酸）$\xrightarrow[H^+,\triangle]{KMnO_4}$

第三节

重要的羧酸

新知识

一、甲酸

甲酸（化学式为 HCOOH，分子式为 CH_2O_2，分子量为 46.03），是最简单的羧酸，在自然界中普遍存在，如植物的叶和根，松针、荨麻、水果和昆虫的分泌物以及动物的肌肉和血液中都有存在，俗名蚁酸。

甲酸是一种无色而有刺激性气味的液体，熔点为 8.6℃，沸点为 100.5℃，酸性很强，有腐蚀性，能刺激皮肤起泡。甲酸是有机化工原料，也用作消毒剂和防腐剂，易燃，能与水、乙醇、乙醚和甘油以任意比例混溶，和大多数的极性有机溶剂混溶，在烃中也有一定的溶解性。

甲酸的工业制法一般采用甲酸钠法：一氧化碳和氢氧化钠溶液在 $160\sim200℃$ 和 20MPa 压力下反应生成甲酸钠，然后经硫酸酸解、蒸馏即得成品。

$$CO + NaOH \xrightarrow{160\sim200℃} HCOONa$$

$$HCOONa + H_2SO_4 \longrightarrow HCOOH + Na_2SO_4$$

在饱和一元羧酸里，甲酸的构造相对特殊，羧基直接与一个氢原子相连，在分子中既含有羧基又含有醛基，见图 10-6。所以，甲酸既有较强的酸性，又具有还原性，可以被高锰酸钾氧化成二氧化碳和水，可以与托伦试剂作用生成银镜，见图 10-7，可以与斐林试剂生成铜镜。可利用甲酸的这些性质鉴别出甲酸与其他羧酸。

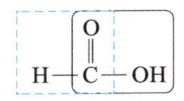

图 10-6 甲酸特殊构造

图 10-7 银镜反应

对接生活

　　甲酸是一种酸性较强的羧酸，在使用时要特别小心，如果不慎发生意外，请记住下面的处理方法。

　　① 一旦甲酸与皮肤接触，必须立即脱去污染的衣着，用大量流动清水冲洗至少 15min，严重时就医处理。

　　② 如果眼睛接触，立即提起眼睑，用大量流动清水或生理盐水彻底冲洗至少 15min，严重时就医处理。

　　③ 吸入大量甲酸，需迅速脱离现场至空气新鲜处，保持呼吸道通畅。如呼吸困难，需要输氧处理，如果呼吸停止，立即进行人工呼吸，并尽快就医。

二、柠檬酸

　　本章开头"想一想"中出现的同学们的疑问中，柠檬酸在这些食品中到底有什么用处？这里就要找到答案了。

1. 柠檬酸的理化性质

　　柠檬酸是一种非常重要的有机酸，又名枸橼酸，分子式为 $C_6H_8O_7$。柠檬酸为无色半透明晶体或白色颗粒或白色结晶性粉末，常含一分子结晶水，无臭，有很强的酸味，易溶于水，钙盐在冷水中比热水中易溶解，此性质常用来鉴定和分离柠檬酸。结晶时控制合适的温度可得到无水柠檬酸。

2. 柠檬酸的分布

　　天然柠檬酸在自然界中分布很广，主要存在于植物如柠檬、柑橘、菠萝等果实和动物的骨骼、肌肉、血液中。

想一想

　　在实验室中，有同学不小心将装有甲酸的试剂瓶碰倒，溅到旁边的同学胳膊上，这种情况如何处理？

随堂练一练

　　1. 在饱和一元羧酸里，（　　）的构造相对特殊，分子中既含有羧基又含有醛基。

　　A. 甲酸　　　　　　　B. 乙酸　　　　　　　C. 丙酸　　　　　　　D. 正丁酸

　　2. 甲酸不能够发生下列哪种反应？（　　）

　　A. 银镜反应　　　　　B. 铜镜反应　　　　　C. 脱水反应　　　　　D. 与 NaOH 反应

　　3. 枸橼酸指的是下列哪种有机酸？（　　）

　　A. 苹果酸　　　　　　B. 酒石酸　　　　　　C. 柠檬酸　　　　　　D. 醋酸

　　4. 柠檬酸及其盐的主要用途不包括（　　）。

　　A. 食品饮料中作为酸味剂　　　　　　　　　B. 化学工业中作为稳定剂

　　C. 医药行业中作为补充元素　　　　　　　　D. 医药行业中作为麻醉剂

第四节
羧酸的衍生物

温故知新

上一节中，羟基的取代反应中，我们学习了酰卤、酸酐、酯、酰胺这几类羧酸衍生物的生成，这些羧酸衍生物中，有一类包括了很多种抗生素，本章学习后同学们就会找出答案。

新概念

羧酸衍生物 指羧基中的羟基被其他原子或基团取代后所生成的化合物，羧酸分子中—OH 被不同取代基取代，共四类，分别为酰卤、酸酐、酰胺和酯。

酰基 羧酸分子中除去羧基中的羟基，剩下的部分叫酰基表示为 $R—\overset{O}{\underset{}{C}}—$，羧酸和羧酸衍生物中都含有酰基，也称酰基化合物，见图 10-8。

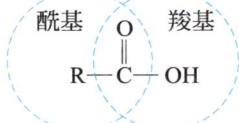

图 10-8 酰基化合物结构分解

新知识

一、羧酸衍生物的命名

酰基的命名是按照原羧酸的名称叫"某酰基"，如 $CH_3—\overset{O}{\underset{}{C}}—$，称为乙酰基。

1. 酰卤

酰基和卤原子（—F、—Cl、—Br、—I）相连的化合物叫酰卤，表示为 $R—\overset{O}{\underset{}{C}}—X$。命名时在酰基的名称后面加上卤原子的名称，称为"某酰卤"。例如：

$CH_3—\overset{O}{\underset{}{C}}—Br$

乙酰溴

$\overset{O}{\underset{}{C}}—Cl$（苯环）

苯甲酰氯

$H_3C—CH_2—\overset{O}{\underset{}{C}}—I$

丙酰碘

2. 酰胺

酰基和氨基（—NH₂）相连的化合物叫酰胺，表示为 $R—\overset{O}{\underset{}{C}}—NH_2$。酰胺的命名是在酰基的名称后面加上"胺"字，称为"某酰胺"。例如：

$CH_3—\overset{O}{\underset{}{C}}—NH_2$

乙酰胺

$CH_3—CH_2—\overset{O}{\underset{}{C}}—N\overset{CH_3}{\underset{CH_3}{}}$

N,N-二甲基丙酰胺

3. 酸酐

由酰基和酰基相连的化合物是酸酐，表示为

$$R-\overset{O}{\underset{\|}{C}}-O-\overset{O}{\underset{\|}{C}}-R$$

，由羧酸脱水得到，酸酐的命名是在相应的羧酸名称后加"酐"字。酸酐中两个酰基相同的叫单酐；不同的叫混酐。例如：

$$CH_3-\overset{O}{\underset{\|}{C}}-O-\overset{O}{\underset{\|}{C}}-CH_3$$

乙酸酐

$$CH_3-\overset{O}{\underset{\|}{C}}-O-\overset{O}{\underset{\|}{C}}-CH_2-CH_3$$

乙酸丙酸酐

4. 酯

酰基和烷基相连的化合物叫酯，表示为

$$R-\overset{O}{\underset{\|}{C}}-O-R'$$

，是羧酸和醇（酚）脱水的产物。酯的命名是按照相应的羧酸和醇（或酚）的名称，称为"某酸某酯"。例如：

$$CH_3-\overset{O}{\underset{\|}{C}}-O-CH_3$$

乙酸乙酯

苯甲酸甲酯

随堂练一练

根据本节课内容命名下列化合物。

1. $CH_3-CH(CH_3)-\overset{O}{\underset{\|}{C}}-Cl$

命名为＿＿＿＿＿＿＿＿＿＿＿。

2. $CH_3-CH_2-\overset{O}{\underset{\|}{C}}-COOCH_3$

命名为＿＿＿＿＿＿＿＿＿＿＿。

3. 苯基$-\overset{O}{\underset{\|}{C}}-NH_2$

命名为＿＿＿＿＿＿＿＿＿＿＿。

4.
$$\begin{array}{c}CH_3-CH-\overset{O}{\underset{}{C}} \\ H_3C-CH-\overset{}{\underset{O}{C}}\end{array}\Big\rangle O$$

命名为＿＿＿＿＿＿＿＿＿＿＿。

二、羧酸衍生物的化学反应

你知道羧酸衍生物的物理性质吗?

物态　酸酐中最简单的是乙酐。低级酸酐是具有刺激性气味的液体，高级酸酐是固体。低级酯是有香味的液体，高级酯为蜡状固体。除甲酰胺在常压下为高沸点液体外，其余的酰胺都是固体。

沸点　除甲酰胺在常压下为高沸点液体外，其余的酰胺都是有固定熔点的固体。酰氯、酸酐和酯的沸点与分子量相近的醛、酮相近，由于没有酸性氢原子，分子间没有缔合作用，所以它们的沸点比分子量相近的羧酸低。酰胺则由于分子间可以通过氨基上的氢原子形成氢键，所以沸点较相应的羧酸高。

　　酰卤、酸酐、酯和酰胺分子中都含有酰基，性质相似，但与酰基所连接的基团（或原子）不同，性质又有特殊性，这几种羧酸衍生物发生反应的难易次序为酰氯＞酸酐＞酯＞酰胺，酰氯最活跃，最易发生反应。

1. 水解、醇解和氨解反应

(1) 水解反应　酰氯、酸酐、酯和酰胺在不同条件下都可以与水反应，生成相应的羧酸。

$$R-\overset{\overset{O}{\|}}{C}-Cl$$

$$R-\overset{\overset{O}{\|}}{C}-O-\overset{\overset{O}{\|}}{C}-R'$$

$$R-\overset{\overset{O}{\|}}{C}-O-R'$$

$$R-\overset{\overset{O}{\|}}{C}-NH_2$$

$$+\ H\!\mid\!OH \longrightarrow R-\overset{\overset{O}{\|}}{C}-OH + \begin{cases} HCl \\ R'-\overset{\overset{O}{\|}}{C}-OH \\ R'OH \\ NH_3\uparrow \end{cases}$$

　　四种羧酸衍生物中，以酰氯最易水解，低级酰氯在潮湿的环境中可以迅速分解，放出的 HCl 气体形成白雾；酸酐在热水中能够水解；酯的水解需要在酸或碱催化并加热条件下；酰胺的水解在 HCl 和 NaOH 环境下可得到羧酸和羧酸盐。

(2) 醇解反应　酰氯、酸酐和酯都能与醇或酚反应，生成酯。酯与醇在盐酸或醇钠催化下，可生成另一种酯，该反应称为酯交换反应。

$$R-\overset{\overset{O}{\|}}{C}-Cl$$

$$R-\overset{\overset{O}{\|}}{C}-O-\overset{\overset{O}{\|}}{C}-R'\ +\ H\!\mid\!OR'' \longrightarrow R-\overset{\overset{O}{\|}}{C}-OR'' + \begin{cases} HCl \\ R'-\overset{\overset{O}{\|}}{C}-OH \\ R'OH \end{cases}$$

$$R-\overset{\overset{O}{\|}}{C}-O-R'$$

　　酯交换反应是可逆的，可用于从廉价易得的低级醇制取高级醇。

2. 还原反应

　　一般来说，酰氯、酸酐、酯和酰胺都比羧酸易被还原，在合成上往往使用氢化铝锂将它们分别还原，生成相应的伯醇和胺。

$$R-\overset{\overset{O}{\|}}{C}-Cl$$

$$R-\overset{\overset{O}{\|}}{C}-O-\overset{\overset{O}{\|}}{C}-R' \xrightarrow{LiAlH_4} RCH_2OH + \begin{cases} HCl \\ R'CH_2OH \\ R'OH \end{cases}$$

$$R-\overset{\overset{O}{\|}}{C}-O-R'$$

$$R-\overset{\overset{O}{\|}}{C}-NH_2 \xrightarrow{LiAlH_4} RCH_2NH_2$$

3. 酰胺的特殊反应

[1] 脱水反应　酰胺与强脱水剂共热，可以脱水生成腈，常用的脱水剂有五氧化二磷和亚硫酰氯。

$$(CH_3)_2CH - \overset{\overset{\displaystyle O}{\|}}{C} - NH_2 \xrightarrow[200℃]{P_2O_5} (CH_3)_2CH - C \equiv N + H_2O$$

腈

这是实验室制备腈的一种方法，尤其是一些卤代烃和 NaCN 反应难以制备的腈。

[2] 霍夫曼降级反应　酰胺与次氯酸钠或次溴酸钠的碱溶液作用时，脱去羧基生成伯胺，这是由霍夫曼发现的制纯伯胺的一种方法，反应中碳链减少一个 C 原子，称为霍夫曼降级反应。

$$(CH_3)_2CH - \overset{\overset{\displaystyle O}{\|}}{C} - NH_2 \xrightarrow[NaOH,H_2O]{Br_2} (CH_3)_2CH - NH_2$$

2-甲基丙酰胺　　　　　　　　　异丙胺

🔄 随堂练一练

一、完成下列反应方程式

1. $R - \overset{\overset{\displaystyle O}{\|}}{C} - Cl + CH_3CH_2CH_2OH \longrightarrow$

2. $CH_3 - \overset{\overset{\displaystyle O}{\|}}{C} - O - \overset{\overset{\displaystyle O}{\|}}{C} - CH_3 + NH_3 \overset{\triangle}{\longrightarrow}$

3. $\underset{}{\bigcirc} - \overset{\overset{\displaystyle O}{\|}}{C} - O - CH_3 + H_2O \longrightarrow$

4. $CH_3(CH_2)_2CH - \overset{\overset{\displaystyle O}{\|}}{CH} - NH_2 \xrightarrow[NaOH,H_2O]{Br_2}$

二、选择题

1. 除去 β-吡啶乙酸乙酯中少量 β-吡啶乙酸可用 (　　　)。
   A. HCl，水解　　　　　　　　　　　B. 用 HAc 溶解
   C. 用稀碳酸氢钠溶液洗涤　　　　　　D. 用甲苯溶解

2. 有强大爆炸力的三硝基甘油属于下列哪类物质？(　　　)
   A. 酸　　　　　　　B. 碱　　　　　　　C. 脂　　　　　　　D. 酯

3. 增塑剂 DBP（邻苯二甲酸二丁酯）是由下列哪两种物质合成的 (　　　)？
   A. 丁醇和邻苯二甲酸酐　　　　　　　B. 丁酸和邻苯二酚
   C. 邻苯二甲酸酐和氯丁烷　　　　　　D. 邻苯二酚和甲酸丁酯

三、重要的羧酸衍生物

1. 乙酰氯

乙酰氯 $CH_3 - \overset{\overset{\displaystyle O}{\|}}{C} - Cl$ 为无色液体，沸点为 51℃，有刺激性臭气，能发烟，易燃，遇水或乙醇会引起剧烈分解，可在氯仿、乙醚、苯、石油醚或冰醋酸中溶解。

乙酰氯是一种刺激物和腐蚀剂，接触皮肤能引起灼伤，其蒸气强烈刺激眼和黏膜。吸入浓度为万分之二的乙酰氯，人就会感到刺激，短时间暴露于较高浓度乙酰氯中，可能引起死亡或永久性损伤。

乙酰氯是一种重要的有机合成中间体和乙酰化试剂，广泛用于有机合成和农药、医药领域，在医药上可用于制 2,4-二氯-5-氟苯乙酮（环丙沙星的中间体）、布洛芬等。常用药品阿司匹林（乙酰水杨酸）就是由乙酰氯和水杨酸合成。

 读一读

阿司匹林的故事

阿司匹林，化学名为乙酰水杨酸，与安定、青霉素是人类医药史的三大杰作，阿司匹林的应用已有百年，至今仍是世界上应用最广泛的解热、镇痛和抗炎药，现今全球每年生产近 5 万吨的乙酰水杨酸，以 500mg 每片计，大约是 1000 多亿片的阿司匹林。1897 年德国化学家费利克斯·霍夫曼(Felix Hoffmann)为帮其父亲找到治疗风湿关节炎的合适药品，发现乙酰水杨酸(阿司匹林)在满足了减轻对胃部的刺激的同时，治疗效果反而比传统药物水杨酸更好，并在犹太化学家阿图尔·艾兴格林的指导下，第一次合成了构成阿司匹林的主要物质。

2. 乙酸酐

乙酸酐 $CH_3-\overset{O}{\overset{\|}{C}}-O-\overset{O}{\overset{\|}{C}}-CH_3$ 简称乙酐，也叫醋酐，是无色透明液体，沸点为 139℃，相对密度为 $1.080g/cm^3$，有强烈的乙酸气味，味酸，有吸湿性，溶于氯仿和乙醚，缓慢地溶于水形成乙酸，与乙醇作用形成乙酸乙酯，易燃，有腐蚀性，对皮肤或眼睛有刺激性。

3. 乙酸乙酯 $CH_3-\overset{O}{\overset{\|}{C}}-O-CH_2CH_3$

酯类是有机酸与醇作用脱去水分子而生成的。酯类分子可用通式 RCOOR 来表示。

 读一读

酯与中国白酒的香型

白酒为中国特有的一种蒸馏酒，酒质无色(或微黄)透明，气味芳香纯正，入口绵甜爽净，酒精含量较高，经储存老熟后，具有以酯类为主体的复合香味。

白酒根据不同的香味分为不同的香型。浓香型以四川泸州老窖为典型代表；酱香型以贵州茅台酒、望驿台、郎酒为典型代表；清香型以山西省汾阳市杏花村的汾酒为典型代表；米香型以桂林三花酒为典型代表；凤香型以陕西省宝鸡市凤翔县的西凤酒为典型代表；兼香型，是指具有两种以上主体香的白酒，具有一酒多香的风格。

酯的含量多少和比例关系是构成各种名酒的风格和香型的主要因素。各种香型白酒中总酯含量差别较大，浓香型最高，其次为清香型、酱香型、其他香型，最低为米香型。

4. 内酰胺

内酰胺又称环状酰胺，由氨基酸缩水而成。环状酰胺所在的环具有 R^1—CONH—R^2 的结构。β-内酰胺类抗生素是指化学结构中具有 β-内酰胺环的一大类抗生素，包括临床最常用的青霉素、头孢菌素头霉素类、甲砜霉素类、单环 β-内酰胺类等其他非典型 β-内酰胺类抗生素。此类抗生素具有杀菌活性强、毒性低、适应症广及临床疗效好的优点。它是现有的抗生素中使用最广泛的一类，见图 10-9。

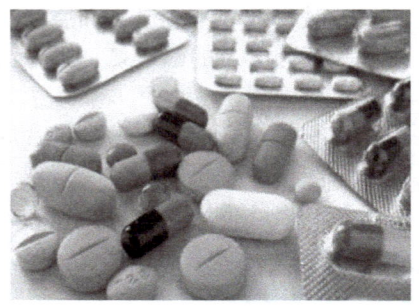

图 10-9　β-内酰胺类抗生素

随堂练一练

1. 下列哪种羧酸衍生物具有愉快的香味？（　　）

A. 酸酐　　　　　　B. 酰氯　　　　　　C. 酰胺　　　　　　D. 酯

2. 青霉素是一种酰胺，其结构中含有（　　）。

A. 己内酰胺　　　　B. β-内酰胺环　　　C. 己二酸＋尿素　　D. 丁二酰亚胺

第五节

油脂

温故知新

羧基的取代反应中，酯是一种羧酸衍生物，那么，油脂和酯类化合物是一种物质吗？这节课我们一起来学习。

新知识

油脂是六大营养素之一，存在于动植物体内，是生命体维持正常生命活动不可或缺的物质。含有不饱和脂肪酸的油脂对人体的新陈代谢有着重要的作用，它可以防止由于脂肪的沉积而导致的血管阻塞（即血栓），月见草油是抗血栓、降血脂的药物。油脂也是工业重要的原料。

一、油脂的结构

油脂的主要成分是由一分子甘油和三分子高级脂肪酸脱水生成的甘油三酯，属于一种特殊的酯。

甘油三酯构造式中，如果 $R^1＝R^2＝R^3$，为单纯甘油酯，如果 $R^1≠R^2≠R^3$，为混合甘油酯。

$$
\begin{array}{l}
CH_2\!-\!OH \\
CH\!-\!OH \quad + \quad 3RCOOH \longrightarrow
\end{array}
\quad
\begin{array}{l}
\quad\quad\quad O \\
CH_2\!-\!O\!-\!\overset{\|}{C}\!-\!R^1 \\
\quad\quad\quad O \\
CH\!-\!O\!-\!\overset{\|}{C}\!-\!R^2 \quad + \quad 3H_2O \\
\quad\quad\quad O \\
CH_2\!-\!O\!-\!\overset{\|}{C}\!-\!R^3
\end{array}
$$

甘油　　　　　　　　　　　　　　　　三甘油酯

读一读

必需脂肪酸和非必需脂肪酸

非必需脂肪酸是指人体自身能够合成的脂肪酸。必需脂肪酸是指人体不可缺少而自身不能合成，必须由食物供给的脂肪酸。

必需脂肪酸是磷脂的重要组成成分；与精子的形成有关；是合成前列腺素的前体；有利于组织修复；与胆固醇的代谢有关。

缺乏必需脂肪酸会引起生长迟缓，生殖障碍，皮肤损伤(出现皮疹等)以及肾脏、肝脏、神经和视觉方面的多种疾病，上皮功能不正常，易发生皮炎，对疾病抵抗力低等，此外对心血管疾病、炎症、肿瘤等多方面也有影响。

二、油脂的性质

纯净的油脂是无色、无臭、无味、无挥发性的中性物质，无固定的熔点和沸点。碳链越长，饱和度越高，熔点会不规则地升高。

天然油脂，尤其是植物油，溶有维生素 A、维生素 D、维生素 E 和脂溶性色素而带有颜色，有些还会带有风味，如芝麻油的香味。

油脂比水轻，相对密度都小于 1，不溶于水，易溶于有机溶剂，如热乙醇、乙醚、石油醚、氯仿、丙酮、四氯化碳和苯等。

根据油脂的结构，油脂具有烯烃和酯类的某些性质，可以发生加成反应、水解反应和氧化反应。

1. 水解反应

油脂在酸、碱或酶的催化下，可水解生成甘油和脂肪酸。

$$
\begin{array}{l}
CH_2-O-\overset{\displaystyle O}{\overset{\|}{C}}-R^1 \\
CH-O-\overset{\displaystyle O}{\overset{\|}{C}}-R^2 \ + \ 3H_2O \ \underset{\text{或酶}}{\overset{H^+}{\rightleftharpoons}} \\
CH_2-O-\overset{\displaystyle O}{\overset{\|}{C}}-R^3
\end{array}
\qquad
\begin{array}{l}
CH_2-OH \qquad R^1COOH \\
CH-OH \ + \ R^2COOH \\
CH_2-OH \qquad R^3COOH
\end{array}
$$

在酸性条件下，油脂的水解反应是可逆反应，这种方法是工业上生产甘油和脂肪酸的一种方法。

油脂在碱性水解时，则生成高级脂肪酸盐，也就是肥皂的主要成分，因此油脂的碱性水解又叫皂化反应，简称皂化。

皂化值：1g 油脂完全皂化时所需氢氧化钾的毫克数。

根据皂化值的大小，可以判断油脂平均分子量。皂化值越大，油脂的平均分子量越小；表明该油脂中含短链脂肪酸较多。

$$
\begin{array}{c}
CH_2-O-\overset{\overset{O}{\|}}{C}-C_{17}H_{33} \\
CH-O-\overset{\overset{O}{\|}}{C}-C_{15}H_{31} \\
CH_2-O-\overset{\overset{O}{\|}}{C}-C_{17}H_{35}
\end{array}
+ 3NaOH \xrightarrow{\text{加热}}
\begin{array}{c}
CH_2-OH \\
CH-OH \\
CH_2-OH
\end{array}
+
\begin{array}{l}
C_{17}H_{33}COONa \\
C_{15}H_{31}COONa \\
C_{17}H_{35}COONa
\end{array}
$$

猪油在碱性条件下加热，生成三种高级脂肪酸钠（油酸钠、软脂酸钠和硬脂酸钠）。

肥皂的主要成分包含了硬脂酸钠（$C_{17}H_{35}COONa$）或硬脂酸钾（$C_{17}H_{35}COOK$）类的高级脂肪酸盐的混合物，是生活中重要的洗涤用品，但不适合在酸性介质或硬水中使用，因为硬水中的 Mg^{2+} 和 Ca^{2+}，能和肥皂形成不溶于水的脂肪酸镁和脂肪酸钙，在酸性水中则形成难溶于水的高级脂肪酸。

2. 加成反应

油脂中不饱和脂肪酸的碳碳双键，可与氢气发生加成反应，生成饱和碳碳单键，使得油脂中的饱和脂肪酸含量增加。加氢后的油脂，由液态变成半固态或固态的脂肪，称为油脂的氢化或油脂硬化。硬化油可作为制造肥皂的原料，还可用来制造人造奶油。

 读一读

氢化植物油的危害

大部分植物油常温下是液态，不方便存储和运输，在食品加工中，也不适合作装饰油脂，氢化处理的植物油，俗称植物奶油，同学们爱吃的奶油蛋糕(常见于奶油之中)，曲奇饼和饼干(尤其是夹心饼干)，派类食品(夹心)，添加在冰淇淋、奶茶和咖啡中的植脂末，都属于氢化植物油。油脂的氢化反应并不能像理论上那么彻底，某些未能完全氢化的氢化植物油中会生成一些反式脂肪酸，而反式脂肪酸，对人体健康不利，反式脂肪酸容易使动脉硬化，诱导血栓形成，使人更易患心脏病，并增加女性 2 型糖尿病的发病风险。

我国标准规定，反式脂肪酸含量小于等于 0.3%，可以标注为 0 反式脂肪酸产品，见图 10-10。也就是说，即使包装上反式脂肪酸含量写的是 0g，并不代表该食品中不含有反式脂肪酸。

图 10-10　带氢化植物油信息的商品标签

3. **酸败**

油脂储存过久就会变质，产生一种难闻的哈喇味，这种现象就叫油脂的酸败。

酸值：中和 1g 油脂中游离脂肪酸所需氢氧化钾的毫克数，称为油脂的酸值，也叫酸价。酸值越小，油脂越新鲜。

随堂练一练

1. 下列说法正确的是（　　）。

A. 花生油是纯净物，油脂是油和脂肪的统称

B. 不含杂质的油脂是纯净物

C. 动物脂肪和矿物油都属于油脂

D. 同种简单甘油酯可组成纯净物，同种混合甘油酯也可组成纯净物

2. 油脂经长期储存，逐渐变质，产生异味，变臭，这称为油脂的酸败。引起油脂酸败的主要原因可能是（　　）。

A. 油脂可以水解为醇和酸

B. 油脂可氧化分解为低级醛、酮、羧酸等

C. 油脂具有很强的挥发性

D. 油脂可发生氢化反应

3. 下列化合物在 NaOH 溶液中发生的水解反应不可以称为皂化反应的是（　　）。

A. 硬脂酸甘油酯　　　　　　　　　　B. 油酸甘油酯

C. 乙酸苯甲酯　　　　　　　　　　　D. 软脂酸甘油酯

4. 下列关于皂化反应的说法中，错误的是（　　）。

A. 油脂经皂化反应后，生成的高级脂肪酸钠、甘油和水形成混合液

B. 加入食盐可以使肥皂析出，这一过程叫盐析

C. 加入食盐搅拌后，静置一段时间，溶液分成上下两层，下层是高级脂肪酸钠

D. 皂化反应后的混合溶液中加入食盐，可用过滤的方法分离提纯

第六节

碳酰胺

新知识

碳酰胺又称尿素或脲，是无色或白色针状或棒状结晶体，熔点为 $132.4℃$，无臭无味，易溶于水及醇，不溶于醚。碳酰胺是最简单的有机化合物之一，结构为 $NH_2\text{—}\overset{\displaystyle O}{\overset{\|}{C}}\text{—}NH_2$，是人工合成的第一个有机化合物。在构造上，其可以看成是碳酸（$OH\text{—}\overset{\displaystyle O}{\overset{\|}{C}}\text{—}OH$）分子中两个羟基被氨基取代后的生成物，如图 10-11 所示。

(a) 尿素

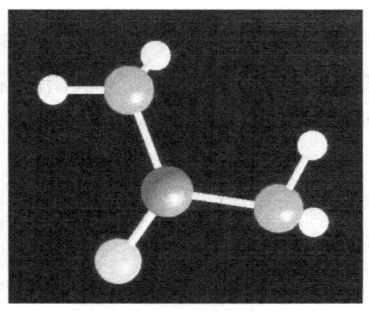
(b) 尿素的球棍模型

图 10-11 尿素和尿素的球棍模型

尿素是哺乳动物和某些鱼类体内蛋白质分解、代谢的排泄物，是目前最常用、使用量较大的一种化学氮肥。工业上在 $12\sim22$MPa、$180℃$，用二氧化碳和过量的氨作用制取尿素。

$$NH_3 + CO_2 \xrightarrow[12\sim22MPa]{180℃} NH_2-\overset{O}{\overset{||}{C}}-ONH_4 \xrightarrow{-H_2O} NH_2-\overset{O}{\overset{||}{C}}-NH_2$$
$$\text{氨基甲酸铵} \qquad\qquad \text{尿素}$$

一、弱碱性

尿素具有弱碱性，水溶液不能使石蕊变色，能与一分子强酸反应生成盐，这个反应中只有一个氨基参与成盐：

$$CO(NH_2)_2 + HNO_3 \longrightarrow CO(NH_2)_2 \cdot HNO_3$$
$$\text{硝酸脲}$$

生成的硝酸脲微溶于水，不溶于浓硝酸。可利用此性质从尿中分离出尿素。

二、水解反应

尿素在酶、碱或酸的环境下，可水解生成氨气（或铵盐）和二氧化碳（或碳酸盐）。

$$NH_2-\overset{O}{\overset{||}{C}}-NH_2 \xrightarrow[\text{尿酸酶}]{H_2O} CO_2\uparrow + H_2O + NH_3\uparrow$$

$$NH_2-\overset{O}{\overset{||}{C}}-NH_2 \xrightarrow{NaOH} NH_3\uparrow + Na_2CO_3$$

$$NH_2-\overset{O}{\overset{||}{C}}-NH_2 \xrightarrow[\triangle]{HCl} NH_4Cl + CO_2\uparrow$$

三、放氮反应

尿素与亚硝酸作用生成二氧化碳和氮气。

$$NH_2-\overset{O}{\overset{||}{C}}-NH_2 + 2HONO \longrightarrow 2N_2\uparrow + 3H_2O + CO_2\uparrow$$

医学上用以测定氮的体积来分析脲的含量，也可以用来除去反应中残留的过量亚硝酸。

四、缩合反应

将固体尿素慢慢加热到它的熔点（190℃）左右，两分子尿素就脱去一分子氨，生产缩二脲。

$$2NH_2 — \overset{\overset{O}{\|}}{C} — NH_2 \xrightarrow{\triangle} NH_3\uparrow + H_2N — \overset{\overset{O}{\|}}{C} — \overset{\overset{H}{|}}{N} — \overset{\overset{O}{\|}}{C} — NH_2$$

缩二脲

缩二脲以及分子中含有两个以上的 $—\overset{\overset{O}{\|}}{C}—NH—$ 键的化合物都能与硫酸铜的碱溶液反应显紫色，这个颜色反应叫缩二脲反应，常用于有机分子鉴定。

随堂练一练

1. 尿素学名 _____，分子式 _____。纯净的尿素为 _____、_____ 的 _____ 或 _____ 状晶体。

2. 液氨和二氧化碳合成尿素，在液相中是分两步进行的，第一步是 _____，第二步是 _____，其中 _____ 是控制步骤。

3. 尿素合成过程中，氨碳比必须 _____。

实验大爆发

手工皂 DIY

看到漂亮的香皂，同学们是不是想每种都有一块呢，见图 10-12，其实这些手工皂制作起来并不复杂，利用学过的皂化反应和一些简单的工具，我们就可以制作出又好看又实用的手工皂。

图 10-12 手工香皂

一、实验目的

① 深入学习理解皂化反应。

② 了解手工皂去污的原理。

③ 通过手工皂的制作过程，培养学生实验动手能力。

二、实验原理

油脂在 NaOH 或 KOH 作用下，可水解生成甘油和高级脂肪酸盐，生成的产物去除甘油，就是肥皂的基础成分，也叫皂基，根据需要加入精油、香料、保湿护肤作用的物质后就是香皂。肥皂中 $C_{12} \sim C_{18}$ 的脂肪酸含量最高。

$$
\begin{array}{c}
\text{CH}_2\text{—O—C—R}^1 \\
\text{CH—O—C—R}^2 + 3\text{H}_2\text{O} \underset{\text{或酶}}{\overset{\text{H}^+}{\rightleftharpoons}} \quad \text{CH—OH} + \text{R}^2\text{COOH} \\
\text{CH}_2\text{—O—C—R}^3
\end{array}
$$

从结构上看，脂肪酸钠的分子中含有非极性的憎水部分（烃基）和极性的亲水部分（羟基）。在洗涤时，烃基与油脂连接，而羟基与水结合，这样油滴就被肥皂分子包围起来，分散并悬浮于水中形成乳浊液，再经过摩擦振动就被清洗掉。

三、实验仪器、材料和药品

1. 实验仪器、材料

恒温水浴锅、铁架台、烧杯、温度计 2 支、玻璃棒 2 支、电子天平（万分之一）、pH 试纸、模具若干、100mL 量筒、胶头滴管 1 支、小刀（用来分割香皂）。

2. 实验药品

椰子油 20g、橄榄油 30g、棕榈油 20g、NaOH 40g、蒸馏水 100mL。

四、实验步骤

① 称取椰子油 20g、橄榄油 30g、棕榈油 20g 置于一只 200mL 的烧杯中。称取 NaOH 40g，量取 100mL 水。将称好的 NaOH 缓慢的倒入蒸馏水中，并一边倒一边搅拌帮助其溶解，一直搅拌到水变得透明为止，配制成约 40%NaOH 溶液。

② 将植物油放在水浴锅中加热到 50℃ 左右，保温到 40～50℃ 左右。

③ 使氢氧化钠溶液温度保持在 50℃ 左右。如果由于基础油加温所需时间过长，而氢氧化钠水溶液温度低于 40℃，则需要再对其进行加温处理。

④ 将氢氧化钠水溶液缓慢地倒入基础油中，并加以搅拌。搅拌时速度要快，期间加入两个小烧杯中的原料。持续搅拌大概 30min，至出现黏稠状浆糊为止。

⑤ 搅拌结束后即可装入模具内，并置于阴凉通风处干燥。

五、实验关键操作和注意事项

① 称取氢氧化钠时应快速，避免氢氧化钠吸水潮解以及吸收二氧化碳变质。氢氧化钠溶解时会大量释放热量，甚至沸腾。一定记住是把氢氧化钠倒入水中，不要颠倒了次序。

② 使用温度计测量时请注意不要把温度计的头置于烧杯底部，用温度计轻轻搅拌，这样可以使烧杯内的温度比较均匀，便于测量准确数值。

③ 在搅拌的过程中需要保证温度控制在 40℃ 左右。如果温度过低，再次加温。但是整个过程中不要让温度高于 50℃。

④ 反应时搅拌要快速，注意不要把混合液体搅拌溅出，造成伤害。

⑤ 若须检验反应是否完全，可用玻璃棒取出几滴试样放入试管，在试管中加入蒸馏水 5～6mL，加热振荡。静置时，有油脂分出，说明皂化不完全，可滴加碱液继续皂化。

本章小结

基本概念

羧基的定义：有机化学中，把一个羰基和一个羟基组成的基团称为羧基。

羧酸定义：羧酸就是烃基和羧基相连接的化合物。

羧酸衍生物：指羧基中的羟基被其他原子或基团取代后所生成的化合物，羧酸分子中—OH被不同取代基取代。

酰基：羧酸分子中除去羧基中的羟基，剩下的部分。

油脂：其主要成分是由一分子甘油和三分子高级脂肪酸脱水生成的甘油三酯。

碳酰胺：碳酸分子中两个羟基被氨基取代后的生成物，又称尿素或脲。

结构和通式

1. 羧酸的结构：$R—\overset{\overset{\displaystyle O}{\|}}{C}—OH$

2. 酰基的结构：$R—\overset{\overset{\displaystyle O}{\|}}{C}—$

（1）酰卤：$R—\overset{\overset{\displaystyle O}{\|}}{C}—X$　　　　（2）酰胺：$R—\overset{\overset{\displaystyle O}{\|}}{C}—NH_2$

（3）酸酐：$R—\overset{\overset{\displaystyle O}{\|}}{C}—O—\overset{\overset{\displaystyle O}{\|}}{C}—R$　　　（4）酯：$R—\overset{\overset{\displaystyle O}{\|}}{C}—O—R'$

3. 油脂

$$\begin{array}{l} CH_2—OH \\ | \\ CH—OH \\ | \\ CH_2—OH \end{array} + 3RCOOH \longrightarrow \begin{array}{l} CH_2—O—\overset{\overset{\displaystyle O}{\|}}{C}—R^1 \\ | \\ CH—O—\overset{\overset{\displaystyle O}{\|}}{C}—R^2 \\ | \\ CH_2—O—\overset{\overset{\displaystyle O}{\|}}{C}—R^3 \end{array} + 3H_2O$$

4. 碳酰胺：$NH_2—\overset{\overset{\displaystyle O}{\|}}{C}—NH_2$

命　名

一、羧酸系统命名法

1. 一元羧酸的命名

一元羧酸的命名原则与醛类似，具体步骤如下：

① 先选择含有羧基的最长碳链为主链；

② 根据主链碳原子数称为某酸；

③ 从含有羧基的一端开始编号，若有支链和取代基时，将它们的位次、数目和名称写在"某酸"前面；

④ 主链碳原子位次编号用希腊字母（α、β、γ、$\delta\cdots$）表示。

2. 不饱和羧酸的命名

不饱和羧酸的命名是选择包括羧基和不饱和键最长碳链为主链，从靠近羧基端开始编号，称为"某烯酸"或"某炔酸"。

3. 二元羧酸的命名

选择含有两个羧基的最长碳链作为主链，根据主链上碳原子数目称为"某二酸"；芳香族和脂环族二元酸必须标明两个羧基的位次。

4. 芳香羧酸的命名

芳香羧酸分为两类，一类是羧基连在芳环上，另一类是羧基连在侧链上。第一类以苯甲酸为母体，环上其他基团作为取代基来命名，第二类以脂肪酸为母体，芳基作为取代基来命名。

二、羧酸衍生物命名法

① 酰卤和酰胺：根据相应的羧基命名为"某酰卤"或"某酰胺"。

② 羧酐：根据成酐的两个羧酸命名。

③ 酯：根据成酯的羧酸和醇命名。

化学反应

一、羟基的取代反应

1. 酰卤的生成

$$3R-\overset{\overset{\displaystyle O}{\|}}{C}-OH + PCl_3 \longrightarrow 3R-\overset{\overset{\displaystyle O}{\|}}{C}-Cl + H_3PO_3$$

$$R-\overset{\overset{\displaystyle O}{\|}}{C}-OH + SOCl_2 \longrightarrow R-\overset{\overset{\displaystyle O}{\|}}{C}-Cl + SO_2\uparrow + HCl\uparrow$$

2. 酸酐的生成

$$R-\overset{\overset{\displaystyle O}{\|}}{C}-OH + HO-\overset{\overset{\displaystyle O}{\|}}{C}-R \xrightarrow[\text{加热}]{P_2O_5} R-\overset{\overset{\displaystyle O}{\|}}{C}-O-\overset{\overset{\displaystyle O}{\|}}{C}-R + H_2O$$

3. 酯的生成

$$R-\overset{\overset{\displaystyle O}{\|}}{C}-OH + HOR' \underset{}{\overset{H^+}{\rightleftharpoons}} R-\overset{\overset{\displaystyle O}{\|}}{C}-OR' + H_2O$$

4. 酰胺的生成

$$R-\overset{\overset{\displaystyle O}{\|}}{C}-OH + NH_3 \longrightarrow R-\overset{\overset{\displaystyle O}{\|}}{C}-ONH_4 \xrightarrow{\text{加热}} R-\overset{\overset{\displaystyle O}{\|}}{C}-NH_2 + H_2O$$

二、羧酸的脱羧反应

1. 羧酸盐的脱羧

$$CH_3-\overset{\overset{\displaystyle O}{\|}}{C}-ONa + NaOH \xrightarrow[\text{加热}]{CaO} CH_4\uparrow + Na_2CO_3$$

2. 羧酸的脱羧

$$\begin{array}{l} COOH \\ | \\ COOH \end{array} \xrightarrow{150℃} CO_2\uparrow + HCOOH$$

三、羧酸的 α-氢原子的卤代反应

$$CH_3COOH + Cl_2 \xrightarrow{P} \underset{\underset{Cl}{|}}{CH_2}-COOH \xrightarrow[P]{Cl_2} Cl-\underset{\underset{Cl}{|}}{CH}-COOH \xrightarrow[P]{Cl_2} Cl-\underset{\underset{Cl}{|}}{\overset{\overset{Cl}{|}}{C}}-COOH$$

四、羧酸衍生物的水解、醇解和氨解反应

1. 水解

$$\begin{array}{l} R-\overset{O}{\overset{\|}{C}}-Cl \\ R-\overset{O}{\overset{\|}{C}}-O-\overset{O}{\overset{\|}{C}}-R' \\ R-\overset{O}{\overset{\|}{C}}-O-R' \\ R-\overset{O}{\overset{\|}{C}}-NH_2 \end{array} + H\!\!\mid\!\!OH \longrightarrow R-\overset{O}{\overset{\|}{C}}-OH + \left\{ \begin{array}{l} HCl \\ R'-\overset{O}{\overset{\|}{C}}-OH \\ R'OH \\ NH_3\uparrow \end{array} \right.$$

2. 醇解

$$\begin{array}{l} R-\overset{O}{\overset{\|}{C}}-Cl \\ R-\overset{O}{\overset{\|}{C}}-O-\overset{O}{\overset{\|}{C}}-R' \\ R-\overset{O}{\overset{\|}{C}}-O-R' \end{array} + H\!\!\mid\!\!OR'' \longrightarrow R-\overset{O}{\overset{\|}{C}}-OR'' + \left\{ \begin{array}{l} HCl \\ R'-\overset{O}{\overset{\|}{C}}-OH \\ R'OH \end{array} \right.$$

五、羧酸衍生物的还原反应

$$\begin{array}{l} R-\overset{O}{\overset{\|}{C}}-Cl \\ R-\overset{O}{\overset{\|}{C}}-O-\overset{O}{\overset{\|}{C}}-R' \\ R-\overset{O}{\overset{\|}{C}}-O-R' \end{array} \xrightarrow{LiAlH_4} RCH_2OH + \left\{ \begin{array}{l} HCl \\ R'CH_2OH \\ R'OH \end{array} \right.$$

$$R-\overset{O}{\overset{\|}{C}}-NH_2 \xrightarrow{LiAlH_4} RCH_2NH_2$$

六、酰胺的特殊反应

1. 脱水反应

$$(CH_3)_2CH-\overset{O}{\overset{\|}{C}}-NH_2 \xrightarrow[200℃]{P_2O_5} (CH_3)_2CH-C\equiv N + H_2O$$

2. 霍夫曼降级反应

$$(CH_3)_2CH-\overset{\overset{\displaystyle O}{\|}}{C}-NH_2 \xrightarrow[\text{NaOH,H}_2\text{O}]{\text{Br}_2} (CH_3)_2CH-NH_2$$

七、油脂的化学反应

1. 水解

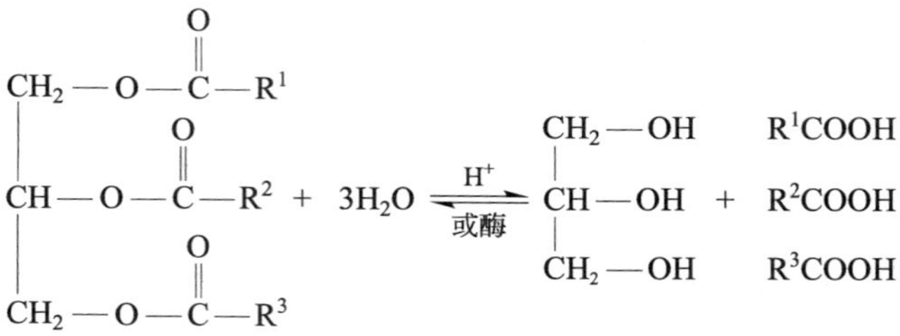

$$
\begin{array}{l}
CH_2-O-\overset{\overset{\displaystyle O}{\|}}{C}-R^1 \\
CH-O-\overset{\overset{\displaystyle O}{\|}}{C}-R^2 \;+\; 3H_2O \xrightleftharpoons[\text{或酶}]{H^+} \\
CH_2-O-\overset{\overset{\displaystyle O}{\|}}{C}-R^3
\end{array}
\qquad
\begin{array}{ll}
CH_2-OH & R^1COOH \\
CH-OH \;+ & R^2COOH \\
CH_2-OH & R^3COOH
\end{array}
$$

2. 加成反应

3. 酸败

八、碳酰胺的化学性质

1. 弱碱性

2. 水解反应

第十一章

含氮有机化合物

 读一读

2006 年 11 月 12 日，中央电视台播报了北京市个别市场和经销企业售卖来自河北石家庄等地用添加苏丹红的饲料喂鸭所生产的红心鸭蛋(图 11-1)，并在该批鸭蛋中检测出苏丹红。15 日，卫生部下发通知，要求各地紧急查处红心鸭蛋。

这两年时间，大大小小的苏丹红案被各个媒体曝光，人们谈"红"色变，那苏丹红到底是一种什么样的物质呢？通过这一章的学习我们就可以找到答案。

图 11-1　红心鸭蛋

 完成本章的学习后，你可以做到

① 认识芳香族硝基化合物、腈、胺的结构；
② 掌握芳香族硝基化合物、腈、胺的命名方法；
③ 知道芳香族硝基化合物、胺、腈的物理性质及其变化规律；
④ 熟悉硝基化合物、胺、腈的化学反应及其应用，掌握胺的鉴别方法。

第一节
芳香族硝基化合物

📎 新概念

硝基化合物的定义　烃分子中的氢原子被硝基取代后的化合物。

芳香族硝基化合物的定义　芳环上一个或几个氢原子被硝基取代后的化合物，常用 $ArNO_2$ 表示。

📎 新知识

一、芳香族硝基化合物的结构

官能团：$-NO_2$　　　　　　　　结构式：$-N\!\!\begin{array}{c}\nearrow O\\\searrow O\end{array}$

芳香族硝基化合物一般写成 $Ar-NO_2$。

注意：不能写成 $Ar-ONO$（$Ar-ONO$ 表示亚硝酸酯）。

▶▶▶ 理论剖析助手

物理测试表明，硝基中的 N 原子和两个 O 原子之间的距离相等，N—O 键键长为 0.122nm，O—N—O 键角为 127°。一般用下列两种形式表示。

$$R-N\!\!\begin{array}{c}O\\O\end{array} \qquad\qquad R-\overset{+}{N}\!\!\begin{array}{c}O\\O^-\end{array}$$

📎 随堂练一练

1. 下列物质中属于芳香族硝基化合物的是（　　　）。
A. CH_3NO_2　　　　　B. CH_3CH_2NO　　　　C. $C_6H_5NO_2$　　　　D. C_6H_5ONO

2. 芳环上一个或几个氢原子被＿＿＿＿＿取代后的化合物称为芳香族硝基化合物。

3. 芳香族硝基化合物的官能团为＿＿＿＿＿。

二、芳香族硝基化合物的命名

芳香族硝基化合物的命名，通常以芳烃为母体，硝基作为取代基。

硝基苯　　　　　　　　　间二硝基苯(1,3-二硝基苯)

芳环上连有其他基团时，硝基也同样作为取代基。

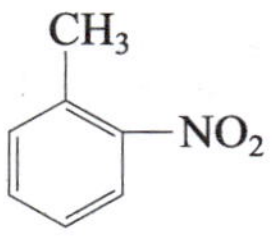

邻硝基甲苯(2-硝基甲苯) 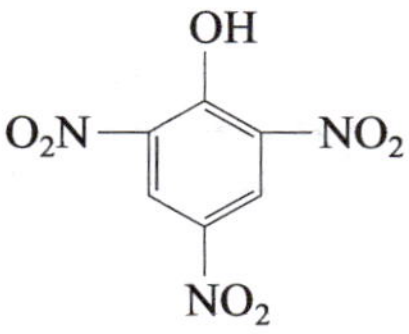　　　　2,4,6-三硝基苯酚

▶ 理论剖析助手

写出下列芳香族硝基化合物的名称。

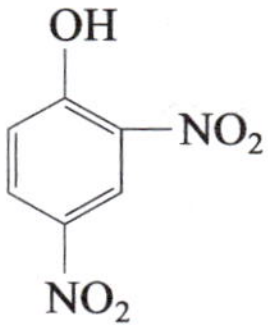

分析与解答

① 以酚羟基为主官能团，硝基为取代基，确定主链名称为"苯酚"。

② 在苯环上进行编号，酚羟基所连的碳原子为 1 号碳，顺时针旋转依次进行编号。

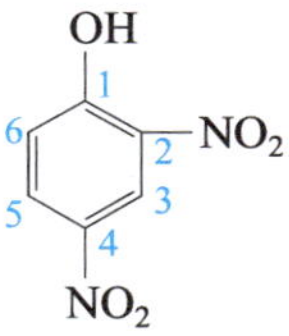

注意：编号原则应是使所有取代基的位置和最小，而不是一定为顺时针旋转。

③ 写名称，该物质的名称为 2,4-二硝基苯酚。

🔄 随堂练一练

写出下列化合物的结构简式或名称。

1. 间硝基乙苯

2. 2,4,6-三硝基甲苯

3. 对硝基苯甲酸

4.

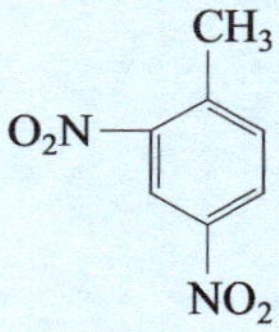

第二节

芳香族硝基化合物的化学性质

温故知新

上一节中，在理论剖析助手环节中分析了硝基的结构，知道了一些硝基化合物的名称，那官能团硝基具有哪些性质呢？

> **你知道芳香族硝基化合物的物理性质吗？**
>
> 物态、颜色、气味　在室温下，一硝基化合物为无色或淡黄色的液体或固体，多硝基化合物多数是淡黄色晶体，具有苦杏仁味。
>
> 熔沸点　因硝基的极性较强，与其他有机化合物相比，有较高的熔、沸点。
>
> 相对密度　比水重，都大于1。
>
> 溶解度　不溶于水，易溶于有机溶剂。
>
> 热稳定性　受热、撞击易分解发生爆炸，如2,4,6-三硝基甲苯为烈性炸药。
>
> 另外，硝基化合物有毒性，能通过皮肤被吸收，对人体有损伤。

芳香族硝基化合物的化学性质主要包括硝基的还原反应，苯环上的取代反应以及硝基对苯环上其他基团的影响。

一、硝基的还原反应

🔄 新概念

硝基的还原反应　硝基化合物中硝基被还原生成氨基的反应。

🔄 新知识

芳香族硝基化合物最重要的性质是还原性。硝基化合物与常见的还原剂（如铁、锡和盐酸等）作用，可以得到胺类化合物。常用的还原方法有催化加氢法和化学还原法两种。

由于催化加氢法在产品的质量和收率等方面都优于化学还原法，因而工业生产已经越来越多地采用催化加氢法由硝基化合物制备胺。

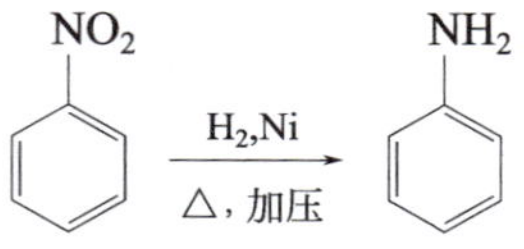

$$\text{NO}_2\text{—} \xrightarrow[\triangle,\ 加压]{\text{H}_2,\text{Ni}} \text{NH}_2\text{—}$$

（苯胺）

$$\underset{\text{NH}_2}{\overset{\text{NO}_2}{\bigcirc}} \xrightarrow[\triangle,\ 加压]{\text{H}_2,\text{Ni}} \underset{\text{NH}_2}{\overset{\text{NH}_2}{\bigcirc}}$$

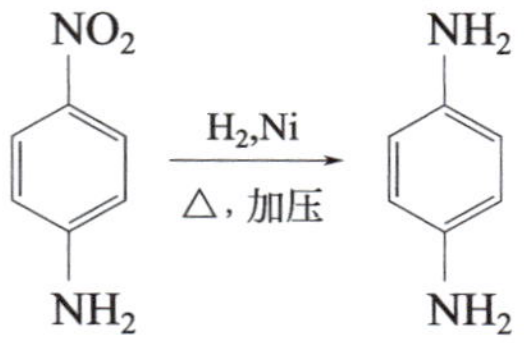

（对苯二胺）

催化加氢法除了上述优点外，还有一个特点是，反应可以在中性条件下进行，因此可以用于在酸性或碱性条件下易水解的一类化合物的还原。例如：

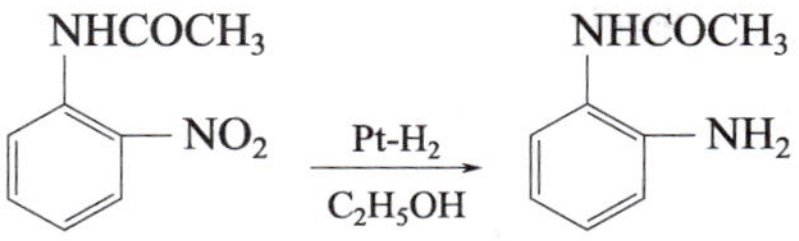

邻硝基乙酰苯胺　　　　　　　邻氨基乙酰苯胺

当选择用碱金属的硫化物或多硫化物，如硫氢化铵、硫化铵作为还原剂时，可以选择性地还原多硝基化合物中的一个硝基为氨基。例如：

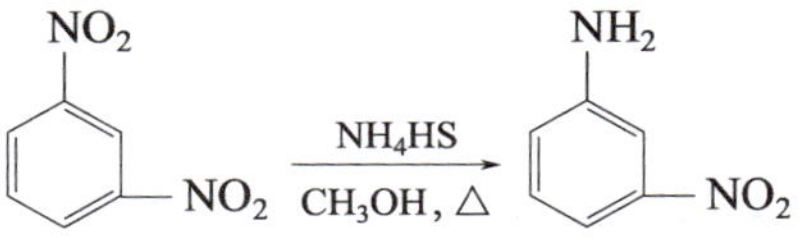

🐟 随堂练一练

1. 硝基的还原方法常有_____和_____。

2. 工业上常用_____方法由硝基苯制备苯胺。

3. 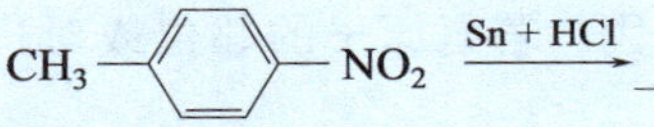 CH_3 ⟨苯环⟩ NO_2 $\xrightarrow{Sn + HCl}$ _____。

4. 硝基苯催化加氢生成（　　）。

A. 亚硝基苯　　　　　B. 苯肼　　　　　C. 苯胺　　　　　D. 氧化偶氮苯

二、苯环上的取代反应

🐟 新概念

苯环上的取代反应　硝基化合物中苯环上的氢原子被卤素原子、硝基、磺基等原子或原子团取代的反应。

🐟 新知识

硝基化合物中苯环上的取代反应，主要发生在间位上。硝基是较强的间位定位基，使苯环钝化，硝基苯环上的卤代、硝化、磺化等取代反应发生在间位。硝基化合物的卤代、硝化和磺化反应都要比苯困难，不能发生烷基化、酰基化反应。

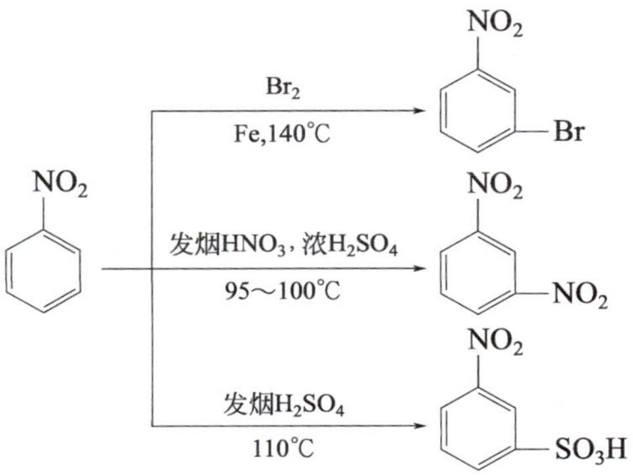

1. 硝基是较强的_____定位基，它能使苯环_____，硝基苯环上的卤代、硝化、磺化等_____反应主要发生在_____位。

2. 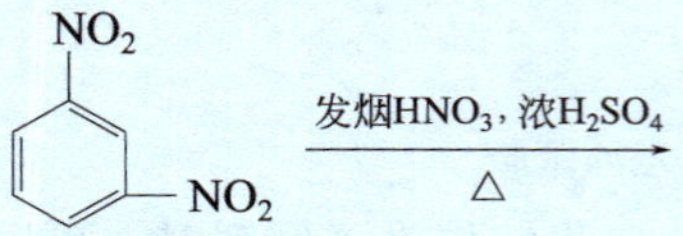 $\xrightarrow[\triangle]{\text{发烟HNO}_3, \text{浓H}_2\text{SO}_4}$

3. $\xrightarrow[\triangle]{\text{发烟H}_2\text{SO}_4}$

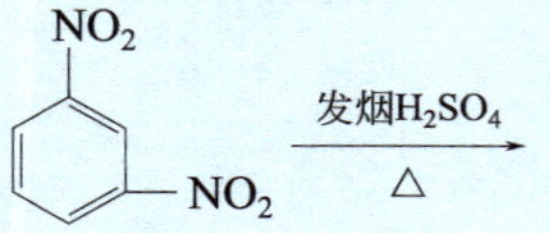

三、硝基对苯环上取代基的影响

1. 邻、对位的活性增强

卤素直接连在苯环上很难发生水解，很难被—OH取代。若氯原子的邻位或对位连有硝基时，氯原子就比较活泼，容易被水解。

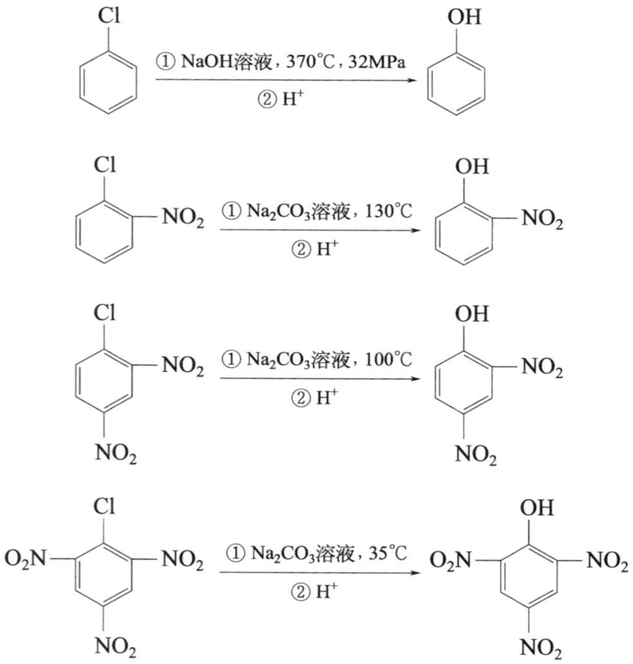

从上述反应条件可以看出，当邻、对位上的硝基越多时，卤素的活性就越强，越容易发生水解反应。

2. 酸性增强

同样由于硝基的吸电子作用，使苯环上的羟基或者羧基，尤其是处于邻位或对位的羟基或羧基上的氢原子质子化倾向增强，即氢原子更容易理解成H^+，酸性增强。硝基越多，酸性越强。例如：

酸性：

pK_a值(25℃)：　　99.8　　　7.16　　　4.0　　　　0.71

酸性：

pK_a值(25℃)：　　4.17　　　3.49　　　3.40　　　2.21

随堂练一练

1. 氯原子特别活泼、容易被羟基取代（和碳酸钠的水溶液共热）的是（　　　）。

A. 2,3-二硝基氯苯　　　　　　　　　B. 2,4-二硝基氯苯

C. 2,5-二硝基氯苯　　　　　　　　　D. 2-硝基氯苯

2. 硝基可使邻对位上的卤素原子变得活泼，是由于硝基的（　　　）作用。

A. 吸电子　　　　B. 斥电子　　　　C. 强　　　　D. 弱

3. 比较下列化合物酸性的强弱。

苯酚＿＿＿＿＿对甲苯酚；2,4-二硝基苯酚＿＿＿＿＿＿2,4,6-三硝基苯酚。

有机化学实验室

重结晶操作

重结晶是分离、提纯固体有机化合物时常用的操作技术。操作步骤如下：

(1) 热溶解　用选择的溶剂将被提纯的物质溶解，制成热的饱和溶液。

(2) 脱色　如果溶液中含有色杂质，可待溶液稍冷，加入适量活性炭，再煮沸 5～10min，利用活性炭的吸附作用除去有色物质。

(3) 热过滤　将溶液趁热在保温漏斗中过滤，除去活性炭及其他不溶性杂质。

(4) 结晶　将滤液充分冷却，使被提纯物呈结晶析出。

(5) 抽滤　用减压过滤装置将晶体与母液分离，除去可溶性杂质。用冷溶剂淋洗滤饼两次，再抽干。

(6) 干燥　滤饼经自然晾干或烘干，脱除少量溶剂，即得到精制品。

第三节

重要的硝基化合物

温故知新

上一节中，我们了解了硝基的典型的化学性质，你还记得有哪些吗？它们有哪些用处呢？本节让我们一起来了解一些具体的硝基化合物。

新知识

1. 硝基苯

硝基苯（$\text{C}_6\text{H}_5\text{NO}_2$）为无色、油状液体，工业上硝基苯常因含杂质而带有浅黄色，熔点为 5.7℃，沸点为 210.8℃，密度为 1.197g/cm³，具有苦杏仁气味，微溶于水，溶于乙醇、苯等有机溶剂。

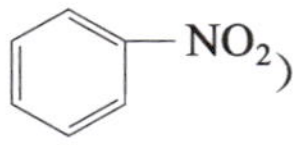

读一读

> 硝基苯的主要毒性作用：
>
> a. 形成高铁血红蛋白的作用：主要是硝基苯在体内生物转化所产生的中间产物对氨基酚、间硝基酚等的作用。b. 溶血作用：发生机制与形成高铁血红蛋白的毒性有密切关系，从而引起红细胞破裂，发生溶血。c. 肝脏损害：硝基苯可直接作用于肝细胞致肝实质病变。d. 急性中毒者还有肾脏损害的表现，此种损害也可继发于溶血。

硝基苯是制备苯胺、染料和炸药等的重要原料，也可用作溶剂和缓和的氧化剂。

2. 2,4,6-三硝基甲苯

2,4,6-三硝基甲苯（O_2N—〔苯环，CH₃ 在顶部，2,4,6 位各接 NO₂〕—NO_2）俗称 TNT。它是最重要的一种军用炸药，为黄色单斜晶体，相对密度为 1.65，熔点为 81.8℃，沸点为 280℃，240℃爆炸，不溶于水，微溶于乙醇，溶于丙酮；有毒性，对人体的肝脏、造血系统有损害。

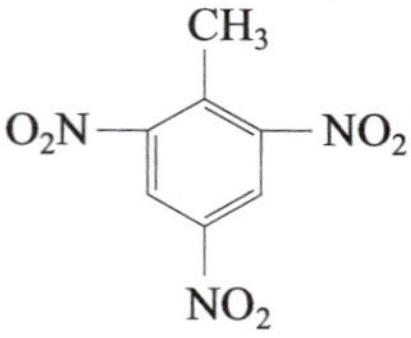

TNT 可由甲苯经高温发生硝化反应制取：

$$CH_3 + 3HNO_3 \xrightarrow[100℃]{H_2SO_4} O_2N \underset{NO_2}{\overset{CH_3}{\bigodot}} NO_2 + 3H_2O$$

2,4,6-三硝基甲苯

读一读

TNT 的由来

1863 年，TJ·威尔伯兰德在一次失败的实验中发现，TNT 是一种威力很强的炸药，它在 20 世纪初开始广泛用于装填各种弹药和进行爆炸，逐渐取代了苦味酸。在第二次世界大战结束前，TNT 一直是综合性能最好的炸药，被称为"炸药之王"（图 11-2）。

图 11-2　TNT 组图

3. 2,4,6-三硝基苯酚

2,4,6-三硝基苯酚（$O_2N \underset{NO_2}{\overset{OH}{\bigodot}} NO_2$）俗称苦味酸，具有酸性，其酸性与强无机酸相近，是味苦的黄色晶体，熔点为 122℃，不溶于冷水，溶于热水、乙醇和乙醚，有毒，并有强烈的爆炸性。

随堂练一练

1. 硝基苯的结构简式为 ＿＿＿＿＿＿＿ ，具有 ＿＿＿＿＿＿＿ 气味的油状液体。
2. TNT 的制备方程式：＿＿＿＿＿＿＿＿＿＿＿＿＿＿＿＿＿＿＿。
3. 2，4，6-三硝基苯酚俗称 ＿＿＿＿＿＿＿ ，医药上常用作 ＿＿＿＿＿＿＿。
4. 下列物质中酸性最强的是（　　　）。
A. 邻硝基苯酚　　　　B. 苦味酸　　　　C. 苯酚　　　　D. 间硝基苯酚

第四节
腈和胺

🐟 新概念

腈的定义　烃分子中的氢原子被氰基（—CN）取代后的生成物，常用通式 RCN 或 Ar—CN 表示。

胺的定义　氨分子中的氢原子被烃基取代后的生成物（氨的烃基衍生物）。

一、腈和胺的命名和分类

🐟 新知识

1. 腈的命名

① 根据腈分子中所含碳原子的数目而称为"某腈"。

② 以烃作为母体，氰基作为取代基，称为"氰基某烃"。

▶▶▶　理论剖析助手

1. 给 CH_3CH_2CN 和 $CN(CH_2)_4CN$ 命名。

分析与解答

在 CH_3CH_2CN 中一共含有 3 个碳原子，1 个氰基，所以命名为丙腈；而在 $NC(CH_2)_4CN$ 中一共存在 6 个碳原子，2 个氰基，所以命名为己二腈。

注意：根据所含碳原子数命名时，包括—CN 中的碳原子。

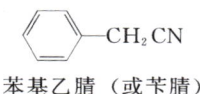

苯基乙腈（或苄腈）

2. 给 $CH_3CH_2CH_2CN$ 和 $CH_2{=\!=}CH—CN$ 命名。

分析与解答

在 $CH_3CH_2CH_2CN$ 中母体为丙烷，氰基作为取代基，编号为 1 号位，所以命名为氰基丙烷；而在 $CH_2{=\!=}CH—CN$ 中母体为乙烯，氰基作为取代基，编号为 1 号位，所以命名为氰基乙烯。

2. 胺的分类和命名

〔1〕胺的分类

① 根据胺分子中与氮原子上相连的烃基数目的不同分类，氮原子上连有 1 个、2 个和 3 个烃基的胺分别为伯胺（1°胺）、仲胺（2°胺）和叔胺（3°胺）。分别含有氨基、亚氨基

和次氨基。

$$R-NH_2 \qquad R-NH-R \qquad R-\underset{\underset{R}{|}}{N}-R$$

$$\qquad\quad 伯胺 \qquad\qquad\quad 仲胺 \qquad\qquad\quad 叔胺$$

官能团：氨基—NH_2 　　亚氨基 $\diagdown NH$ 　　次氨基 —$N\diagup$

▶ 理论剖析助手

区分伯、仲、叔胺的分类方法与伯、仲、叔醇不同，判断下面两个物质分别属于哪一类胺和哪一类醇。

$$CH_3-\underset{\underset{CH_3}{|}}{\overset{\overset{CH_3}{|}}{C}}-OH \qquad\qquad CH_3-\underset{\underset{CH_3}{|}}{\overset{\overset{CH_3}{|}}{C}}-NH_2$$

分析与解答

伯、仲、叔胺是根据氮原子上烃基的数目分类的；而伯、仲、叔醇是根据与烃基相连的碳原子的类型分类的。

前者羟基所连的碳原子上连有三个烃基，所以是叔碳原子，故它属于叔醇；而后者氮原子上连接的是两个氢原子和一个烃基，根据伯胺的概念——氮原子上连有一个烃基，其应属于伯胺。所以：

$$CH_3-\underset{\underset{CH_3}{|}}{\overset{\overset{CH_3}{|}}{C}}-OH \qquad\qquad CH_3-\underset{\underset{CH_3}{|}}{\overset{\overset{CH_3}{|}}{C}}-NH_2$$

$$\qquad\quad 叔醇 \qquad\qquad\qquad\qquad 伯胺$$

② 根据氮原子上所连接的烃基不同，可分为脂肪胺和芳香胺。

脂肪胺：氮原子上只连接脂肪烃基的胺。如 $R-NH_2$

芳香胺：氮原子上至少连有一个芳基的胺。如 $Ar-NH_2$

③ 根据胺分子中氨基的数目，可分为一元胺、二元胺和多元胺。

如：一元胺　　　　　$CH_3CH_2NH_2$　　　　　　乙胺

　　二元胺　　　　　$H_2NCH_2CH_2NH_2$　　　　乙二胺

季铵盐：铵盐分子中氮原子上的四个氢原子全被烃基取代后的化合物。

季铵碱：季铵盐中的酸根离子被氢氧根取代的化合物。例如：

$$[CH_3CH_2\underset{\underset{CH_3}{|}}{\overset{\overset{CH_3}{|}}{N}}CH_3]^+X^- \qquad\qquad [CH_3CH_2\underset{\underset{CH_3}{|}}{\overset{\overset{CH_3}{|}}{N}}CH_3]^+OH^-$$

$$\qquad\quad 季铵盐 \qquad\qquad\qquad\qquad 季铵碱$$

想一想

叔丁醇和叔丁胺分别属于叔醇和叔胺，这种说法对吗？

(2) 胺的命名

① 简单的胺以胺为母体，烃基作为取代基，即在相应烃基名称后加“胺”字，“基”字一般可省略。当所连的烃基相同时，在前面用“二、三”等表示烃基的数目；当所连的烃基不相同时，按顺序规则中的较优基团后列出。例如：

CH_3NH_2	$(CH_3CH_2)_2NH$	$CH_3CH_2CH_2—NH—C_2H_5$
甲胺	二乙胺	乙丙胺

② 当 N 原子上同时连有芳基和脂肪烃基的时候，以芳香胺为母体，命名时在脂肪烃基前面加上字母“*N*”，表示该烃基与氨基的氮原子直接相连。例如：

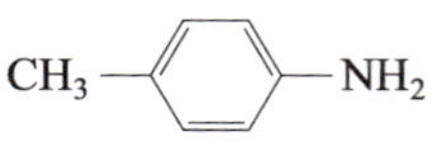

对甲苯胺

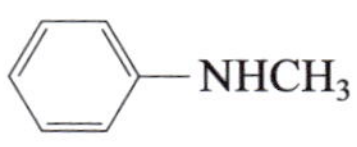

N-甲基苯胺

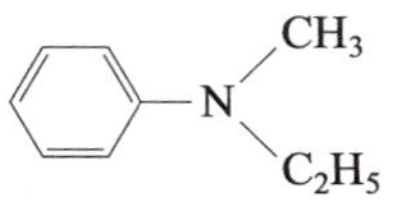

N-甲基-*N*-乙基苯胺

③ 比较复杂的胺，以烃为母体，氨基作为取代基。例如：

$$\begin{array}{l} H_2NCH_2CH_2\underset{\displaystyle H_3C}{\underset{|}{C}}H\underset{\displaystyle NH_2}{\underset{|}{C}}HCH_2CH_3 \end{array}$$

3-甲基-1,4-二氨基己烷

④ 季铵盐和季铵碱可看作是铵的衍生物，命名与无机铵盐或氢氧化铵类似，以“铵”字代替“胺”字，并在某烃基铵前面加上负离子的名称（如氯化、氢氧化等）。例如：

$[(CH_3)_3NC_2H_5]^+Cl^-$	$[(CH_3CH_2)_2N(CH_3)_2]^+OH^-$
氯化三甲乙铵（季铵盐）	氢氧化二甲二乙铵（季铵碱）

读一读

注意“氨”“胺”及“铵”字的用法，在表示基团时，如氨基($—NH_2$)、亚氨基、次氨基，则用“氨”字；表示 NH_3 的烃基衍生物时，用“胺”；季铵类化合物则用“铵”。

随堂练一练

命名下列物质或写出下列物质的结构简式。

1. $H_2N—CH_2—CH_2—NH_2$
2. $(CH_3)_3N$

3.

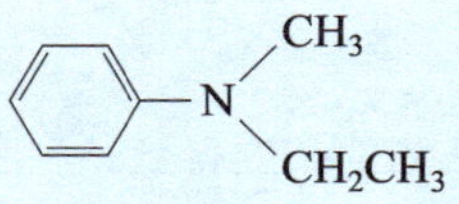

4. $\left[CH_3N(C_2H_5)_3\right]^+ Br^-$

5. 苯甲胺

6. 己二腈

二、腈和胺的化学性质

你知道腈和胺的物理性质吗？

低级腈是无色液体，高级腈是固体。纯净的腈无毒，不解离出氰根离子 CN^-。腈与水可形成氢键，在水中溶解度较大，低级腈与水可混溶。腈的沸点与相近分子量的醇接近，较羧酸的低，比烃、醚、醛、酮、胺的均高。

脂肪胺中甲胺、乙胺、二甲胺和三甲胺为气体，与氨有相似的气味；其他低级脂肪胺为液体，有难闻的臭味；高级脂肪胺为固体，几乎没有气味。

芳香胺大多为液体或固体，有特殊的气味，有毒，与皮肤接触或吸入蒸气都会中毒。胺的熔点和沸点比相近分子量的醇和羧酸低。

新概念

腈的水解反应　腈在酸或碱的催化下，在较高温度（约 $100\sim200℃$），水解生成羧酸或羧酸盐。

腈的还原反应　腈经催化加氢或用氢化锂铝还原生成伯胺。

新知识

1. 腈的化学性质

不饱和键上的加成反应和 α-碳上的反应　氰基与羰基的结构相似，因此他们也有某些相似的化学性质，能发生不饱和键上的加成反应和 α-碳上的反应。

腈很容易发生水解，酸或碱均可催化水解反应，得到羧酸。

$$CH_3CN + H_2O \xrightarrow[100\sim200℃]{H^+} CH_3COOH + NH_4^+$$

工业上利用己二腈水解制备己二酸：

$$CN(CH_2)_4CN \xrightarrow[100\sim200℃]{H_2O,H^+} HOOC(CH_2)_4COOH + NH_3$$

腈的还原反应主要用于将腈还原为伯胺，可以用催化氢化或者化学还原剂的方法还原。常用的催化剂有铂、钯等，常用的化学还原剂有氢化锂铝、醇钠等。例如：

$$CH_3CN \xrightarrow[高压]{H_2,Ni} CH_3CH_2NH_2$$

$$CH_3CH_2CN \xrightarrow{Na + C_2H_5OH} CH_3CH_2CH_2NH_2$$

对接生产

　　腈既可以水解生成酸，又可以还原生成胺。羧酸与胺可以经过一系列的反应得到一种我们熟悉的物质——尼龙。尼龙，是聚酰胺纤维(锦纶)的一种说法，是分子主链上含有重复酰胺基团［—(NHCO)—］的热塑性树脂的总称。它有非常多的种类，包括尼龙-66，尼龙-11，尼龙-12 等，具有韧性高、弹性好、耐腐蚀、耐油、耐水、耐磨、耐高温、耐候性好等特点，广泛用于工业过滤、石油、化工、印刷、渔业捕捞等行业。尼龙制品见图 11-3。

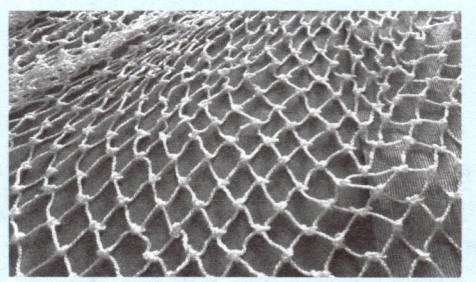

图 11-3　尼龙制品

2. 胺的化学性质

[1] **胺的碱性**　胺与氨一样，分子中氮原子上的孤电子对能接受质子，显碱性。

$$\ddot{N}H_3 + HOH \rightleftharpoons NH_4^+ + OH^-$$

$$R\ddot{N}H_2 + HOH \rightleftharpoons RNH_3^+ + OH^-$$

　　胺的碱性强弱可用 pK_b 值表示，pK_b 愈小，其碱性愈强。一般脂肪胺的 $pK_b = 3 \sim 5$，芳香胺的 $pK_b = 7 \sim 10$（NH_3 的 $pK_b = 4.76$）；多元胺的碱性大于一元胺。一些胺的 pK_b 见表 11-1，从表中数据，可以看出，各类胺的碱性强弱顺序为：

脂肪仲胺＞脂肪伯胺＞脂肪叔胺＞氨＞芳香胺

表 11-1　一些胺的 pK_b 值（20～25℃）

名称	pK_b	名称	pK_b	名称	pK_b
氨	4.76	乙胺	3.26	对甲苯胺	8.92
甲胺	3.38	乙二胺	4.07（pK_{b_1}）	对硝基苯胺	12.9
二甲胺	3.27	1,6-己二胺	3.07（pK_{b_1}）	N-甲基苯胺	9.15
三甲胺	4.21	苯胺	9.30	N,N-二甲基苯胺	8.93

　　取代苯胺的碱性强弱取决于取代基的性质，取代基为供电子基团时，碱性增强；取代基为吸电子基团时，碱性减弱。

▶ 理论剖析助手

比较对甲基苯胺，苯胺以及对硝基苯胺的碱性。

分析与解答

因为甲基是供电子基团，硝基是吸电子基团，所以对甲基苯胺碱性增强，对硝基苯胺的碱性减弱。

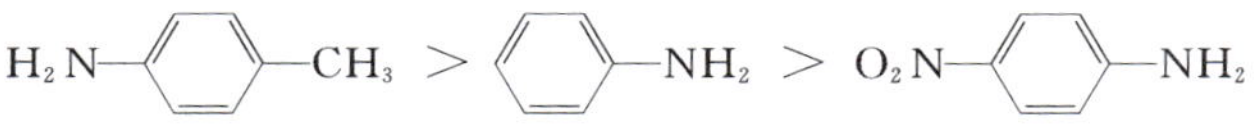

$$H_2N\text{—}\langle \rangle\text{—}CH_3 > \langle \rangle\text{—}NH_2 > O_2N\text{—}\langle \rangle\text{—}NH_2$$

胺是弱碱，可与大多数酸作用生成盐，苯胺的碱性虽弱，但也能与强酸作用生成盐。

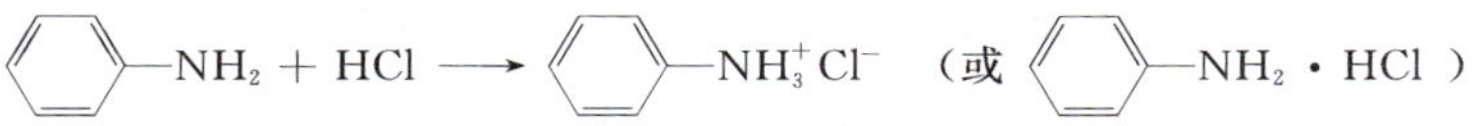

$$\langle \rangle\text{—}NH_2 + HCl \longrightarrow \langle \rangle\text{—}NH_3^+Cl^- \quad (或 \langle \rangle\text{—}NH_2 \cdot HCl)$$

氯化苯铵（苯胺盐酸）

这就是微溶或不溶于水的胺可以溶于稀酸的原因。当铵盐与强碱作用时，胺又重新游离出来。例如：

$$RNH_2 + HCl \longrightarrow RNH_3^+Cl^- \xrightarrow{NaOH} RNH_2 + NaCl + H_2O$$

不溶于水　　　　溶于水　　　　　　不溶于水

一般简单胺的无机盐大多溶于水，有机酸的铵盐在水中溶解度较小，但无机酸和有机酸的铵盐均不溶于有机溶剂，利用这一性质能分离提纯胺类化合物。

想一想

如何分离苯酚和苯胺的混合物？

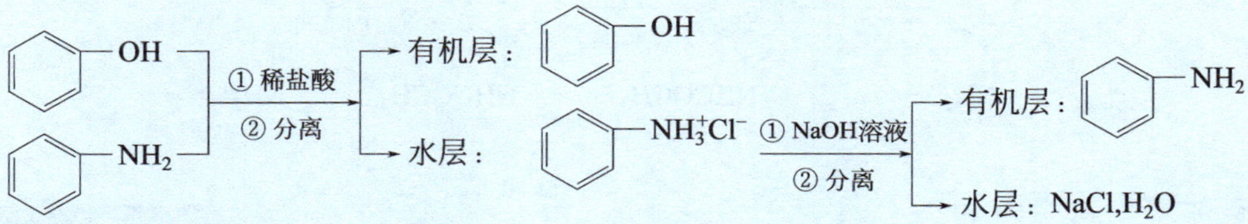

季铵碱是强有机碱，碱性强度与 NaOH 相当，与酸作用可生成季铵盐。

🔹 随堂练一练

比较下列各组物质的碱性大小。

1. 乙胺、苯胺、氨。
2. 苯胺、二甲胺、二苯胺、氢氧化四甲铵。
3. 苯胺、对硝基苯胺、对甲基苯胺。

(2) 酰化反应 伯胺和仲胺与酰卤（RCOCl）、酸酐等酰基化试剂反应，生成 N-取代酰胺、N,N-二取代酰胺。

$$R-\underset{\underset{H}{|}}{N}-H + Cl-\overset{\overset{O}{\|}}{C}-R' \longrightarrow R-NH-\overset{\overset{O}{\|}}{C}-R' + HCl$$

$$R_2N-H + Cl-\overset{\overset{O}{\|}}{C}-R' \longrightarrow R_2N-\overset{\overset{O}{\|}}{C}-R' + HCl$$

想一想

叔胺能否发生酰化反应呢？

伯胺和仲胺能发生酰基化反应，是因为其氮原子上有氢原子；而叔胺氮原子上没有氢原子，故不发生酰基化反应。除甲酰胺外，其他酰胺都是结晶性能较好的固体，可通过测定酰胺的熔点来鉴定胺。

➤ 理论剖析助手

由苯胺经硝化反应制备对硝基苯胺。

分析与解答

因为硝酸有氧化性，而氨基有还原性，所以如果直接经硝化反应引入硝基的时，会氧化原有的氨基。为了防止苯胺的氧化，我们可以先利用酰化反应，对氨基进行"保护"，然后再进行硝化，等在苯环上引入硝基后，再通过水解除去酰基，即能得到对硝基苯胺。

$$\underset{NH_2}{\bigcirc} \xrightarrow{(CO_3CO)_2O} \underset{NHCOCH_3}{\bigcirc} \xrightarrow{HNO_3} \underset{NHCOCH_3}{\overset{NO_2}{\bigcirc}} \xrightarrow[H^+]{H_2O} \underset{NH_2}{\overset{NO_2}{\bigcirc}}$$

对接生产

酰化反应在药物合成中的作用

酰化反应在药物合成中也有重要作用，对药物的修饰具有重要的意义。在药物分子中引入酰基后，可增加药物的脂溶性，有利于体内的吸收，提高或延长其疗效，并可降低药物毒性。比如，对氨基苯酚具有解热镇痛作用，但不良反应强，不利于临床。若乙酰化对羟基乙酰苯胺(扑热息痛)后，减少了不良反应，增强了疗效。利用酰化反应合成的药物见图 11-4。

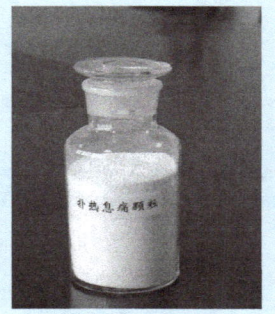

图 11-4　利用酰化反应合成的药物

随堂练一练

1. 芳胺易被_____，但其酰基衍生物稳定，不易被氧化，可由芳胺制得，又可经_____转变为芳胺。因此在有机合成中可利用_____来保护氨基。

2. 伯胺和仲胺能发生_____反应，是因为其氮原子上有_____；而叔胺氮原子上没有_____，故不发生_____反应。

3. 常见的酰基化试剂有_____、_____。

4.

$$\underset{NH_2}{\overset{CH_3}{\bigcirc}} \xrightarrow[CH_3COOH]{(CH_3CO)_2O}$$

（3）与亚硝酸反应 脂肪胺、芳香胺都能与亚硝酸反应，但胺的结构不一样，反应得到的产物也不同。另外由于亚硝酸不稳定，通常在反应过程中由亚硝酸钠与盐酸（或硫酸）作用生成亚硝酸。

① **伯胺与亚硝酸的反应** 脂肪族伯胺与亚硝酸反应生极不稳定的脂肪族重氮盐。该盐在低温条件下会立即分解成氮气和醇、烯、卤代烃等混合物，简单反应式表示如下：

$$RNH_2 \xrightarrow{NaNO_2 + HCl} RN^+ \equiv NCl^- \longrightarrow N_2\uparrow + \underbrace{R^+ + Cl^-}_{\substack{醇、烯、卤代烃\\等混合物}}$$

由于产物复杂，在合成上没有实际意义。但因为能够定量放出氮气，所以可用来对脂肪伯胺进行定量分析。

芳香族伯胺与亚硝酸在低温（0~5℃）及强酸溶液中反应，生成重氮盐。这个反应称为重氮化反应。其化学反应式如下：

$$\underset{}{\bigcirc}-NH_2 + NaNO_2 + HCl \xrightarrow{0~5℃} \underset{氯化重氮苯}{\bigcirc-N_2^+Cl^-} + H_2O + NaCl$$

芳香族重氮盐在低温下较稳定，但受热也能放出氮气，并生成苯酚。芳香族重氮盐在弱碱条件下与 β-萘酚反应，析出橘红色的沉淀，可用于鉴别芳香族伯胺。

② **仲胺与亚硝酸的反应** 脂肪族或芳香族仲胺与亚硝酸反应，都生成不溶于水的黄色油状物或固体的 N-亚硝基化合物。

$$(CH_3)_2NH + NaNO_2 + HCl \longrightarrow \underset{N\text{-}亚硝基二甲胺(黄色油状液体)}{(CH_3)_2N - NO} + H_2O + NaCl$$

$$\bigcirc-NHCH_3 + NaNO_2 + HCl \longrightarrow \underset{\substack{|\\NO\\N\text{-}甲基\text{-}N\text{-}亚硝基苯胺(黄色油状液体)}}{\bigcirc-NCH_3} + H_2O + NaCl$$

N-亚硝基化合物为黄色油状液体或固体，绝大多数不溶于水，可溶于有机溶剂。它与稀盐酸和 $SnCl_2$ 共热后，又可还原成原来的仲胺，因此该性质可用于鉴别、分离和提纯仲胺。

③ 叔胺与亚硝酸的反应　脂肪族叔胺与亚硝酸反应，生成不稳定的亚硝酸盐，亚硝酸盐溶于水，所以观察不到反应现象。若用强碱处理又可得到原来的脂肪族叔胺。

$$R_3N + HNO_2 \longrightarrow [R_3NH]^+NO_2^- \xrightarrow{NaOH} R_3N + NaNO_2 + H_2O$$

芳香族叔胺与亚硝酸反应，因为氨基的强活化作用，在芳环上引入亚硝基，生成对亚硝基芳胺。例如：

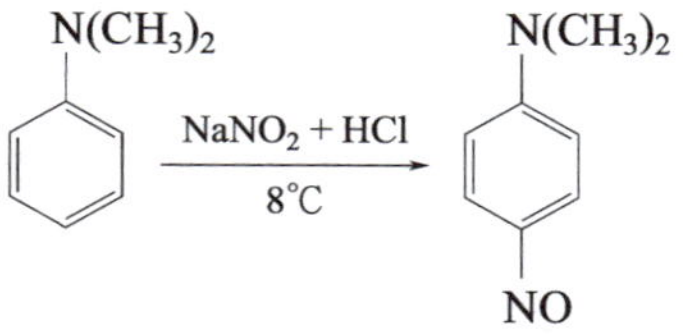

N,N-二甲基对亚硝基苯胺

亚硝基芳香族叔胺在酸性溶液中呈橘黄色，在碱性溶液中呈翠绿色。由于不同的胺与亚硝酸反应的现象不同，因此可利用亚硝酸来鉴别伯、仲、叔胺。

随堂练一练

1. 用化学方法鉴别下列各组化合物。
(1) 甲胺、二甲胺、三甲胺。
(2) 苯胺、N-甲基苯胺、N,N-二甲基苯胺。
2. 写出下列反应的主要产物。

(1) 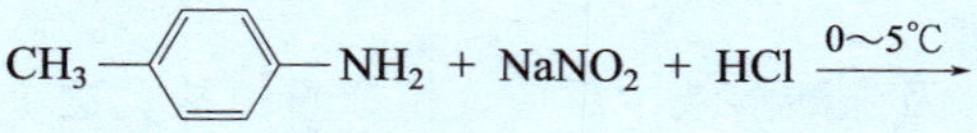 CH_3 —〇— NH_2 + $NaNO_2$ + HCl $\xrightarrow{0\sim5℃}$

(2) 〇— $NHCH_3$ $\xrightarrow{NaNO_2 + HCl}$

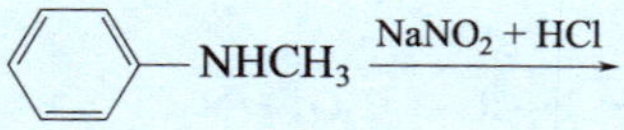

(4) 芳胺环上的取代反应

① 卤化　苯胺在水溶液中与卤素的反应非常迅速，溴化生成 2,4,6-三溴苯胺，其在水溶液中为白色沉淀。该反应常用来定性、定量检验苯胺。

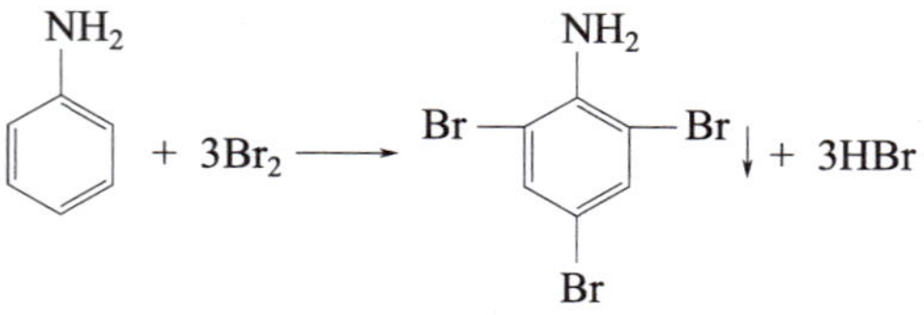

② 硝化　苯胺用硝酸硝化时，因硝酸有氧化性，常伴有氧化反应发生。为了避免这个副反应，苯胺硝化时必须先保护氨基，然后再硝化，所得产物视反应条件不同可以得到邻位或对位的硝化产物。

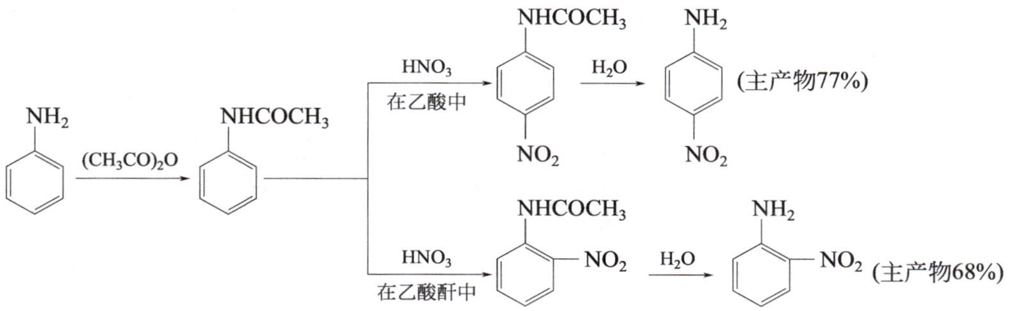

③ 磺化　苯胺与浓硫酸混合，可生成苯胺硫酸盐，苯胺硫酸盐在 $180\sim190\,^{\circ}\mathrm{C}$ 烘焙，即得到对氨基苯磺酸。

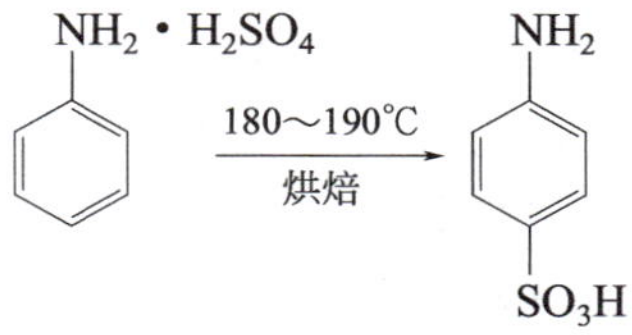

对氨基苯磺酸分子中同时含有碱性的氨基和酸性的磺酸基，它们之间可以中和形成盐（ $\mathrm{H_3N^+}$ —— ——$\mathrm{SO_3^-}$ ），这种分子内形成的盐叫内盐。

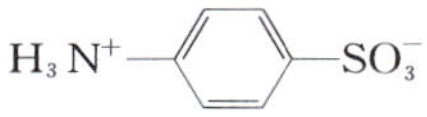

随堂练一练

1. 氨基是很强的_____位定位基，在_____位易发生亲电_____反应。常见的取代有_____、_____和_____。

2. 用化学方法鉴别苯胺、苯和苯酚三种物质。

3. 完成下列各反应式。

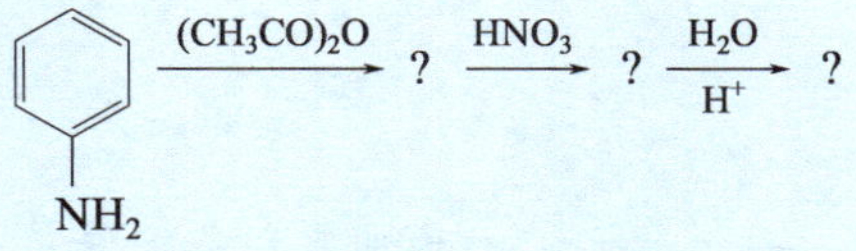

三、重要的腈和胺

新知识

1. 丙烯腈

丙烯腈为无色液体，沸点为 $77.3\sim77.4\,^{\circ}\mathrm{C}$ ，微溶于水，易溶于有机溶剂。其蒸气有毒，能与空气形成爆炸性混合物。它是合成纤维和合成橡胶的单体，又是重要的有机合成原料。目前生产丙烯腈的主要方法是氨氧化法。

$$\mathrm{CH_2{=}CH{-}CH_3 + NH_3 + O_2} \xrightarrow[470\,^{\circ}\mathrm{C},\ 0.2\sim0.3\mathrm{MPa}]{\text{磷钼酸铋}} \mathrm{CH_2{=}CH{-}CN + H_2O}$$

丙烯腈在引发剂（如过氧化苯甲酰）的存在下，可聚合成聚丙烯腈。

$$n\mathrm{CH_2{=}\underset{\underset{\mathrm{CN}}{|}}{CH}} \xrightarrow{\text{引发剂}} \mathrm{{-}\!\!\left[CH_2{-}\underset{\underset{\mathrm{CN}}{|}}{CH}\right]\!\!_n}$$

聚丙烯腈纤维即腈纶，又称人造羊毛。它具有强度高、保暖性好、着色性好、耐日光、耐酸和耐溶剂等特性。丙烯腈还能与其他化合物共聚，丁腈橡胶就是由丙烯腈和1,3-丁二烯共聚而成。丙烯腈制品见图11-5。

图 11-5　丙烯腈制品

2. 乙二胺

乙二胺（$H_2N-CH_2-CH_2-NH_2$）是最简单的脂肪族二胺，无色黏稠液体，沸点为116.5℃，比乙胺的沸点（16.6℃）高得多。乙二胺有毒，对眼睛、呼吸道、皮肤有刺激性。

乙二胺是制备药物、乳化剂和杀虫剂的原料，又可作为环氧树脂的固化剂。以乙二胺与氯乙酸钠为原料，可合成乙二胺四乙酸二钠，经酸化后得乙二胺四乙酸（EDTA）。

$$
\begin{array}{c}
HOOCCH_2 \diagdown \qquad\qquad\qquad\qquad CH_2COOH \\
\qquad N-CH_2-CH_2-N \\
HOOCCH_2 \diagup \qquad\qquad\qquad\qquad CH_2COOH
\end{array}
$$

EDTA 及其盐是分析中常用的金属离子络合剂，常用于配位滴定。

3. 苯胺

苯胺（◯—NH_2）又称阿尼林油，是芳香族胺的典型代表，存在于煤焦油中，为无色油状液体，沸点为184℃，具有特殊气味。苯胺有毒，微溶于水，可溶于苯、乙醇、乙醚，久置在空气中易被氧化，颜色变成黄色至棕色。苯胺与溴水的反应，可用于苯胺的定性鉴别和定量分析。

> **随堂练一练**
>
> 1. 丙烯腈的结构简式为＿＿＿＿＿＿＿，其主要制备方法是＿＿＿＿＿＿＿。
> 2. 乙二胺是制备药物、＿＿＿＿＿＿和＿＿＿＿＿＿的原料，又可作为环氧树脂的固化剂。
> 3. 芳香族胺的典型代表是＿＿＿＿＿＿，结构为＿＿＿＿＿＿。

＊第五节
重氮和偶氮化合物

> **新概念**

重氮化合物的定义　—N_2—基团的一端与烃基相连，另一端与非碳的原子或原子团相连的化合物。

偶氮化合物的定义　—N_2—基团的两端都与烃基相连的化合物。

常见的重氮化合物和偶氮化合物：

$$\langle C_6H_5\rangle - N^+ \equiv NCl^-$$

氯化重氮苯

$$\langle C_6H_5\rangle - N = N - OH$$

氢氧化重氮苯

$$\langle C_6H_5\rangle - N = N - \langle C_6H_5\rangle$$

偶氮苯

$$\langle C_6H_5\rangle - N = N - \langle C_6H_4\rangle - OH$$

对羟基偶氮苯

一、重氮化反应

新概念

　　重氮化反应　在强酸溶液中芳香伯胺与亚硝酸在低温下（0～5℃）反应生成重氮盐的反应。

新知识

　　重氮化反应需要在低温下进行，温度高，重氮盐会分解；亚硝酸不能过量，过量不利于重氮盐的稳定，因为亚硝酸具有氧化性；必须在强酸条件下反应，因为在弱酸条件下易发生副反应。例如：

$$\langle C_6H_5\rangle - NH_2 + NaNO_2 + 2HCl \xrightarrow{0\sim5℃} \langle C_6H_5\rangle - N_2^+Cl^- + NaCl + 2H_2O$$

二、重氮盐的反应

　　重氮盐是一种非常活泼的化合物，可发生多种反应，常见的有取代反应（放氮反应）和偶联反应（留氮反应）。

新概念

　　放氮反应　在一定条件下，重氮基可以被羟基、氢原子、卤素和氰基等取代，并放出氮气的反应。

　　留氮反应　重氮盐在反应后，重氮基上的两个氮原子仍保留在产物的分子中的反应。

新知识

　　1. **放氮反应**

　　重氮基可以被羟基、卤素、氰基和氢原子等取代，同时放出氮气，生成一般芳香烃亲电取代反应不能生成的芳香化合物。

$$\langle C_6H_5\rangle - N_2^+HSO_4^- + 2H_2O \xrightarrow[\triangle]{H^+} \langle C_6H_5\rangle - OH + N_2\uparrow + H_2SO_4$$

$$\langle C_6H_5\rangle - N_2^+Cl^- \xrightarrow[\triangle]{Cu_2Cl_2\text{-}HCl} \langle C_6H_5\rangle - Cl + N_2\uparrow$$

$$\langle C_6H_5\rangle - N_2^+Br^- \xrightarrow[\triangle]{Cu_2Br_2\text{-}HBr} \langle C_6H_5\rangle - Br + N_2\uparrow$$

$$\text{Ph-N}_2^+\text{Cl}^- \xrightarrow[\triangle]{\text{CuCN-KCN}} \text{Ph-CN} + \text{N}_2\uparrow$$

$$\text{Ph-N}_2^+\text{Cl}^- + \text{H}_3\text{PO}_2 + 2\text{H}_2\text{O} \longrightarrow \text{Ph} + \text{N}_2\uparrow + \text{H}_3\text{PO}_3 + \text{HCl}$$

$$\text{Ph-N}_2^+\text{Cl}^- + \text{C}_2\text{H}_5\text{OH} \longrightarrow \text{Ph} + \text{N}_2\uparrow + \text{C}_2\text{H}_5\text{OH} + \text{HCl}$$

　　重氮盐与氯化亚铜、溴化亚铜、氰化亚铜反应，分别得到芳基氯、芳基溴和芳腈，这种反应称为桑德迈尔反应。这是在芳环上引入卤素、氰基等的常用方法，反应收率较高，产物纯度较好。芳腈中的氰基很容易水解为羧基，因此利用这个反应可使苯胺转为苯甲酸。

　　重氮盐与次磷酸或乙醇反应，重氮基被氢原子取代，利用该反应可从苯环上除去—NH_2 或—NO_2。

2. 留氮反应

　　在一定的条件下，重氮盐与芳胺或酚类化合物反应生成一类有颜色的偶氮化合物的反应称为偶联反应。因为偶联化合物中仍然保留着重氮盐中的两个氮原子，所以偶联反应又称为留氮反应。

　　重氮盐与芳胺的偶联反应一般在中性或弱酸性条件下进行，最佳 pH 值为 5～7。

　　重氮盐与酚类的偶联反应通常在弱碱性溶液（pH 值为 8～10）中进行。

$$\text{Ph-N}_2^+\text{Cl}^- + \text{H} - \langle\text{C}_6\text{H}_4\rangle - \text{OH} \xrightarrow{\text{NaOH}} \text{Ph} - \text{N}=\text{N} - \langle\text{C}_6\text{H}_4\rangle - \text{OH}$$

对羟基偶氮苯(橘红色)

$$\text{Ph-N}_2^+\text{Cl}^- + \text{H} - \langle\text{C}_6\text{H}_4\rangle - \text{N(CH}_3)_2 \xrightarrow[\text{中性或弱酸性溶液中}]{\text{CH}_3\text{COONa}} \text{Ph} - \text{N}=\text{N} - \langle\text{C}_6\text{H}_4\rangle - \text{N(CH}_3)_2 + \text{HCl}$$

对二甲氨基偶氮苯(黄色)

三、偶氮化合物

新知识

　　芳香族偶氮化合物都具有颜色，性质稳定，广泛用作染料，称为偶氮染料，可用于细胞和组织染色及染色切片。另外，许多偶氮化合物在分析化学中用作指示剂、显色剂、配位剂等，如甲基橙（图 11-6）就是常见的一种酸碱指示剂，变色范围的 pH 值为 3.1～4.4，由红色变为黄色，在 pH 值为 3.1～4.4 的溶液中显橙色。

$$^-\text{O}_3\text{S} - \langle\text{C}_6\text{H}_4\rangle - \text{N}=\text{N} - \langle\text{C}_6\text{H}_4\rangle - \text{N(CH}_3)_2 \underset{\text{OH}^-}{\overset{\text{H}^+}{\rightleftharpoons}} \text{Ph} - \overset{\text{H}}{\underset{}{\text{N}}} - \text{N}=\langle\text{C}_6\text{H}_4\rangle = \overset{+}{\text{N}}\text{(CH}_3)_2$$

　(pH>4.4, 黄色)　　　　　　　　　　　　　　　　　　(pH<3.1, 红色)

图 11-6　甲基橙

在一些特殊的条件下，有些偶氮化合物能够分解生成 20 多种致癌芳香胺，这些物质会改变人体的 DNA 结构引起病变和诱发癌症，比如奶油黄和苏丹红。

对接生活

苏丹红简介

苏丹红是亲脂性偶氮染料，主要用于油彩、机油、蜡和鞋油等产品的染色。由于用苏丹红染色后的食品颜色非常鲜艳且不易褪色，能引起人们强烈的食欲，一些不法食品企业把苏丹红添加到食品中。常见的添加苏丹红的食品有辣椒粉、辣椒油、红豆腐、红心禽蛋等。进入体内的苏丹红主要通过胃肠道微生物还原酶、肝和肝外组织微粒体和细胞质的还原酶进行代谢，在体内代谢成相应的胺类物质。在多项体外致突变试验和动物致癌试验中发现苏丹红有致突变性和致癌性。

随堂练一练

1. 重氮化反应一般在_____温度下进行，因为重氮盐不稳定，温度稍高就会分解。重氮盐具有盐的性质，_____于水，_____于有机溶剂，其水溶液能导电。

2. 甲基橙常用作酸碱指示剂，变色范围的 pH 为_____，由红色变为黄色，在 pH 为 3.1～4.4 的溶液中显_____色。

3. 重氮盐与芳胺的偶联反应一般在_____条件下进行，最佳 pH 为_____。重氮盐与酚类的偶联反应通常在_____溶液（pH 为_____）中进行。

实验大爆发

含氮有机化合物的性质与鉴定

一、实验目的

① 验证胺类化合物的主要化学性质。

② 掌握伯、仲、叔胺及尿素的鉴定方法。

二、实验原理

1. 胺的碱性

六个碳以下的胺能与水混溶，其水溶液可使 pH 试纸呈碱性反应，这是检验胺类的简便方法之一，也是鉴定胺类的重要依据。

胺可以和酸反应生成盐，由不溶性的物质转变为水溶性的盐。

2. 酰化反应

胺能与酰氯或酸酐反应生成酰胺。

伯胺与苯磺酰氯作用生成的磺酸胺，因氮原子上有酸性氢原子，所以能溶解在氢氧化钠溶液中：

$$RNH_2 + \underset{\text{苯磺酰氯}}{\underset{}{}}\text{（苯环）}\overset{O}{\underset{O}{S}}Cl \longrightarrow \underset{\text{苯磺酰胺(不溶)}}{\underset{}{}}\text{（苯环）}\overset{O}{\underset{O}{S}}\overset{H}{N}-R + HCl$$

伯胺　　　　苯磺酰氯　　　　　　苯磺酰胺(不溶)

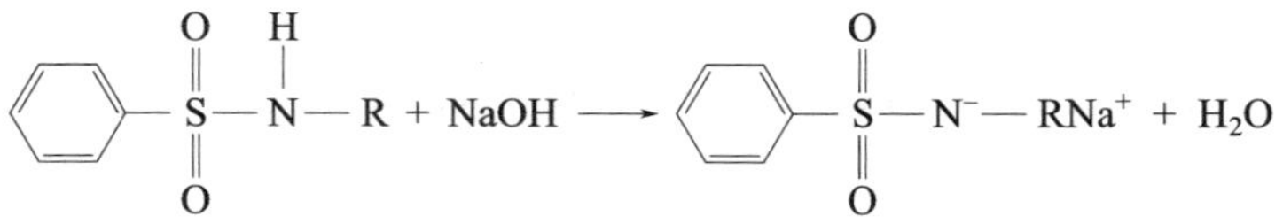

（可溶性盐）

仲胺与苯磺酰氯作用生成的磺酰胺不溶于氢氧化钠溶液，呈沉淀析出：

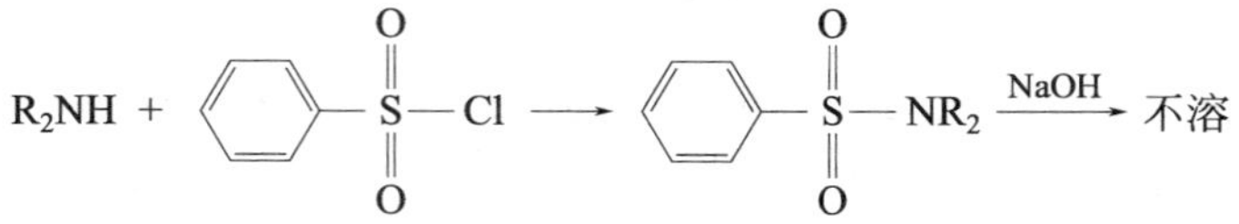

叔胺分子中因氮原子上没有氢原子，不能发生酰化反应。利用这一性质，可鉴别伯、仲、叔胺。

3. 与亚硝酸的反应

胺类都可与亚硝酸发生反应，不同结构的胺反应现象也不相同。

伯胺与亚硝酸在室温下作用，放出氮气；仲胺与亚硝酸作用生成黄色的亚硝基化合物（油状物或固体）；芳香族叔胺与亚硝酸作用发生环上取代反应，生成绿色沉淀；脂肪族叔胺与亚硝酸发生酸碱中和反应，生成可溶性的盐，没有明显的现象变化。

4. 苯胺与溴水的反应

苯胺是重要的芳胺，由于氨基对苯环的影响，具有一些特殊的化学性质，容易与溴水作用生成 2,4,6-三溴苯胺白色沉淀：

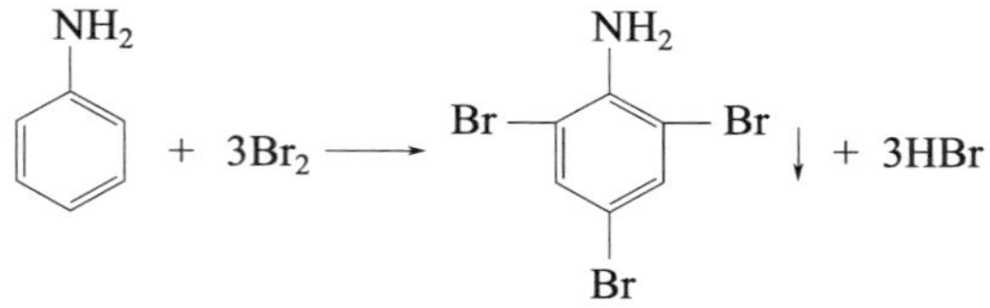

此反应灵敏度高，现象明显，可用来鉴定苯胺。苯酚也能发生同样反应，可通过检验酸碱性或用三氯化铁溶液加以区别。

三、实验仪器、材料和药品

1. 实验仪器、材料

三脚架、酒精灯、玻璃棒、烧杯、药匙、火柴、试管、试管夹、单孔橡皮塞、胶头滴管、石棉网、红色石蕊试纸、pH 试纸。

2. 药品

亚硝酸钠溶液（25%）、氢氧化钠溶液（10%）、硫酸溶液（3mol/L）、盐酸溶液（6mol/L）、硫酸铜溶液（2%）、N,N-二甲基苯胺、淀粉-碘化钾试纸、β-萘酚、N-甲基苯胺、苯磺酰氯、饱和溴水、正丁胺、苯胺、三乙胺、二乙胺、浓盐酸。

四、实验步骤

1. 胺的碱性

① 在 3 支试管中各加入 1mL 蒸馏水，再分别加入 2 滴正丁胺、二乙胺、三乙胺。振摇后用 pH 试纸检验其酸碱性。

② 在试管中加入 2 滴苯胺和 1mL 蒸馏水，振摇，观察其是否溶解。向试管中滴加盐酸溶液，边滴加边振摇，观察现象并记录。再向其中滴加氢氧化钠溶液，直至溶液呈碱性，观察现象并记录。

记录上述实验过程中的现象变化并解释原因。

2. 酰化反应

在 3 支编码试管中分别加入 0.5mL 苯胺、N-甲基苯胺、N,N-二甲基苯胺，再各加入 3mL 氢氧化钠溶液和 0.5mL 苯磺酰氯，塞住试管口，用力振摇 3～5min。拔下塞子在水浴中温热并继续振摇 2min，至无苯磺酰氯的气味为止，再加蒸馏水 5mL。冷却后用 pH 试纸检验溶液的酸碱性，若不呈碱性，可再加入几滴氢氧化钠溶液。

① 在有沉淀析出的试管中加入 1mL 水稀释，振摇后沉淀不溶解，表明为仲胺。

② 在无沉淀析出（或经稀释后沉淀溶解）的试管中，缓慢滴加盐酸溶液至呈酸性，此时若有沉淀析出，表明为伯胺。

③ 试验过程中无明显现象变化者为叔胺。

3. 与亚硝酸的反应

在 5 支编码试管中各加入 1mL 浓盐酸和 2mL 水，再分别加入 0.5mL 正丁胺、三乙胺、苯胺、N-甲基苯胺、N,N-二甲基苯胺。将试管放入冰水浴中冷却至 0～5℃，在振摇下缓慢滴加亚硝酸钠溶液，直至混合液使淀粉-碘化钾试纸变蓝为止。观察并记录实验现象。

① 若试管中冒出大量气泡，表明为脂肪族伯胺。

② 若溶液中有黄色固体（或油状物）析出，滴加碱液不变化的为仲胺。

③ 溶液中有黄色固体析出，滴加碱液时固体转为绿色的为芳香族叔胺。

④ 向其余两支试管中滴加 β-萘酚溶液，出现橙红色的为芳香族伯胺。另一支试管中则为脂肪族叔胺。

4. 苯胺与溴水反应

在试管中加入 4mL 水和 1 滴苯胺，振摇后滴加饱和溴水。记录现象并写出相关的化学反应式。

五、实验关键操作和注意事项

① 苯磺酰氯易挥发并有刺激性气味，操作应迅速，并避免吸入其蒸气。

② 苯胺有毒，可透过皮肤吸收引起人体中毒，注意不可直接与皮肤接触！

③ 芳伯胺与亚硝酸生成重氮盐的反应以及重氮盐与 β-萘酚的偶联反应均需在低温下进行，试验过程中试管始终不能离开冰水浴。

六、思考题

① 比较苯胺与苯酚性质的异同。

② 鉴别 N-甲基苯胺、N,N-二甲基苯胺这两种物质可以用哪些方法？

拓展视野

了解生活中的致癌物质——N-亚硝基化合物

亚硝基化合物指含有亚硝基(—NO)官能团的一类有机化合物，通式为 RNO。亚硝基化合物可由硝基化合物的还原或羟胺衍生物的氧化得到。1937 年，Freund 首次报道了两例职业接触 N-亚硝基二甲基胺(NDMA，又称二甲基亚硝胺)中毒案例，病人出现中毒性肝炎和腹水。后来以小鼠和狗实验，让其染毒，也出现肝脏退行性坏死。之后揭示了 NDMA 不仅是肝脏的剧毒物质，也是强致癌物，可引起肝脏肿瘤。1967 年，有人总结了 70 多种亚硝胺在 1000 多只大鼠身上诱发的实验肿瘤，致癌率最高的是肝癌，其次是食管癌和咽部癌症。N-亚硝基化合物是一种常见的致癌物质，应该引起我们的注意。

癌症的发生与摄入的亚硝胺量有关，微量的 N-亚硝基化合物可以在体内被代谢，而且 N-亚硝基化合物的结构与致癌作用也有关系。酱菜、腌菜、熏肉及香肠是我国人民喜爱的传统食品，但是我国的癌症发病率并不比其他国家高。现在还不十分清楚 N-亚硝基化合物与致癌的真正联系，还需要深入研究。但是必须对它提高警惕，改变不良的饮食习惯，注意食品卫生。研究发现，维生素 C 可以对抗亚硝胺的致癌作用，食用富含维生素 C 的食物是非常有益的。

本章小结

基本概念

硝基化合物：烃分子中的氢原子被硝基取代后的化合物。

芳香族硝基化合物：芳环上一个或几个氢原子被硝基取代后的化合物。

腈：烃分子中的氢原子被氰基（—CN）取代后的生成物。

胺：氨分子中的氢原子被烃基取代后的生成物（氨的烃基衍生物）。

季铵盐：铵盐分子中氮原子上的四个氢原子全被烃基取代后的化合物。

季铵碱：季铵盐中的酸根离子被氢氧根取代的化合物。

重氮化合物：—N_2—基团的一端与烃基相连，另一端与非碳的原子或原子团相连的化合物。

偶氮化合物：—N_2—基团的两端都与烃基相连的化合物。

化学反应

1. 芳香族硝基化合物的化学性质

（1）还原反应

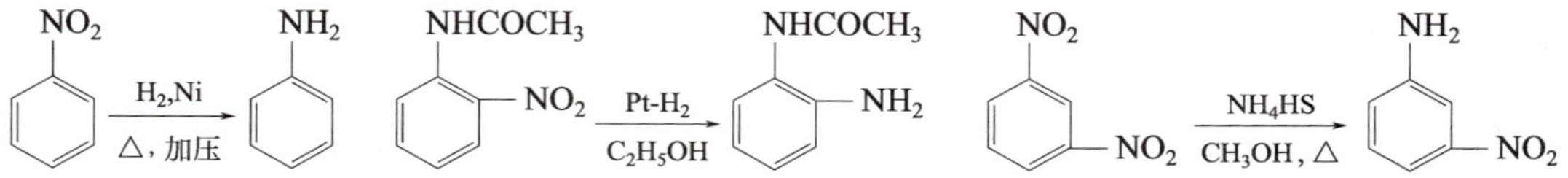

（2）苯环上的取代反应

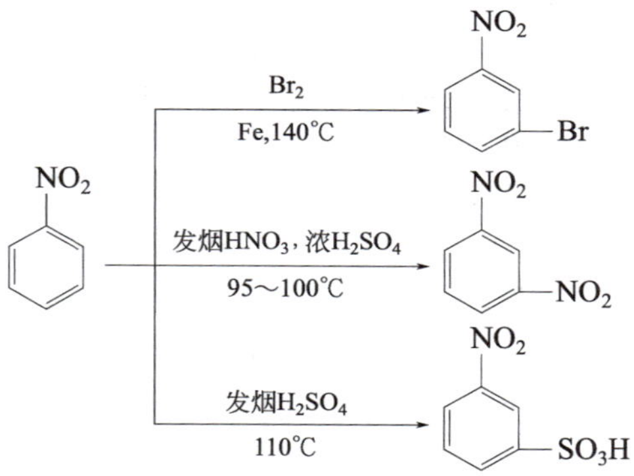

2. 腈的化学性质

（1）水解反应

$$CN(CH_2)_4CN \xrightarrow[100\sim200℃]{H_2O,H^+} HOOC(CH_2)_4COOH + NH_3$$

（2）还原反应

$$CH_3CN \xrightarrow[高压]{H_2,Ni} CH_3CH_2NH_2$$

$$CH_3CH_2CN \xrightarrow{Na + C_2H_5OH} CH_3CH_2CH_2NH_2$$

3. 胺的性质

（1）碱性

（2）酰化反应

$$R-\overset{\overset{\displaystyle H}{|}}{N}-\boxed{H} + Cl-\overset{\overset{\displaystyle O}{||}}{C}-R' \longrightarrow R-NH-\overset{\overset{\displaystyle O}{||}}{C}-R' + HCl$$

$$R_2N-\boxed{H} + Cl-\overset{\overset{\displaystyle O}{||}}{C}-R' \longrightarrow R_2N-\overset{\overset{\displaystyle O}{||}}{C}-R' + HCl$$

（3）与亚硝酸反应

$$RNH_2 \xrightarrow{NaNO_2 + HCl} RN^+\equiv NCl^- \longrightarrow N_2\uparrow + R^+ + Cl^-$$

$$\underbrace{}_{\substack{\text{醇、烯、卤代烃}\\\text{等混合物}}}$$

$$\text{C}_6\text{H}_5-NH_2 + NaNO_2 + HCl \xrightarrow{0\sim5\text{℃}} \text{C}_6\text{H}_5-N^+\equiv NCl^- + H_2O + NaCl$$

$$(CH_3)_2NH + NaNO_2 + HCl \longrightarrow (CH_3)_2N-NO + H_2O + NaCl$$

$$\text{C}_6\text{H}_5-NHCH_3 + NaNO_2 + HCl \longrightarrow \text{C}_6\text{H}_5-\underset{\underset{\displaystyle NO}{|}}{N}CH_3 + H_2O + NaCl$$

苯胺对位亚硝化反应：

N(CH₃)₂ 苯 $\xrightarrow[8\text{℃}]{NaNO_2 + HCl}$ N(CH₃)₂ 苯 NO

（4）苯胺与溴水的反应

$$\text{C}_6\text{H}_5\text{NH}_2 + 3Br_2 \longrightarrow \text{（2,4,6-三溴苯胺）} \downarrow + 3HBr$$

第十二章

杂环化合物

 读一读

　　大骏是个中职二年级的学生，他在备战中考期间，养成了喝咖啡的习惯。每天一杯咖啡，提神、醒脑、消除疲劳。但是，最近一段时间，他的身体出现了耳鸣和心跳加速等症状。他迅速就医，经医生诊断，这和他最近饮用咖啡过量有关，医生说，适量饮用咖啡对人体有一定的好处，但是如果饮用过量，身体就会吃不消。最后医生建议，每日饮用咖啡不能超过三杯。大骏回家之后，调整了自己的生活习惯，减少了咖啡的摄入量，果然他很快恢复了健康。咖啡鲜果与咖啡豆见图 12-1。

图 12-1　咖啡鲜果与咖啡豆

　　可以兴奋中枢神经系统的咖啡因是杂环化合物，而有镇痛效果的吗啡也是杂环化合物，此外，为数不少的维生素、抗菌素以及一些植物色素和植物染料的结构中也都含有杂环。杂环化合物无论在理论研究或实际应用方面都有非常重要的意义。

完成本章的学习后，你可以做到

① 知道杂环化合物的分类；

② 认识重要五元杂环、六元杂环以及稠环化合物的结构并知道其译音名称；

③ 会运用系统命名法给杂环衍生物命名；

④ 知道几种重要杂环化合物的物理性质及化学性质；

⑤ 学会用水蒸气蒸馏的方法分离液体混合物。

第一节
杂环化合物的分类和命名

新概念

杂原子的定义　在一些环状有机化合物中，参与成环的原子除了碳原子以外还有其他原子，如氧、硫、氮等，一般把除碳原子以外的这些成环原子称为杂原子。

杂环化合物的定义　由杂原子和碳原子组成的环状有机化合物就称为杂环化合物。

新知识

一、杂环化合物的分类

1. 按杂原子的数目分类

杂环中的杂原子可以是一个也可以是多个。

呋喃（图）的分子结构中含有一个杂原子即氧原子。咪唑（图）含有两个相同的杂原子即氮原子。噻唑（图）及噁唑（图）结构中分别含有两个不同的杂原子，分别是硫原子、氮原子以及氧原子、氮原子。哒嗪（图）、嘧啶（图）、吡嗪（图）结构中分别含有两个相同的 N 原子，这三个杂环化合物是同分异构体。

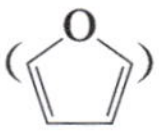

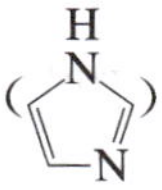

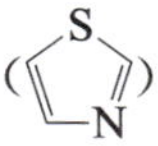

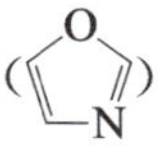

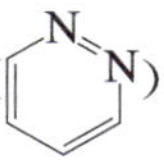

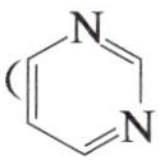

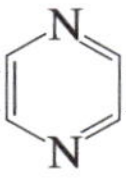

2. 按所含环的数目分类

按照分子中所含环的数目，杂环化合物分为单杂环和稠杂环。

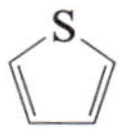

噻吩(单杂环) 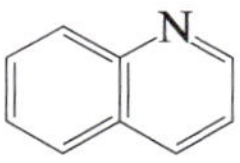　　　喹啉(稠杂环)

按照环的大小，单杂环可分为五元杂环和六元杂环，这是最稳定也是最常见的单杂环。

吡咯(五元杂环)　　　　　吡啶(六元杂环)

稠杂环常由单杂环与单杂环或苯环与单杂环稠合而成。例如，嘌呤（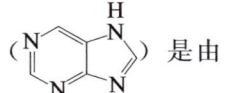）是由

嘧啶和咪唑稠合而成；吲哚（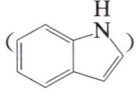）是由苯环和吡咯稠合而成。

常见杂环化合物的分类见表 12-1。

表 12-1　常见杂环化合物的分类及命名

类别		含一个杂原子			含两个或多个杂原子		
单杂环	五元杂环	呋喃	噻吩	吡咯	噁唑	噻唑	咪唑
	六元杂环	吡啶		吡喃	哒嗪	嘧啶	吡嗪
稠杂环		喹啉	异喹啉	吲哚	嘌呤		酞嗪

▐▶ 理论剖析助手

下列化合物属于杂环化合物中的哪一类？

1. 2. 3.

4. 5. 6.

7. 8. 9.

分析与解答

以上这九个化合物属于杂环化合物，其中 1、3、6、8 含有一个杂原子，其余均含有两个或多个杂原子；2 为六元单杂环，3、8、9 为五元单杂环，其余为稠杂环，故分类如下：

单杂环
- 五元杂环
  - 含一个杂原子：3、8
  - 含两个或多个杂原子：9
- 六元杂环
  - 含一个杂原子：无
  - 含两个或多个杂原子：2

稠杂环
- 含一个杂原子：1、6
- 含两个或多个杂原子：4、5、7

对接生活

这些带"口"字旁的字和它们对应的杂环化合物，看上去有些陌生，感觉离我们生活很远，其实不然，杂环化合物就在我们身边，生活中很多常见药物的主要成分就是这些五元杂环和六元杂环。

例如，曾经有一种称为痢特灵的抗菌药物，就是呋喃的衍生物；而吡啶的衍生物异烟肼是一种抗结核病药；喹啉类和异喹啉类杂环化合物是两类重要的生物碱；吲哚这种物质比较有意思，浓的该物质具有强烈的粪臭味，但是高度稀释后的溶液却有香味，所以吲哚广泛应用于香精香料产业，甚至一些顶级的香水中都含有吲哚(图 12-2)。

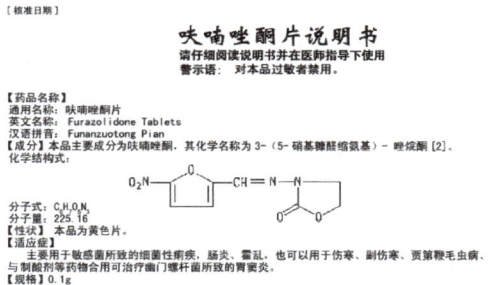

图 12-2　含有杂环化合物的药物及香水

二、杂环化合物的命名

杂环化合物的命名一般采用译音法。译音法是根据国际通用英文名称的译音，选用带"口"字旁的同音汉字来命名，"口"代表的是环状化合物，其命名见表 12-1。杂环化合物的衍生物命名时，需要对杂环进行编号，其编号原则可按照下列规则进行。

① 一般从杂原子开始，当环上只有一个杂原子时，用阿拉伯数字标示，杂原子位次为 1。例如，下列杂环化合物中原子编号为：

② 当环上只有一个杂原子时，也可用希腊字母 α、β、γ 编号，把靠近杂原子的位置称为 α 位，其后依次为 β 位和 γ 位。五元杂环只有 α 位和 β 位，六元杂环有 α 位、β 位和 γ 位。

例如：

③ 当环上有两个或两个以上相同的杂原子时，应从连有氢原子（或者取代基）的杂原子开始编号，并使其他杂原子的位次尽可能最小。

④ 当环上的杂原子不同时，按照氧、硫、氮的顺序编号，例如：

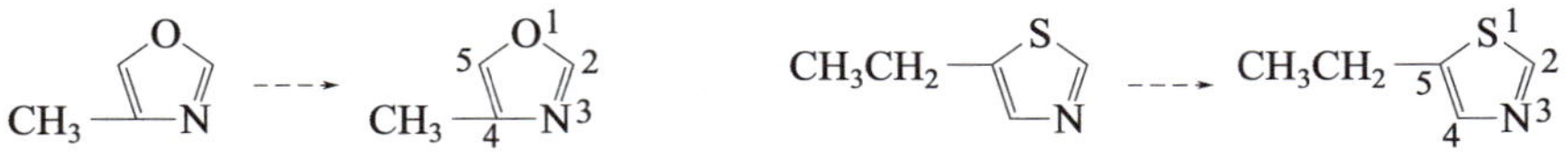

⑤ 环上有取代基的杂环化合物，当取代基是烃基、羟基、硝基、氨基、卤素等官能团时，则以杂环作为母体；当取代基是醛基、羧基、磺酸基等官能团时，则把杂环当作取代基来命名。

▶ 理论剖析助手

1. 写出杂环化合物 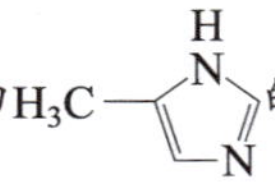 的原子编号。

分析与解答

此杂环化合物中，有 2 个杂原子，其中一个杂原子连有 H 原子，另外还连有 1 个取代基，编号时，连 H 的杂原子优先，取代基次之，所以编号为 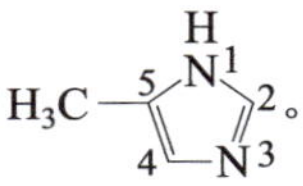 。

2. 给杂环化合物 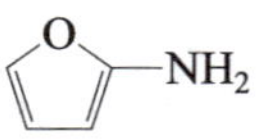 和 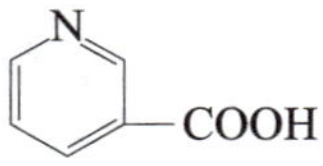 命名。

分析与解答

① 先给杂环 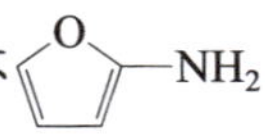 的原子编号，O 原子位次为 1，连有—NH_2 的 C 原子位次为 2（或 α），取代基为—NH_2 时，以杂环为母体，所以命名为 2-氨基呋喃（或 α-氨基呋喃）。

② 先给杂环 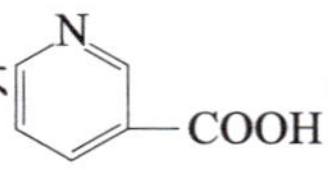 的原子编号，N 原子位次为 1，连有—COOH 的碳原子位次为 3（或 β），取代基为—COOH，因此以杂环为取代基，以羧酸为母体，命名为 3-吡啶甲酸（或 β-吡啶甲酸）

🐟 随堂练一练

1. 由　　　　　　和　　　　　　组成的环状有机化合物称为杂环化合物。
2. 含一个氧原子的五元单杂环的名称是　　　　　　，结构式为　　　　　　。

3. 给下列杂环化合物进行分类并按照系统命名法命名。

(1)　　　　　　　　　　　　　　　(2)

(3)　　　　　　　　　　　　　　　(4)

 **有机化学实验室**

减压过滤

减压过滤又叫抽气过滤（抽滤），是固液分离最常用的方法。

减压过滤装置包括布氏漏斗、抽滤瓶（安全瓶、三通）胶管、抽气泵、滤纸等(图 12-3)，减压过滤前，需要检查整套装置的密闭性。

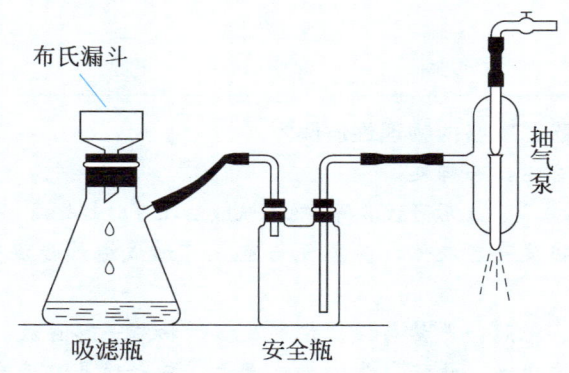

布氏漏斗　　　　　　　　　　　抽气泵

吸滤瓶　　　　　　安全瓶

图 12-3　减压过滤装置图

减压过滤操作步骤如下：

① 取一张圆形滤纸平整置于布氏漏斗中，滤纸以全覆盖漏斗虑孔为宜，将漏斗安装于抽滤瓶上，漏斗下端的斜切面要正对着抽滤瓶侧面的细口，用蒸馏水将滤纸润湿，使滤纸紧贴于漏斗上，以防止晶体从滤纸边缘被吸入瓶内。

② 将玻璃装置连接好后，开始抽滤。采用倾斜法过滤，将待分离的混合物沿玻璃棒均匀倒入布氏漏斗中进行抽滤，加入的量，不要超过漏斗的 2/3。

③ 用玻璃棒轻轻搅动晶体至松散，需要注意，搅动过程中玻璃棒不可触及滤纸。加入少量冷溶剂浸润后，再抽干。

④ 停止抽气时，应先打开安全瓶（缓冲瓶）上的三通，系统通入大气后再关闭减压泵的电源，避免出现滤液倒吸现象。

⑤ 取下布氏漏斗，将其倒扣在滤纸上，用玻璃棒轻轻敲打漏斗外壁，让滤纸和滤饼脱离漏斗边缘，即可得到滤饼晶体。

第二节
重要的杂环化合物及其衍生物

温故知新

　　上一节，我们了解了呋喃、吡啶等常见杂环化合物的结构和命名，那么这些化合物及其衍生物又有哪些性质，在生活和生产中又有哪些应用呢？

一、重要的五元杂环化合物

🔵 新概念

呋喃　最简单的含氧五元杂环化合物，具有类似氯仿的气味。

噻吩　含有一个硫原子的五元杂环化合物，常温下是一种无色、有恶臭、能催泪的液体。

吡咯　含一个氮原子的五元杂环化合物。

呋喃　　　　噻吩　　　　吡咯

你知道呋喃、噻吩、吡咯的物理性质吗？

物态　均为无色液体，易挥发。

毒性　均有毒，吸入其蒸气后可致麻醉。吸入呋喃后还可引起头痛、头晕、恶心、呼吸衰竭。

燃爆危险　均为极度易燃液体，其蒸气与空气可形成爆炸性混合物，遇明火、高热能引起燃烧、爆炸。

储存　避免空气、光照，严禁与强氧化剂及酸性物质一起存放。

溶解度　吡咯微溶于水，呋喃、噻吩难溶于水，三者均易溶于有机溶剂。

🔵 新知识

　　五元杂环化合物发生取代反应的活性比苯大得多，并且主要发生在 α 位。其反应活性的顺序为：吡咯＞呋喃＞噻吩＞苯。

1. 取代反应

(1) 卤化反应　呋喃、噻吩、吡咯的卤化反应需要在较温和的条件下进行，否则容易生成多卤化物。

$$\text{呋喃} + Cl_2 \xrightarrow{-40℃} \text{2-氯呋喃} + \text{2,5-二氯呋喃}$$

$$\text{噻吩} + Br_2 \xrightarrow{CH_3COOH} \text{2-溴噻吩} + HBr$$

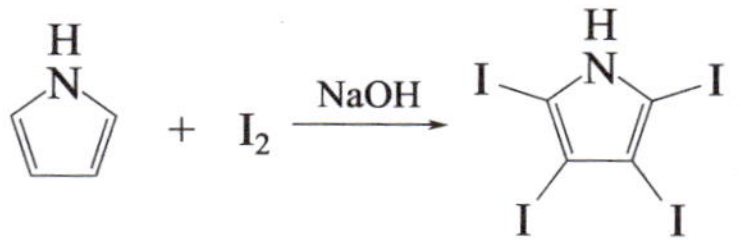

2,3,4,5-四碘吡咯(伤口消毒剂)

(2) 硝化反应 呋喃、噻吩、吡咯环容易被氧化剂氧化，所以通常采用比较温和的硝化试剂，例如硝酸乙酰酯，在低温下进行硝化。

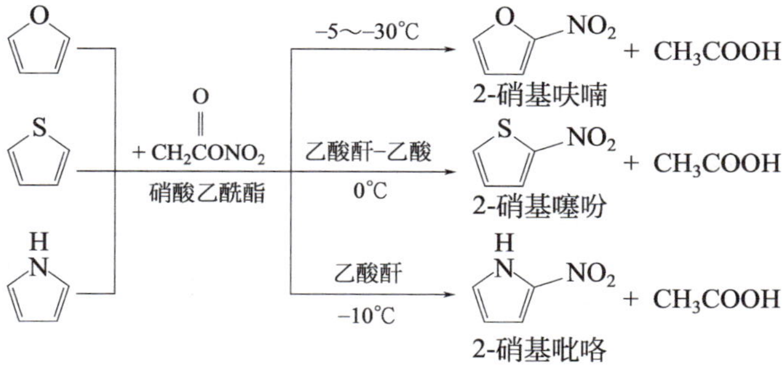

2-硝基呋喃

2-硝基噻吩

2-硝基吡咯

(3) 磺化反应 吡咯和呋喃比较活泼，对强酸敏感，所以一般使用比较温和的磺化试剂，例如，吡啶、三氧化硫。噻吩比较稳定，在室温下与浓硫酸就能发生磺化反应。

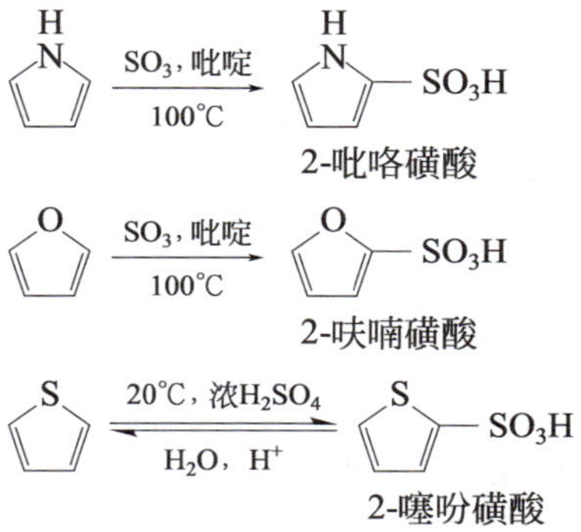

2-吡咯磺酸

2-呋喃磺酸

2-噻吩磺酸

▌▌▶ **理论剖析助手**

用箭头表示下列杂环化合物发生取代反应时的位置。

（1）  与 Br_2 作用　　　　（2） 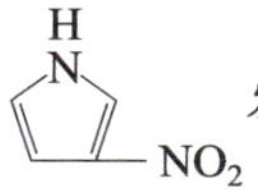 发生硝化反应

分析与解答

（1）  与 Br_2 发生取代反应时，取代基进入杂环的 α 位，因此取代的位置为：

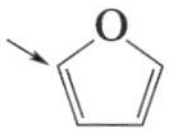

或者　。

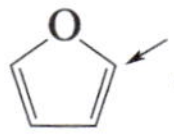

（2） 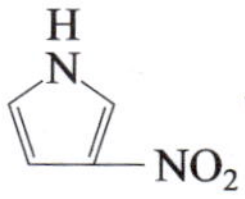 的结构中有两个 α 位，即 α　α ，其分子结构中的 $—NO_2$ 为第二类

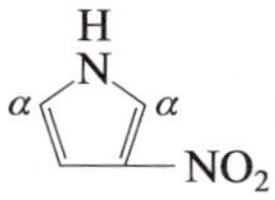

定位基，取代位置为间位，即 ⌇α—N(H)—α—NO₂ ，因此硝化反应时发生的位置为 ⌇N(H)—NO₂ 。

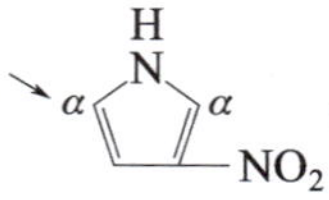

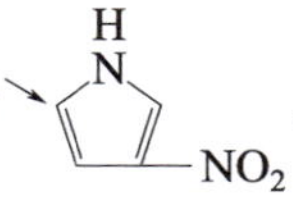

随堂练一练

一、完成下列化学反应

1. 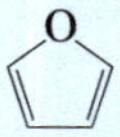 （呋喃） + Cl₂ $\xrightarrow{-40℃}$

2. 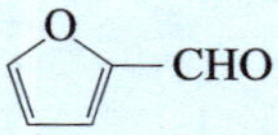 （呋喃-2-CHO） + Cl₂ →

3. 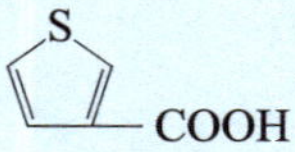 （噻吩-COOH） + Br₂ →

二、选择题

1. 下列化合物中具有芳香性的是（　　）。

A.  （四氢呋喃）　　　　　　B.  （环己烷）

C. 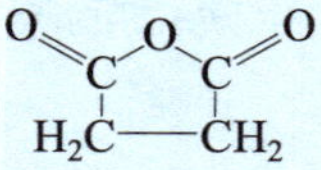 （H₂C—C(=O)—O—C(=O)—CH₂）　　　D. 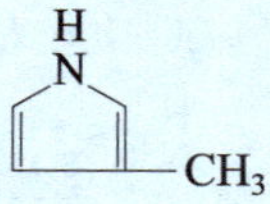 （2-甲基吡咯 CH₃）

2. 下列四个化合物在发生取代反应时的活性顺序为（　　）。

① 　　② 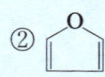　　③ 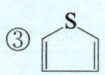　　④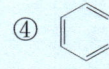

A. ①＞②＞③＞④　　　　　　B. ④＞②＞③＞①

C. ②＞③＞④＞①　　　　　　D. ④＞①＞②＞③

3. 吡咯发生磺化反应时，使用的磺化试剂是（　　）。

A. 发烟硫酸　　　B. 浓硫酸　　　C. 混酸　　　D. 吡啶-三氧化硫

2. 加成反应

在催化剂的存在下，呋喃、噻吩、吡咯能进行加氢反应，分别生成四氢呋喃、四氢噻吩和四氢吡咯。

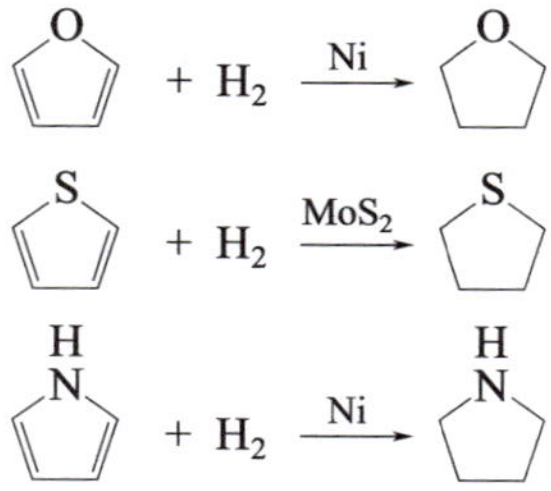

（呋喃） + H₂ $\xrightarrow{Ni}$ （四氢呋喃）

（噻吩） + H₂ $\xrightarrow{MoS_2}$ （四氢噻吩）

（吡咯） + H₂ $\xrightarrow{Ni}$ （四氢吡咯）

3. 糠醛与四氢呋喃

糠醛是呋喃 2 位上的氢原子被醛基取代的衍生物，其结构式为 （呋喃—CHO），又叫 2-呋喃甲醛。四氢呋喃是一种无色、低黏度具有类似乙醚气味的液体，是呋喃与氢加成反应的产

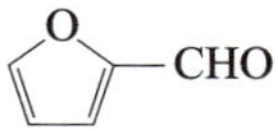

物，结构式为 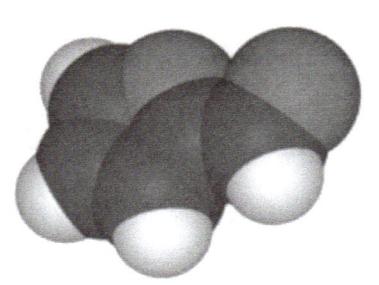。

糠醛为无色油状液体，易溶于水和有机溶剂，暴露在空气中会被氧化变成黄色或者棕褐色。它最初是由米糠与稀酸共热制得，所以称为糠醛，目前，其合成的主要原料为玉米芯等农副产品。糠醛是呋喃环系最重要的衍生物，化学性质活泼。2017 年 10 月 27 日，世界卫生组织国际癌症研究机构公布的致癌物清单初步整理参考，糠醛在 3 类致癌物清单中。糠醛的分子结构示意图见图 12-4，糠醛样品见图 12-5。

图 12-4　糠醛的分子结构示意图　　　　图 12-5　糠醛样品

四氢呋喃也是一种重要的有机合成原料，同时也是性能优良的溶剂。世界卫生组织国际癌症研究机构将四氢呋喃放在 2B 类致癌物清单中。

4. 呋喃、吡咯、噻吩和糠醛的鉴别

呋喃的蒸气遇有被盐酸浸湿过的松木片时，呈现绿色，此反应称为松木反应。

呋喃、吡咯、噻吩和糠醛的鉴别：利用松木反应，鉴定呋喃的存在；吡咯蒸气遇到被盐酸浸湿过的松木片时，呈现红色，因此此法可鉴别吡咯；噻吩与靛红在硫酸存在下加热而显蓝色，可用于检验噻吩的存在；糠醛与苯胺在乙酸的作用下，呈现红色，可用于鉴别糠醛。

▶ 理论剖析助手

用化学方法鉴别糠醛与苯甲醛。

分析与解答

糠醛与苯胺在乙酸存在下相互作用呈现红色而苯甲醛在同样条件下不变色。

⟳ 随堂练一练

一、判断题

1. 呋喃、噻吩、吡咯在催化剂存在下，都能与氢进行加成反应，生成相应的四氢化物。（　　　）

2. 呋喃是 2A 类致癌物，糠醛是 3 类致癌物。（　　　）

3. 糠醛是吡咯重要的衍生物，常用于合成医药、农药、糠醛树脂等，是重要的化工原料。（　　　）

二、填空题

1. 呋喃在催化剂 Ni 的存在下，与氢加成，生成_____。

2. 浓盐酸浸过的松木片
   遇呋喃 ——————————
   遇吡咯 ——————————

3. 噻吩＋靛红 $\xrightarrow{H_2SO_4}$ _____

4. _____＋苯胺 $\xrightarrow{乙酸}$ 呈红色

*二、重要的六元杂环化合物

🔷 新概念

吡啶 最具代表性的六元杂环化合物，分子中含有一个 N 杂原子，结构式为 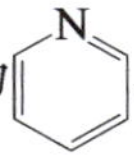 。

六氢吡啶 又称哌啶，是吡啶与氢气的加成产物，结构式为 。

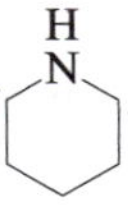

你知道吡啶的物理性质吗？

物态　常温下是一种无色有臭味的液体。

沸点　115.2℃。

熔点　−41.6℃。

相对密度　0.9819 g/cm^3。

溶解度　能与水、乙醇、乙醚等以任意比例混合，其本身也是良好的有机溶剂，可以溶解各种有极性或无极性的化合物甚至是无机盐。

🔷 新知识

吡啶环中有一个 N 原子，所以吡啶除了具有芳香性以外，还具有碱性。吡啶能够发生的化学反应有取代反应、氧化反应和加成反应。

1. 取代反应

① 卤代反应

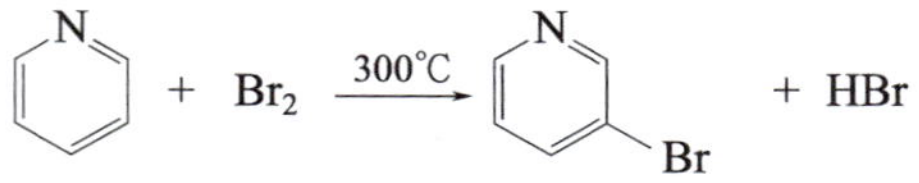

② 硝化反应

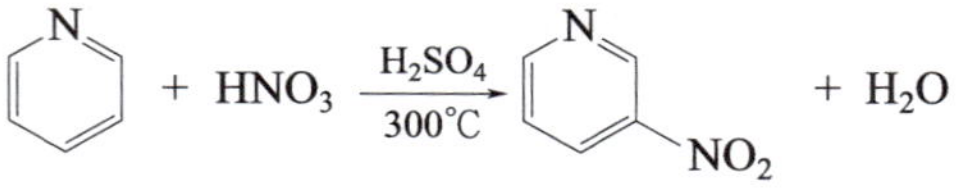

③ 磺化反应

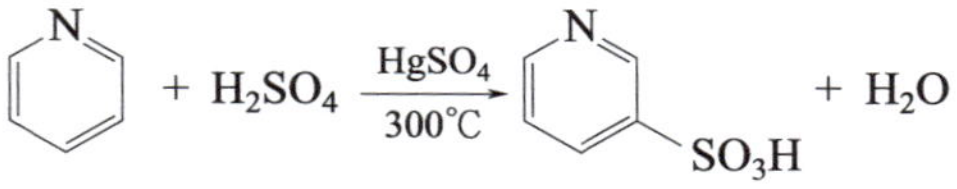

2. 氧化反应

吡啶不易被氧化，但当吡啶环的侧链上连有 α-H 原子时，容易被氧化剂氧化生成吡啶甲酸。

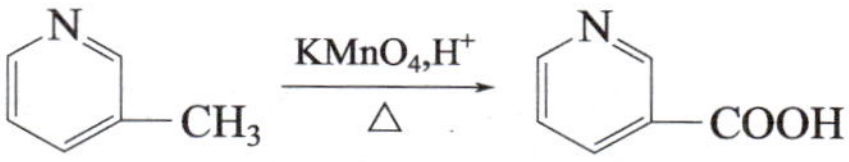

3-吡啶甲酸

3. 加成反应

在金属催化剂 Pt 作用下，吡啶与氢气反应，生成六氢吡啶。六氢吡啶是制造局部麻醉药和止痛药的原料，同时也可以作为环氧树脂固化剂、橡胶硫化促进剂和缩合反应的催化剂。

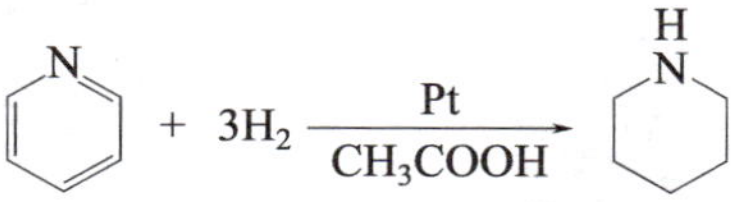

六氢吡啶

⏩ 理论剖析助手

写出由吡啶合成 β-羟基吡啶的合成路线。

分析与解答

由吡啶 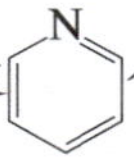 合成 β-羟基吡啶 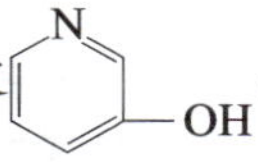 ，是在吡啶环中 N 原子的间位引入了羟基，可以先通过吡啶的硝化反应，在间位引入硝基，再利用 Fe 为还原剂，在稀盐酸中，将硝基还原为氨基，间位氨基经重氮盐水解而制得目标产物。合成路线如下：

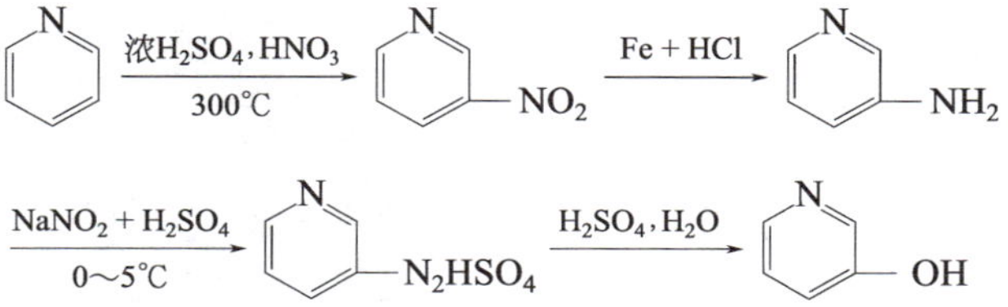

👤 读一读

吡啶的来源与用途

吡啶可从天然煤焦油中获得，但是煤焦油中只含约 0.1% 的吡啶，需要经过多级分馏制得吡啶。工业上用硫酸吸收煤焦油分馏的轻油部分，硫酸与轻油中的吡啶结合生成硫酸吡啶，再与轻油分离，分解硫酸吡啶，最后经蒸馏精制得到吡啶。除作溶剂外，吡啶在工业上还可用作变性剂、助染剂，以及合成一系列产品的起始物，包括药品、消毒剂、染料、食品调味料、黏合剂、炸药等。

对接生活

生物碱

　　生物碱是一类重要的天然有机化合物，大多数生物碱是结构较为复杂的含氮杂环化合物。它们是一些中草药的重要有效成分，对人体有特殊的生理活性，具有止咳、止痛、清热、平喘、抗癌等作用，被广泛用于疾病的治疗。例如，从罂粟中提取的可待因就具有很好的镇咳效果；从喜树(图12-6)中提取的喜树碱具有抗癌作用；在黄连(图12-7)中提取的黄连素具有抑菌和消炎的作用。

图 12-6　喜树　　　　　　　　　　　　　　　　图 12-7　黄连

　　但是，生物碱的毒性一般也比较大，适量使用可以治疗疾病，但用量过大则可能引起中毒甚至死亡。例如烟草中的烟碱，大量使用就会抑制中枢神经系统，使心脏麻痹致死，因此吸烟有害健康；从鸦片中提取出的吗啡碱，对中枢神经有麻醉作用，镇痛效用极快，但是久用极易成瘾，因此要严格控制用量；而像海洛因这样的生物碱，毒性大易成瘾，是绝对不能食用的。烟草的有害成分见图12-8，吸食冰毒后皮肤的症状见图12-9。

烟草有害成分
69种致癌物&7000多种化学物质

亚硝胺　　　　　　　尼古丁
悬浮颗粒物　　　　　　一氧化碳
焦油　　　　　　　　重金属

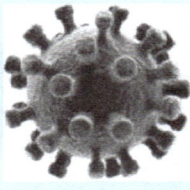
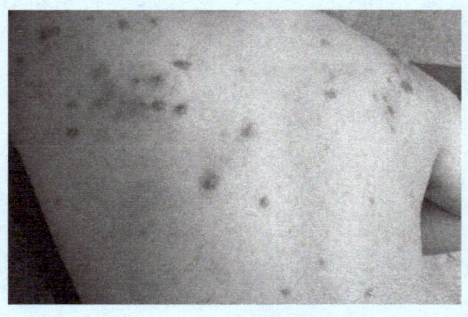

图 12-8　烟草的有害成分　　　　　　　　　　图 12-9　吸食冰毒后皮肤的症状

*三、稠杂环化合物

新概念

　　喹啉　又叫苯并吡啶，是由苯环和吡啶环稠合而成的稠杂环化合物，构造式为

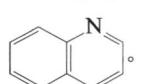
。

你知道喹啉的物理性质吗？

物态　常温下是一种无色油状液体。

沸点　238℃。

相对密度　1.095g/cm^3。

毒性　有特殊的气味，其蒸气有毒，对鼻、喉有刺激性。

溶解度　难溶于冷水，但易溶于热水，并且能与醇、醚及二硫化碳混溶。

新知识

喹啉与吡啶化学性质相似，具有芳香性和弱碱性，可以发生取代和氧化还原反应。

1. 取代反应

喹啉发生取代反应时，引入的取代基主要进入喹啉的 5 位和 8 位。

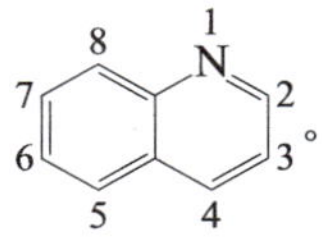

(1) 硝化反应

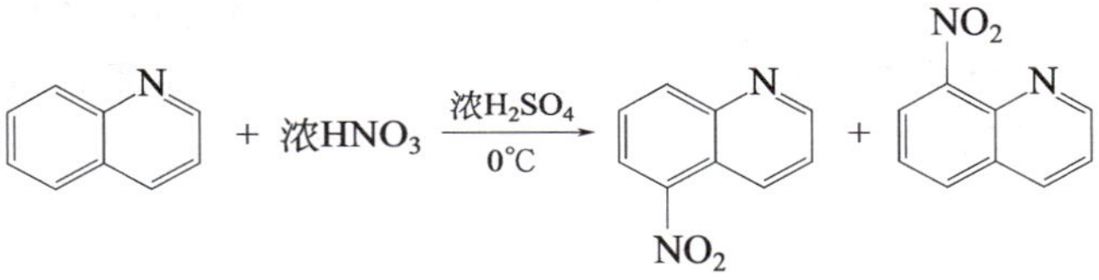

5-硝基喹啉　　8-硝基喹啉

(2) 磺化反应

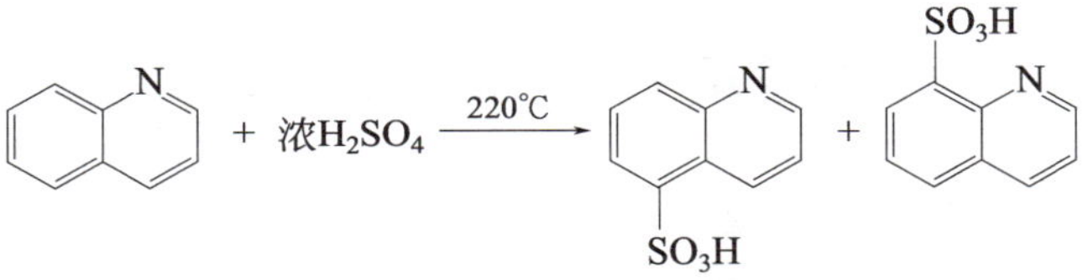

5-喹啉磺酸　　8-喹啉磺酸

2. 氧化反应

喹啉被氧化时，苯环一侧容易被氧化。例如：

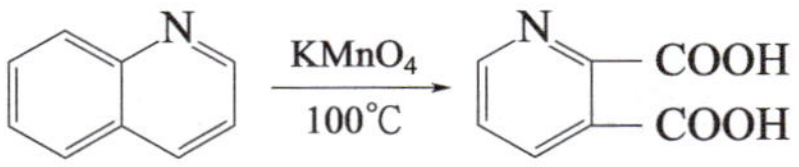

2,3-吡啶二甲酸

3. 还原反应

喹啉被还原时，吡啶环先被还原，苯环后被还原。例如：

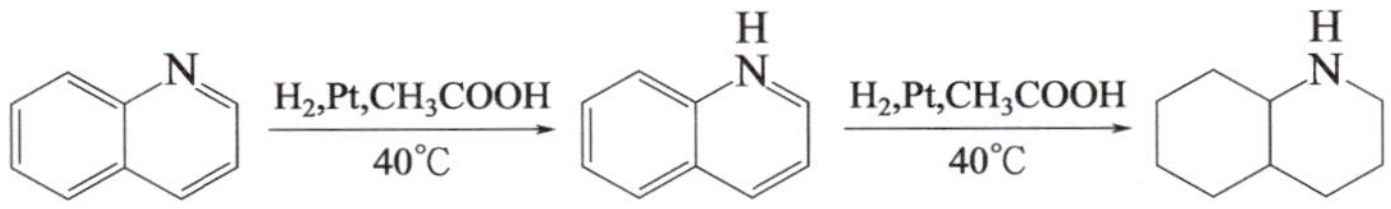

1,2,3,4-四氢喹啉　　　　十氢喹啉

随堂练一练

一、填空题

1. 喹啉是含有一个＿＿＿＿＿＿杂原子的稠环化合物，其结构式为＿＿＿＿＿＿＿＿＿。

2. 喹啉在发生取代反应时，发生反应的位置在＿＿＿位和＿＿＿位。

二、写出下列反应物的主要产物

1. （喹啉结构） $\xrightarrow{Cl_2}$

2. （7-甲基喹啉结构） $\xrightarrow{KMnO_4}$

读一读

喹啉的来源与用途

  喹啉存在于煤焦油和骨油中，同样可用稀硫酸提取。工业上，用苯胺、甘油、浓硫酸和硝基苯共热制得。

  喹啉应用于很多领域。喹啉在医药行业，用于制备烟酸类及羟基喹啉类药物，还可用作有机合成试剂和分析试剂；在印染行业用于制取感光色素；在橡胶行业用于制促进剂；在农业方面还可用于配制农药等。

实验大爆发

金橘皮中金橘精油的提取

一、实验目的

① 熟悉从植物中提取精油的原理和方法；

② 掌握水蒸气蒸馏装置的安装与操作；

③ 熟练掌握萃取和蒸馏提纯的操作技能。

二、实验原理

1. 水蒸气蒸馏原理

水蒸气蒸馏广泛用于在常压蒸馏时达到沸点后易分解物质的提纯以及天然原料中液体产物和固体产物的分离，是提纯和分离有机化合物的重要方法之一。该方法要求有机物与水不混溶、不反应，在 $100℃$ 左右具有一定的蒸气压。常用的水蒸气蒸馏装置如图 12-10 所示。

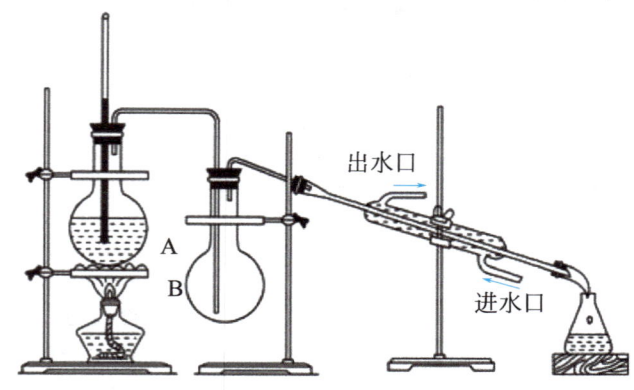

图 12-10 水蒸气蒸馏装置

2. 金橘精油提取原理

金橘（图 12-11）中一般含有 2%～3% 的金橘精油，且金橘精油油质温和，品质为柑橘类精油之最。金橘精油的主要成分是萜类化合物柠檬烯，因此金橘精油又叫柠檬油。金橘精油易挥发，与水不混溶、不反应，可以用水蒸气蒸馏的方法进行提取。

三、实验装置

根据金橘精油的特点以及水蒸气蒸馏原理，我们选用的发生装置为挥发油提取器。装置如图 12-12 所示，将含有挥发性化合物的混合物转移到蒸馏烧瓶 A 中，A 中加入足够的水并加热，水蒸气和挥发性化合物由蒸气导管 D 进入冷凝管 C，提取器 B 和回流支管 E、D 相连，含有混合液的冷凝液滴滴入提取器 B 中，分层后浮于上层，当提取液面高于回流支管 E 上端支管口时，多余的水分由 E 管转移回流入蒸馏烧瓶 A，这样不断循环，直至所要提取的物质全部收集到 B 的上层。活塞上方刻有体积刻度线。系统由冷凝管通向出口，以缓解加热时增大的压力。

图 12-11　金橘

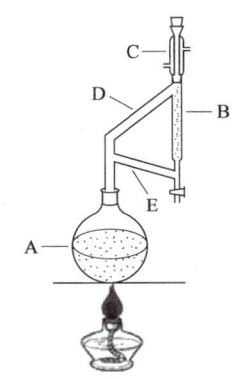

图 12-12　挥发油提取蒸馏装置
A—蒸馏烧瓶；B—提取器；C—冷凝管；
D—蒸气导管；E—回流支管

挥发油提取器用于柑橘皮中精油的提取，具有安装简单、操作简练，有机物不易挥发逸出，以及降低能源、节省试剂、减少污染、缩短时间的优点，很适合学生实验使用。

四、实验仪器、材料和药品

1. 实验仪器、材料

挥发油提取器、蒸馏烧瓶、直形冷凝管、橡皮管、电炉与调压器、干燥的金橘皮、天平。

2. 药品

1% 的 NaCl 溶液。

五、实验步骤

① 称取 20g 自然晾干的金橘皮，置于挥发油提取蒸馏装置圆底烧瓶 A 中，再加入 200mL 蒸馏水和少许质量分数为 1% 的 NaCl 溶液。

② 在圆底烧瓶 A 中添加蒸馏水，如图 12-12 所示安装好蒸馏装置。

③ 加热回流，金橘精油随同水蒸气一同挥发，冷凝于提取器 B 中。

④ 收集馏分，加热约 40min，提取器中油量不再增加，停止加热，此时，精油提取率可达到 95% 以上。

⑤ 蒸馏完毕，开启提取器下的活塞，将水缓缓放出至油层降至 0 刻度。

⑥ 读取精油的体积，折算为重量，已知精油的比重 $D = 0.85$。

⑦ 从提取器中取出精油，所得精油为无色或淡黄色澄清液体，并且具有新鲜金橘的特

征香气。

⑧ 由样品重量和精油重量，计算精油的回收率（一般在 $1.1\%\sim1.5\%$）。

六、实验操作关键和注意事项

① 金橘皮应提前洗好并自然晾干，放入蒸馏瓶前应尽量剪碎。

② 添加少许 NaCl 溶液可以提高出油率，NaCl 溶液的质量浓度控制在 1％左右为宜。

③ 蒸馏过程中，水过少会出现蒸干现象，水过多则蒸馏时间长，实验证明，料液比为 1∶10 时，实验效果最佳。

拓展视野

屠呦呦和她的青蒿素

2015 年 10 月 5 日，我国女药学家屠呦呦获得了诺贝尔生理学或医学奖，这是中国科学家因为在中国本土进行科学研究而首次获诺贝尔科学奖。屠呦呦的获奖理由是"有关疟疾新疗法的发现"。

疟疾是一种全球性急性寄生虫传染病，是人类最大的杀手之一。据报道，非洲每年有 100 多万人死于疟疾，如图 12-13 所示。奎宁作为第一代抗疟药，挽救了很多生命。但是从 20 世纪 60 年代起，疟原虫对奎宁类药物已经产生了抗药性，严重影响到治疗效果。60 年代末期，致力于中药和中西药结合研究的我国科学家屠呦呦，用沸点较低的乙醚成功提取出了青蒿素，青蒿素及其衍生物能迅速消灭人体内疟原虫，对恶性疟疾有很好的治疗效果。青蒿素的发现，挽救了全球尤其是发展中国家数百万人的生命，饱受疟疾之苦的非洲人民称之为"中国神药"。因此这一发现又被誉为"拯救 2 亿人口"的发现。奎宁和青蒿素如图 12-14 所示。

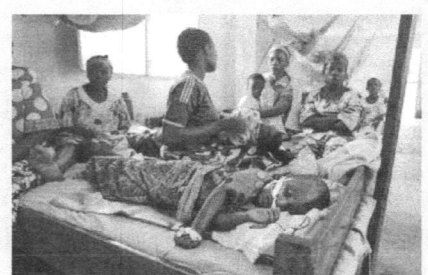

图 12-13　疟疾在非洲

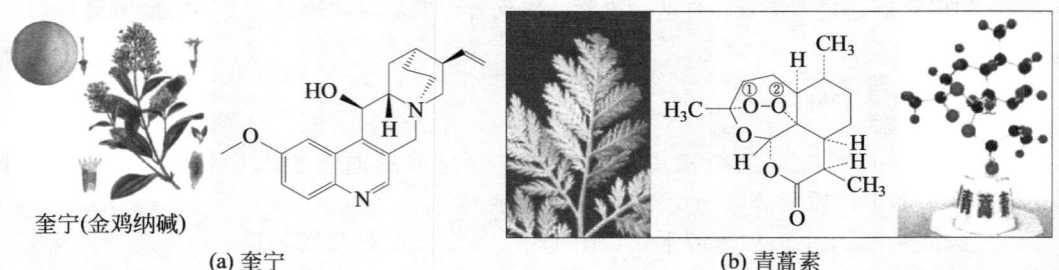

奎宁(金鸡纳碱)

(a) 奎宁　　　　　　　　　　　(b) 青蒿素

图 12-14　奎宁和青蒿素

获诺奖三年以来，屠呦呦这位 88 岁高龄的老人并没有停止对青蒿素的深入探索，2018 年 1 月 5 日，屠呦呦和她的团队又发现双氢青蒿素对红斑狼疮有独特的治疗效果，根据临床试验，青蒿素对盘状红斑狼疮治疗的有效率超过 90％，对系统性红斑狼疮治疗的有效率超过 80％，这一发现又可以拯救很多每天被病痛折磨的人。

本章小结

基本概念

杂原子的定义：参与成环的原子除了碳原子以外还有其他原子，如氧、硫、氮等，把除碳原子以外的这些成环原子称为杂原子。

杂环化合物的定义：由杂原子和碳原子组成的环状有机化合物就称为杂环化合物。

呋喃：最简单的含氧五元杂环化合物，具有类似氯仿的气味，结构式为 。

噻吩：含有一个硫原子的五元杂环化合物，常温下是一种无色、有恶臭、能催泪的液体，结构式为 。

吡咯：含一个氮原子的五元杂环化合物，结构式为 。

松木反应：呋喃的蒸气遇到被盐酸浸湿过的松木片时，呈现绿色，此反应称为松木反应。

糠醛：呋喃 2 位上的氢原子被醛基取代的衍生物，结构式为 ，又叫 2-呋喃甲醛。

四氢呋喃：一种无色、低黏度具有类似乙醚气味的液体，是呋喃与氢加成反应的产物，结构式为 。

吡啶：最具代表性的六元杂环化合物，分子中含有一个 N 杂原子，结构式为 。

六氢吡啶：又称哌啶，是吡啶与氢气的加成产物，结构式为 。

喹啉：又叫苯并吡啶，是由苯环和吡啶环稠合而成的稠杂环化合物，其构造式为 。

杂环衍生物的命名

① 一般从杂原子开始，当环上只有一个杂原子时，用阿拉伯数字标示，杂原子位次为 1。

② 当环上只有一个杂原子时，也可按希腊字母 α、β 和 γ 编号，把靠近杂原子的位置称为 α 位，其后依次为 β 位和 γ 位。五元杂环只有 α 位和 β 位，六元杂环有 α 位、β 位和 γ 位。

③ 当环上有两个或两个以上相同的杂原子时，应从连有氢原子（或者取代基）的杂原子开始编号，并使其他杂原子的位次尽可能最小。

④ 当环上的杂原子不同时，按照氧、硫、氮的顺序编号。

⑤ 环上有取代基的杂环化合物，当取代基是烃基、羟基、硝基、氨基、卤素等官能团时，则以杂环作为母体；当取代基是醛基、羧基、磺酸基等官能团时，则把杂环当作取代基来命名。

化学反应

一、重要的五元杂环化合物

取代反应活性顺序为：吡咯＞呋喃＞噻吩＞苯。

1. 取代反应

（1）卤化反应

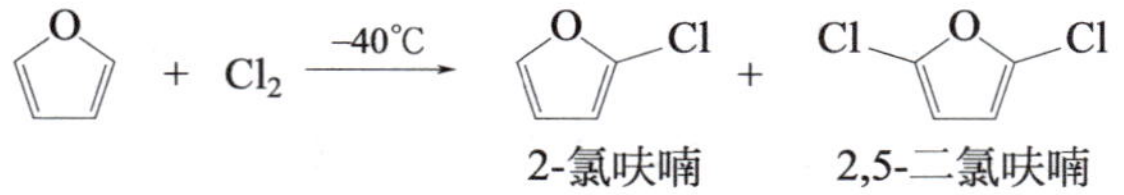

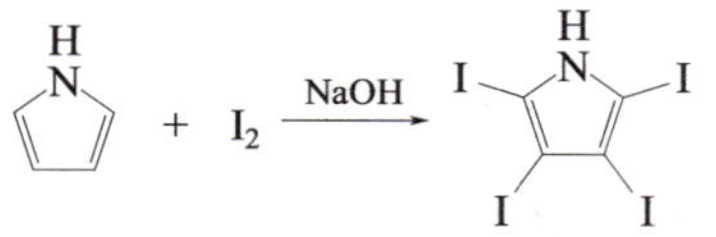

2-氯呋喃　　　2,5-二氯呋喃

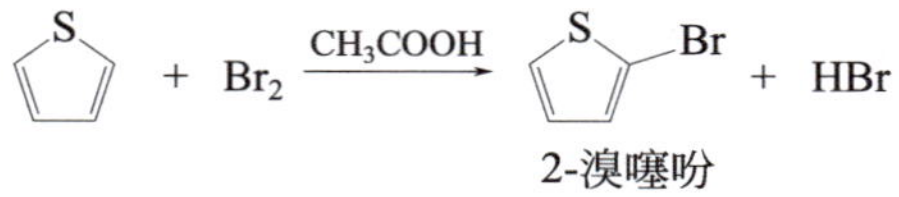

2-溴噻吩

2,3,4,5-四碘吡咯(伤口消毒剂)

（2）硝化反应

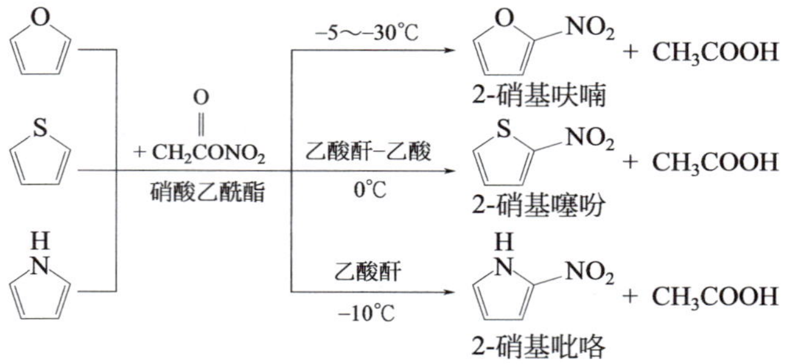

2-硝基呋喃

2-硝基噻吩

2-硝基吡咯

（3）磺化反应

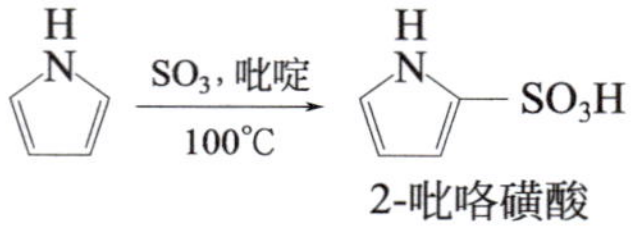

2-吡咯磺酸

2-呋喃磺酸

2-噻吩磺酸

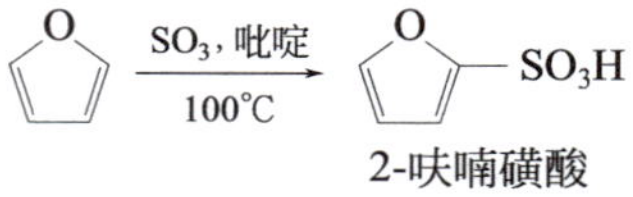

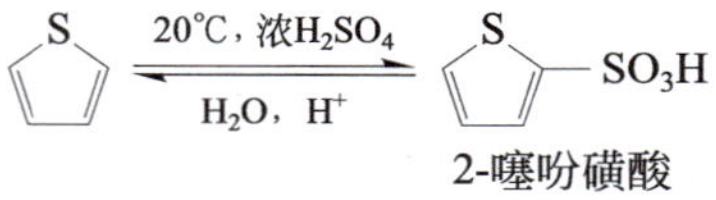

2. 加成反应

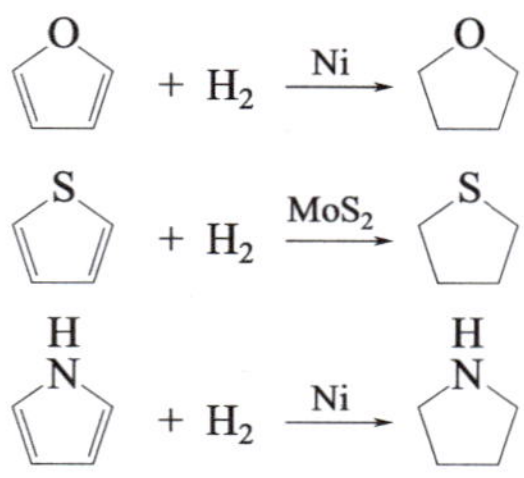

*二、重要的六元杂环化合物

1. 取代反应

(1) 卤代反应

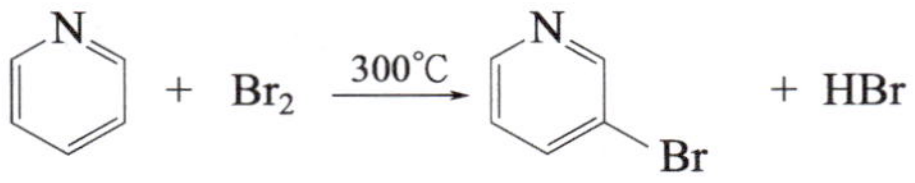

(2) 硝化反应

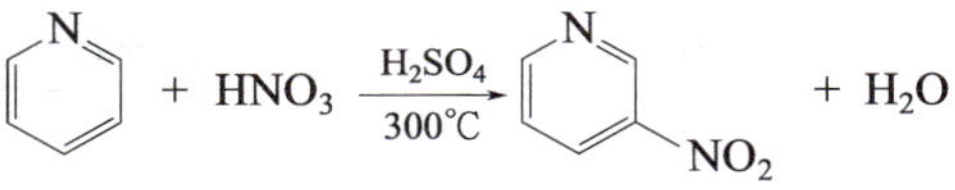

(3) 磺化反应

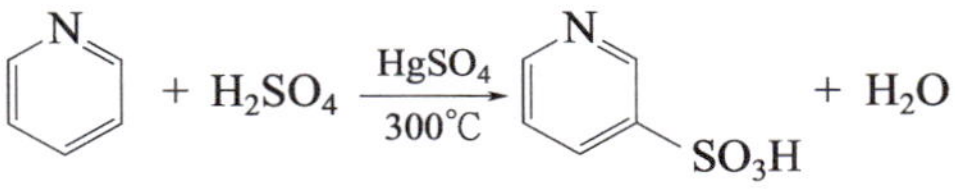

2. 氧化反应

吡啶不易被氧化，但当吡啶环的侧链上连有 α-H 原子时，容易被氧化剂氧化生成吡啶甲酸。

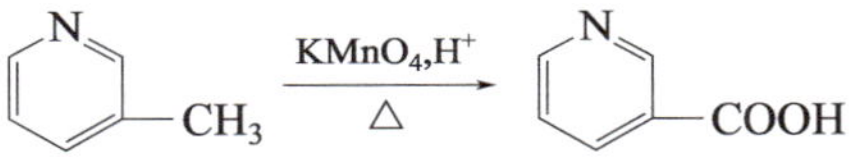

3-吡啶甲酸

3. 加成反应

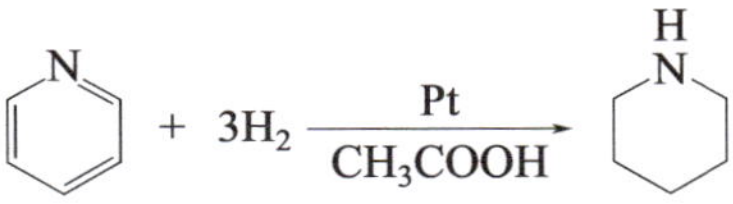

六氢吡啶

*三、稠杂环化合物

1. 取代反应

喹啉发生取代反应时，引入的取代基主要进入喹啉的 5 位和 8 位。

(1) 硝化反应

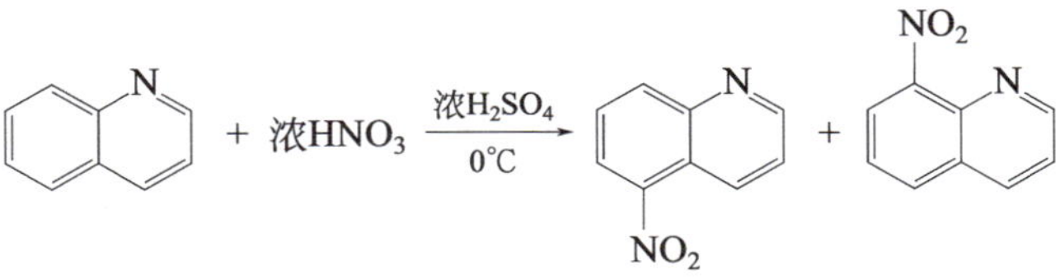

5-硝基喹啉　　8-硝基喹啉

(2) 磺化反应

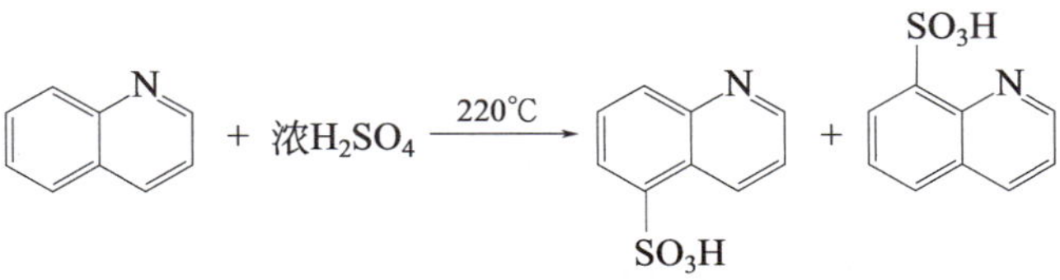

5-喹啉磺酸　　8-喹啉磺酸

2. 氧化反应

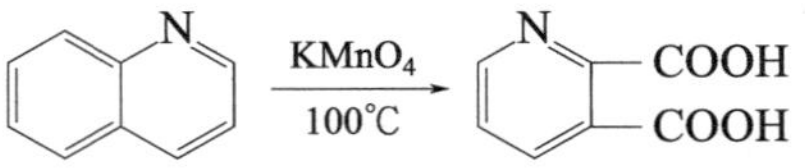

2,3-吡啶二甲酸

3. 还原反应

吡啶环先被还原，苯环后被还原。

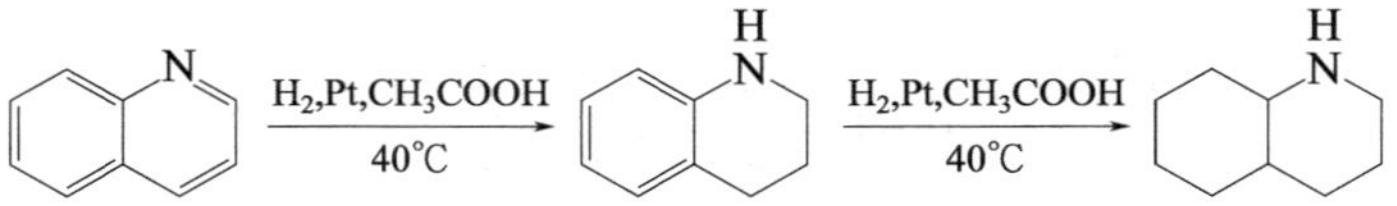

1,2,3,4-四氢喹啉   十氢喹啉

第十三章

糖类和蛋白质

 读一读

　　一天清晨，王奶奶家的宠物狗不小心吞食了温度计里的水银，这水银可是有毒的重金属，怎么办？这时候，王奶奶看到桌子上的鸡蛋，情急之中她打破了几个鸡蛋，把蛋清喂到了小狗的嘴里，同时将剩下的鸡蛋液铺盖在了水银球的上面……宠物狗活了下来，这是什么原理，鸡蛋和水银之间究竟隐藏着什么秘密(图 13-11)，请从本章节中寻找答案吧！

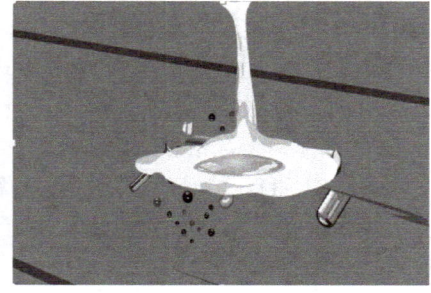

图 13-1　鸡蛋和水银的秘密

 完成本章的学习后，你可以做到

　　① 可以写出葡萄糖及氨基酸的结构式；
　　② 知道糖类及蛋白质的组成及分类；
　　③ 利用化学实验验证糖类和蛋白质的化学性质；
　　④ 会使用提勒管测定有机物的熔点。

第一节
糖类化合物

新概念

糖类的定义　多羟基醛或多羟基酮以及水解后生成多羟基醛或多羟基酮的物质称为糖类，糖类又称为碳水化合物。

单糖的定义　不能水解成更小分子的多羟基醛或多羟基酮。

二糖的定义　水解后能生成两分子单糖的化合物称为二糖。

多糖的定义　水解后能生成十几个甚至成百上千个单糖的化合物称为多糖。

新知识

一、糖类的含义及分类

1. 糖类的含义

糖类是一类重要的天然有机化合物，我们熟知的葡萄糖、蔗糖、淀粉、纤维素等都属于糖类。糖类是植物光合作用的产物，也是动植物所需能量的重要来源。

糖类是由碳、氢、氧三种元素组成的，最初发现，糖类分子中的氢原子和氧原子的数量比与水一样，都是 $2:1$，分子组成可以用通式 $C_n(H_2O)_m$ 来表示，因此糖类又称为碳水化合物。但随着有机化合物数量的不断增多，发现脱氧核糖（$C_5H_{10}O_4$）、鼠李糖（$C_6H_{12}O_5$）的结构和性质与糖类相似，但分子中氢、氧原子个数比并不符合 $2:1$，而乳酸（$C_3H_6O_3$）、乙酸（$C_2H_4O_2$）分子组成虽然符合通式要求，但却不属于糖类。然而"碳水化合物"这一名称由来已久，虽然已经失去了原有的意义，但至今仍在使用。日常生活中，常见含有糖类的食物见图 13-2。

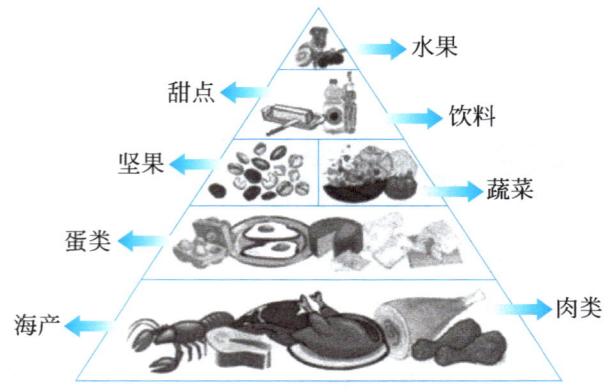

图 13-2　常见含有糖类的食物

2. 糖类的分类

蔗糖水解生成葡萄糖和果糖，淀粉和纤维素水解能生成葡萄糖。常根据糖类能否水解及水解后的产物将其分为单糖、二糖、多糖三类。

二、单糖

含有五个碳原子的单糖称为戊糖，含六个碳原子的单糖称为己糖。戊糖中的核糖是核酸的重要组成部分，葡萄糖和果糖是重要的己糖。

1. 葡萄糖

植物的根、茎、叶、花以及带甜味的水果汁中都含有葡萄糖，成熟的葡萄中葡萄糖含量较高，葡萄糖因此而得名。葡萄糖是白色晶体，味甜，易溶于水，但难溶甚至不溶于有机溶剂。葡萄糖的分子式是 $C_6H_{12}O_6$，其开链式结构为：

$$CH_2-CH-CH-CH-CH-\overset{\displaystyle O}{C}-H$$
$$OH\ \ OH\ \ OH\ \ OH\ \ OH$$

葡萄糖

> **对接生活**
>
> ### 血糖
>
> 人体和动物体内都含有游离的葡萄糖，人体血液中的葡萄糖就是医学上所说的血糖。正常人体每天需要很多的糖来提供能量，为各种组织、脏器的正常运作提供动力，并起强心、利尿和解毒的作用，所以血糖必须保持一定的水平才能维持体内各器官和组织的需要。正常人空腹的血糖含量在 3.9~6.1mmol/L。一般在饭后 1~2h、注射葡萄糖后或者患有糖尿病的情况下，血糖会有所增高，而饥饿、剧烈运动、注射胰岛素后或糖类代谢紊乱时血糖会降低。维持正常的血糖含量对人体健康至关重要。葡萄糖及血糖检测见图 13-3。
>
>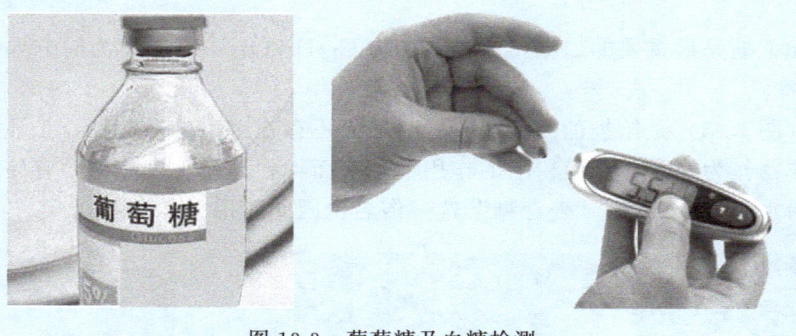
>
> 图 13-3 葡萄糖及血糖检测

2. 果糖

果糖（图 13-4）主要存在于蜂蜜和水果中，是常见糖中最甜的糖。果糖也是白色晶体，易溶于水，不易溶于有机溶剂。果糖的分子式也是 $C_6H_{12}O_6$，但果糖是多羟基酮，因此果糖和葡萄糖是同分异构体。果糖结构为：

$$CH_2-CH-CH-CH-\overset{\displaystyle O}{C}-CH_2OH$$
$$OH\ \ OH\ \ OH\ \ OH$$

果糖

图 13-4　果糖

读一读

　　果糖和葡萄糖是日常生活中常见的两种糖类，是为人体提供能量的重要物质，但这两种糖吃多了会危害健康。肥胖症、营养不良、龋齿等就是常见的和糖密切相关的疾病。近日，美国科学家通过研究发现，果糖似乎比葡萄糖更"坏"，它会降低机体对胰岛素的敏感以及处理脂肪的能力，进而增加罹患心血管疾病的危险。营养专家也告诫人们，不管是什么东西，吃多了对人体都没有好处，糖也是这样，要讲求适度。

三、二糖

　　麦芽糖和蔗糖是最重要的二糖，分子式均为 $C_{12}H_{22}O_{11}$，二者互为同分异构体。

1. 麦芽糖

　　麦芽糖（图 13-5）是饴糖的主要成分。自然界不存在游离的麦芽糖，工业上一般用含淀粉较高的农作物作为原料，在淀粉酶的作用下水解而得到。由于麦芽中含有淀粉糖化酶，常用麦芽使淀粉水解成麦芽糖，"麦芽糖"这一俗名也因此而得。

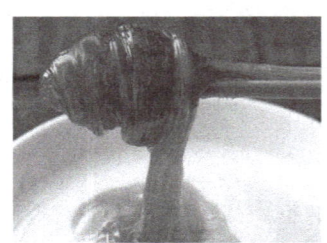

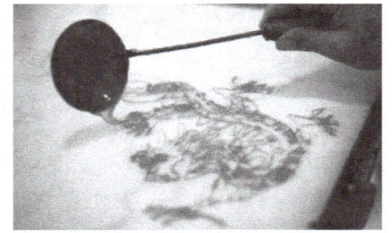

图 13-5　麦芽糖

　　麦芽糖易被消化，是一种营养剂，并且价格低廉，因此也常作为微生物的培养基。麦芽糖为无色结晶体，易溶于水，味甜但不及蔗糖。一分子的麦芽糖水解后能得到两分子的葡萄糖。

$$C_{12}H_{22}O_{11} + H_2O \xrightarrow{H^+或酶} 2\ C_6H_{12}O_6$$
$$\text{麦芽糖} \qquad\qquad\qquad\qquad \text{葡萄糖}$$

想一想

馒头为什么可以嚼出甜味儿？

唾液中也含有淀粉酶，可以将淀粉水解成麦芽糖，所以咀嚼馒头等含淀粉的食物之后会感觉有甜味儿。

2．蔗糖

蔗糖在自然界中分布最广，是人类生活中不可缺少的食用糖。植物的茎、叶、种子、果实和根中都含有蔗糖，从甘蔗的茎及甜菜的根块儿中榨取出来的就是蔗糖。蔗糖在无机酸或者酶的作用下水解，生成葡萄糖和果糖。

$$C_{12}H_{22}O_{11} + H_2O \xrightarrow{H^+或酶} C_6H_{12}O_6 + C_6H_{12}O_6$$
$$\text{蔗糖} \qquad\qquad\qquad\qquad \text{葡萄糖} \qquad \text{果糖}$$

对接生活

红糖、白糖和冰糖的区别

红糖、白糖、冰糖都是从甘蔗和甜菜中提取的，都属于蔗糖（图 13-6）。红糖是蔗糖和糖蜜的混合物。白糖是红糖经洗涤、离心、分蜜、脱光等几道工序制成的。冰糖则是白糖在一定条件下，通过重结晶后形成的。

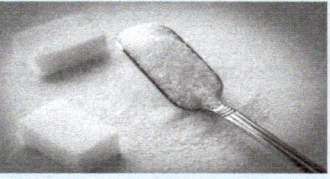

图 13-6　红糖、白糖和冰糖均属于蔗糖

在功效方面，白糖有助于提高机体对钙的吸收；但过多就会妨碍钙的吸收。冰糖有养阴生津，润肺止咳的功效。红糖虽杂质较多，但营养成分保留较好，具有益气缓中、助脾化食、补血破淤等功效，还兼具散寒止痛作用。另外，红糖对血管硬化能起一定预防作用，且不易诱发龋齿等牙科疾病。

四、多糖

淀粉和纤维素是重要的多糖，广泛存在于动植物体内，是重要的天然高分子化合物。多糖一般为无定形的固体，不溶于水，无甜味，不具还原性，因此其性质与单糖和二糖有着本质区别，不发生银镜反应及斐林反应。淀粉和纤维素的分子式均为 $(C_6H_{10}O_5)_n$，互为同分异构体。

1. 淀粉

绿色植物光合作用的产物之一就是淀粉，淀粉存在于植物的果实、种子和根茎中，谷类植物中淀粉含量很高。

光合作用方程式：$6CO_2 + 6H_2O \xrightarrow{\text{光照}} C_6H_{12}O_6 + 6O_2$

根据性质和结构不同，淀粉分为直链淀粉和支链淀粉，支链淀粉和直链淀粉的结构如图13-7所示。

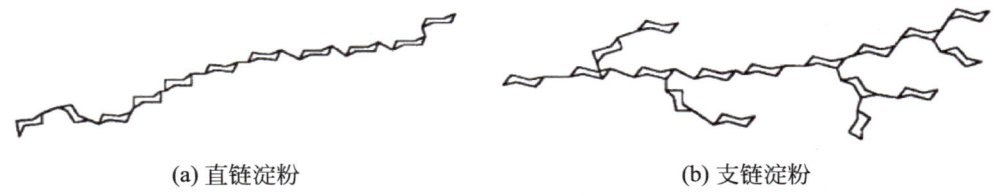

(a) 直链淀粉　　　　　　　　　　　(b) 支链淀粉

图 13-7　直链淀粉和支链淀粉的结构

▶▶▶ **理论剖析助手**

直链淀粉和支链淀粉分别具有哪些性质？

分析与解答

直链淀粉不溶于冷水但能溶于热水，支链淀粉正好相反，易溶于冷水，遇热水则会膨胀而成糊状。一般淀粉中支链淀粉含量较高，因此，家用淀粉加水搅拌时会粘手。直链淀粉遇碘溶液显蓝色，支链淀粉遇碘溶液显紫红色，此反应非常灵敏，因此常用于检验碘的存在。

淀粉在酸或淀粉酶的作用下水解生成糊精。糊精也是多糖，能溶于水，生活中常用的纸张、布匹等上浆剂里的主要成分就是糊精。糊精进一步水解，生成麦芽糖，最终生成葡萄糖，因此淀粉是制备葡萄糖以及醇、酮等有机物的主要工业原料。

$$(C_6H_{10}O_5)_n \xrightarrow[H_2O]{H^+\text{或酶}} (C_6H_{10}O_5)_m \xrightarrow[H_2O]{H^+\text{或酶}} C_{12}H_{22}O_{11} \xrightarrow[H_2O]{H^+\text{或酶}} C_6H_{12}O_6$$

$$\quad\text{淀粉} \qquad\qquad\quad \text{糊精} \qquad\qquad\quad \text{麦芽糖} \qquad\qquad \text{葡萄糖}$$

2. 纤维素

纤维素是植物界分布最广的一种多糖，是构成植物体的主要成分。木材和棉花中均含有大量的纤维素，此外，某些动物体内也有动物纤维素。纤维素的结构及富含纤维素的蔬果见图13-8。

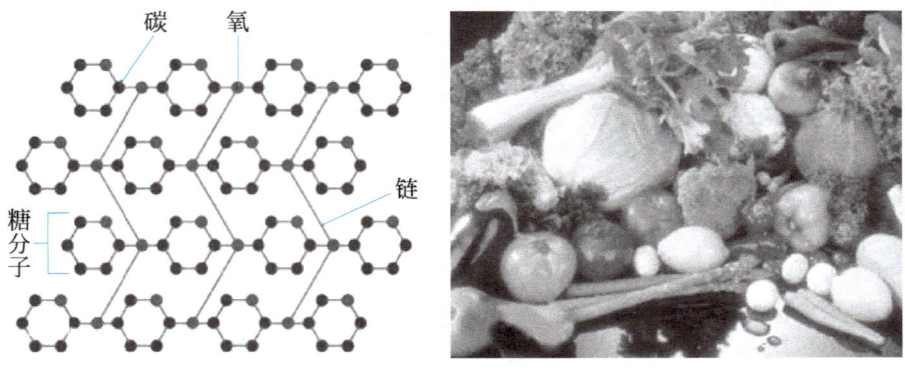

图 13-8　纤维素的结构及富含纤维素的蔬果

纤维素为无色无味的固体，不溶于水，韧性较强，在纤维素酶或者无机酸的作用下水解，最终的水解产物也是葡萄糖，部分水解产物为纤维二糖。

读一读

纤维素的作用

一些食草的动物，例如牛、马、羊等的消化道就能分泌纤维素酶，因此，它们可以直接食草生存。人体消化系统中不含纤维素酶，所以纤维素不能像淀粉一样作为人类的营养物质。然而，食物中的纤维素在人体中能够刺激肠胃蠕动和分泌消化液，有助于消化，可以促进排泄、防止便秘。多食用含有纤维素的蔬菜，还可以减少人体对脂类的吸收，降低血液中的胆固醇及甘油三酯的含量，降低冠心病的发病率。因此膳食纤维被列为糖类、蛋白质、油脂、维生素、无机盐和水以外的第七营养素。

对接生活

代餐粉

随着减肥的盛行，代餐粉已经成为代替正餐的营养粉，深受减肥人士的喜爱。目前的代餐粉，一般成分都是各种杂粮、蛋白提取物、维生素、果蔬纤维等，具有低热量、低脂肪、高纤维、饱腹感强的特点。如果长期服用单一的代餐粉，会带来营养不良等健康隐患。目前市面上还没有任何一款绝佳的代餐粉，既可以满足人体全面营养又可以减轻体重。健康减肥的方式只有合理的饮食和适量的运动。形形色色的代餐粉见图 13-9。

图 13-9 形形色色的代餐粉

随堂练一练

一、填空题

1. 糖类化合物又称为_____，根据糖类能否水解及水解后的产物将其分为_____、_____、_____三类。

2. 常见的二糖有 _____、_____。

3. 淀粉和纤维素属于 _____。

二、判断题（下列叙述对的在括号中打"√"，错误的打"×"）

1. 淀粉和纤维素水解的最终产物都是葡萄糖，所以淀粉和纤维素都能作为人类的营养物质。（　　　）

2. 水解后能生成两分子单糖的糖类化合物称为二糖，如蔗糖和麦芽糖。（　　　）

 **有机化学实验室**

熔点的测定

熔点测定操作步骤

1. 填装样品

取一根直径 1~1.5mm，长 6~8cm 的毛细管，把毛细管的一端熔封作为熔点管。干燥样品置于洁净而平整的表面皿中，将毛细管开口一端向粉末堆中插几次，样品就会进入毛细管内，之后将其开口端向上放入一支垂直桌面且长约 40cm 的玻璃管内，毛细管自由落下，样品填装高度为 2~3cm。

2. 安装仪器

取出毛细管，将粘在毛细管外的样品擦去，用橡胶圈将装好样品的毛细管固定在温度计的侧面，在提勒管中加入导热油，油面高度不能超过上侧管口 1cm，将温度计用侧面开口的软木塞固定在提勒管中。

3. 加热测熔点

用酒精灯在提勒管侧管顶端处加热，控制加热速度，当距熔点约 10~15℃时，应将升温速度控制在每分钟上升 1~2℃。接近熔点时，密切观察温度和样品的形态变化，样品出现塌落或者熔化，此时的温度为样品的初熔点。样品完全熔化，呈透明状态时的温度为全熔点，记录初熔温度和全熔温度。此两个温度值就是该化合物的熔程。

第二节

氨基酸和蛋白质

温故知新

动植物的生长离不开糖类，糖类为生命体提供营养。例如，淀粉进入人体后在淀粉酶的作用下水解生成糊精、麦芽糖和葡萄糖，葡萄糖进一步分解成为能够被人体吸收和转化的小分子物质。那么，生物体所需的营养只有糖类么？显然不是，生命所需的营养物质还有蛋白质。

新概念

氨基酸的定义 羧酸分子中的 α-氢原子被氨基取代后的生成物称为 α-氨基酸。α-氨基酸是组成蛋白质的基本结构单元。

肽的定义 一个 α-氨基酸分子中的氨基与另一个 α-氨基酸分子中的羧基发生缩合反应，失去一分子水，生成的产物称为肽。

肽键的定义 氨基酸缩合过程中形成的酰胺键（$-\overset{\overset{\displaystyle O}{\|}}{C}-NH-$）称为肽键。

二肽的定义 由两个 α-氨基酸分子缩合失去水分子而形成含有一个肽键的化合物称为二肽。

多肽的定义 多个 α-氨基酸分子缩合失去水分子形成含有多个肽键的化合物称为多肽。

一、氨基酸的定义

新知识

蛋白质是生命的基础，没有蛋白质就没有生命，一切重要的生命现象和生理机能都与蛋白质密切相关。蛋白质的结构非常复杂，它在生物酶或者酸、碱的作用下能发生水解，最终产物是 α-氨基酸，所以说 α-氨基酸是组成蛋白质的基本结构单元。

▶▶ 理论剖析助手

请分析氨基酸的结构特点。

分析与解答

首先，我们先认识几个 α-氨基酸的结构式。

$$H_2N-\underset{\underset{\displaystyle CH_3}{|}}{CH}-\overset{\overset{\displaystyle O}{\|}}{C}-OH \qquad H_2N-\underset{\underset{\displaystyle H}{|}}{CH}-\overset{\overset{\displaystyle O}{\|}}{C}-OH$$

$$\text{丙氨酸} \qquad\qquad \text{甘氨酸}$$

以上两个结构式可以看出，α-氨基酸分子有一个共同的特点：它们的分子中包含有氨基（$-NH_2$）和羧基（$-COOH$）。

因此，氨基酸的结构可以用以下通式表示：

$$H_2N-\underset{\underset{\displaystyle R}{|}}{\overset{\overset{\displaystyle H}{|}}{C}}-COOH$$

R 代表的是不同氨基酸的侧链基团。

氨基具有碱性，羧基具有酸性，因此，氨基酸既能与酸反应，又能与碱反应，氨基酸分子之间也能相互反应形成二肽和多肽。蛋白质在酸、碱或者生物酶的作用下水解也能得到多肽，因此多肽可以看成是分子量很小的蛋白质，多肽进一步水解，最终得到各种 α-氨基酸的混合物。

酰胺键

$$H_2N-\overset{\underset{|}{H}}{\underset{\underset{R^1}{|}}{C}}-\overset{\underset{\|}{O}}{C}-OH + H-HN-\overset{\underset{|}{H}}{\underset{\underset{R^2}{|}}{C}}-\overset{\underset{\|}{O}}{C}-OH \longrightarrow H_2N-\overset{\underset{|}{H}}{\underset{\underset{R^1}{|}}{C}}-\overset{\underset{\|}{O}}{C}-NH-\overset{\underset{|}{H}}{\underset{\underset{R^2}{|}}{C}}-\overset{\underset{\|}{O}}{C}-OH + H_2O$$

氨基酸　　　　　　　　氨基酸　　　　　　　　　　二肽

二、氨基酸的分类和命名

🔄 新知识

1. 氨基酸的分类

由蛋白质水解得到的 α-氨基酸主要有二十种（表 13-1），其中带 " ＊ " 的为人体必需的氨基酸，这八种氨基酸在人体内不能合成，必须由食物来提供。

表 13-1　蛋白质中常见的 α-氨基酸

中文名称	系统命名	中文名称	系统命名
甘氨酸	氨基乙酸	＊色氨酸	α-氨基-β-（3-吲哚）丙酸
丙氨酸	α-氨基丙酸	精氨酸	α-氨基-δ-胍基戊酸
＊缬氨酸	β-甲基-α-氨基丁酸	＊赖氨酸	α,ω-二氨基己酸
＊亮氨酸	γ-甲基-α-氨基戊酸	组氨酸	α-氨基-β-（5-咪唑）丙酸
＊异亮氨酸	β-甲基-α-氨基戊酸	天冬氨酸	α-氨基丁二酸
脯氨酸	α-四氢吡咯甲酸	谷氨酸	α-氨基戊二酸
＊甲硫氨酸	α-氨基-γ-甲硫基丁酸	丝氨酸	α-氨基-β-羟基丙酸
半胱氨酸	α-氨基-β-硫基丙酸	＊苏氨酸	α-氨基-β-羟基丁酸
＊苯丙氨酸	β-苯基-α-氨基丙酸	天冬酰胺	α-氨基丁二酸酰胺
酪氨酸	α-氨基-β-对羟苯基丙酸	谷酰胺	α-氨基戊二酸酰胺

① 根据氨基酸侧链所连接的基团不同，氨基酸可分为脂肪族氨基酸、芳香族氨基酸和杂环氨基酸。

▶▶▶ 理论剖析助手

脂肪族氨基酸、芳香族氨基酸和杂环氨基酸是如何根据侧链基团进行分类的？

分析与解答

像缬氨酸、亮氨酸和异亮氨酸等的侧链基团都是烃基，属于脂肪族氨基酸。

$$H_2N-\overset{}{\underset{\underset{\underset{CH_3}{|}}{\underset{CH_3}{CH}}}{CH}}-\overset{\underset{\|}{O}}{C}-OH$$

缬氨酸

$$H_2N-\overset{}{\underset{\underset{\underset{\underset{CH_3}{|}}{\underset{CH-CH_3}{|}}}{CH_2}}{CH}}-\overset{\underset{\|}{O}}{C}-OH$$

亮氨酸

$$H_2N-\overset{}{\underset{\underset{\underset{\underset{CH_3}{|}}{CH_2}}{CH-CH_3}}{CH}}-\overset{\underset{\|}{O}}{C}-OH$$

异亮氨酸

像苯丙氨酸和酪氨酸，侧链基团中含有苯环，属于芳香族氨基酸。

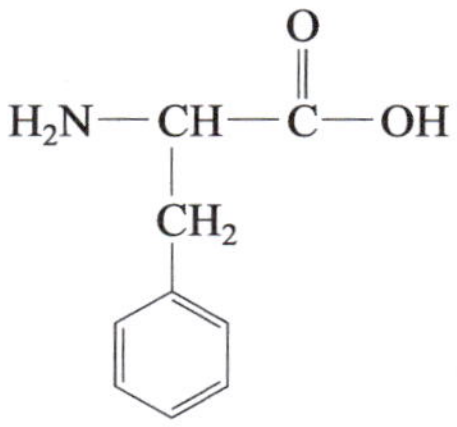

*苯丙氨酸

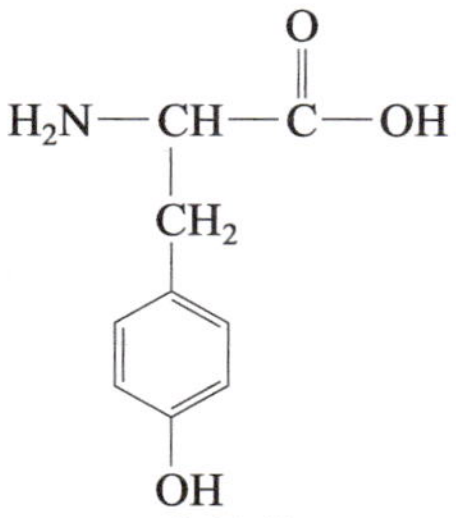

酪氨酸

而脯氨酸、色氨酸和组氨酸侧链中含有杂环，属于杂环氨基酸。

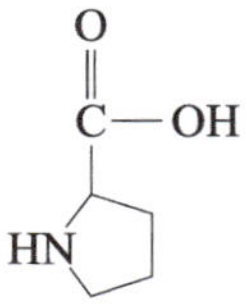

脯氨酸

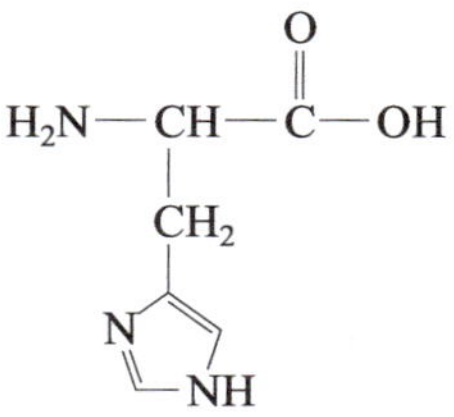

组氨酸

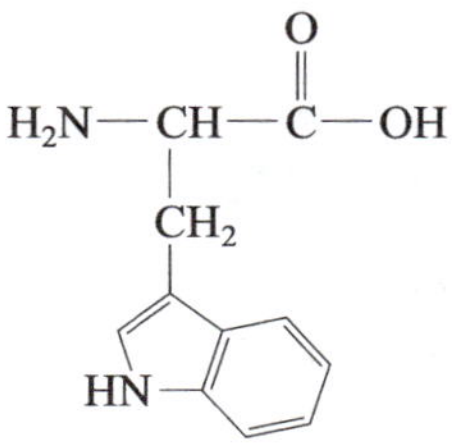

色氨酸

② 氨基显碱性，羧基显酸性，因此又可以根据氨基酸分子中氨基和羧基的数目，将氨基酸分为酸性氨基酸、碱性氨基酸和中性氨基酸。

2. 氨基酸的命名

① 蛋白质水解得到的 α-氨基酸通常按照来源和性质用俗名来命名，俗名和国际通用缩写符号详见表 13-1。

 读一读

甘氨酸和谷氨酸的来源

1820 年，H. Braconnot 研究明胶水解时，分离出了甘氨酸，当时被认为是一种糖，后来发现这个"明胶糖"中含有氮原子，是最简单的氨基酸，称之为"glycine"（源于希腊语，意思是"甜的"）。事实上，甘氨酸的甜度是蔗糖甜度的 80%。甘氨酸是人类发现的第一个氨基酸，也是最简单的氨基酸。

1861 年，德国的一位教授从小麦的面筋当中，第一次提取出味精的组成成分谷氨酸。后来到了 1908 年，日本的池田菊苗又从海带煮出的汁中，分解出味精，作为人工调料第一次投放市场。由于过去主要从谷蛋白中提取，故称为谷氨酸。

② 习惯命名法　根据氨基酸分子中氨基和羧基的相对位置不同，氨基酸可分为 α-氨基酸，β-氨基酸，γ-氨基酸，…，ω-氨基酸，蛋白质水解后得到的均是 α-氨基酸。

③ 系统命名法　通常是将羧酸看成母体，氨基看成取代基，其命名规则和羧酸相同，例如，甘氨酸又叫氨基乙酸，丙氨酸又叫 α-氨基丙酸。

▶ 理论剖析助手

利用系统命名法，命名下列氨基酸。

分析与解答

$H_2N-CH-C(=O)-OH$, H 甘氨酸 氨基乙酸

$H_2N-CH-C(=O)-OH$, CH_3 丙氨酸 α-氨基丙酸

$H_2N-CH-C(=O)-OH$, CH_2-OH 丝氨酸 α-氨基-β-羟基丙酸

$H_2N-CH-C(=O)-OH$, $CH-OH$, CH_3 苏氨酸 α-氨基-β-羟基丁酸

二十种常见氨基酸的系统命名见表 13-1。

三、蛋白质的组成和分类

新知识

1. 蛋白质的组成

组成蛋白质的元素除了 C、H、O、N 以外，还含有少量的 S 元素和微量的 P、Fe、I、Mn、Zn 及其他元素。蛋白质中各元素的组成如图 13-10 所示，其中，蛋白质的平均氮含量为 16%。

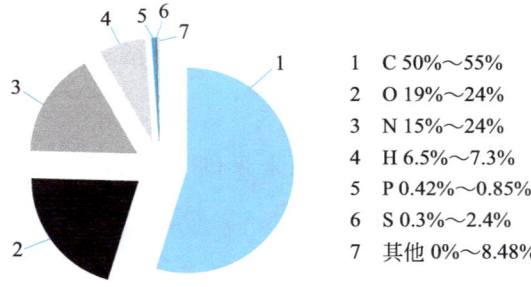

1	C 50%～55%
2	O 19%～24%
3	N 15%～24%
4	H 6.5%～7.3%
5	P 0.42%～0.85%
6	S 0.3%～2.4%
7	其他 0%～8.48%

图 13-10　组成蛋白质的各元素含量

读一读

蛋白质的结构

组成蛋白质的基本单位是氨基酸，氨基酸通过脱水缩合形成肽链。蛋白质是由一条或多条多肽链组成的生物大分子，每一条多肽链有二十到数百个氨基酸残基不等，各种氨基酸残基按一定的顺序排列，多肽链在空间的盘绕折叠就形成了具有生理活性的蛋白质。蛋白质的一级结构到高级结构见图 13-11。

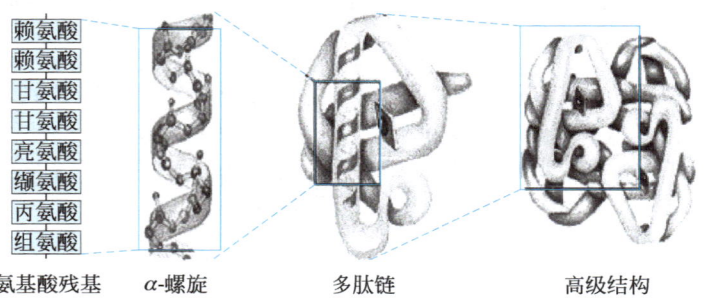

氨基酸残基　　α-螺旋　　　　多肽链　　　　高级结构

图 13-11　蛋白质的一级结构到高级结构

对接生活

人体中蛋白质的作用

蛋白质是生命的物质基础，没有蛋白质就没有生命。因此，它是与生命及各种形式的生命活动紧密联系在一起的物质。机体中的每一个细胞和所有重要组成部分都有蛋白质参与。蛋白质占人体重量的 16.3%，即一个 60kg 重的成年人其体内约有蛋白质 9.8kg。人体内蛋白质的种类很多，性质、功能各异，但都是由 20 多种氨基酸按不同比例组合而成的，并在体内不断进行代谢与更新。被食入的蛋白质在体内消化分解成氨基酸，吸收后大部分氨基酸在体内重新按一定比例组合成人体蛋白质，同时新的蛋白质又在不断代谢与分解，时刻处于动态平衡中。

2. **蛋白质的分类**

① 按照溶解度不同，蛋白质分为纤维蛋白质和球蛋白质。纤维蛋白质（图 13-12）形状类似于细棒状或纤维状，胶原蛋白和肌球蛋白都属于纤维蛋白质。纤维蛋白质在水中的溶解度因个体差异而不同，但是大多数都不溶于水。球蛋白质（图 13-13）分子结构接近于球形或者椭球形，不但能溶于水，还能溶于酸、碱及盐溶液，血红蛋白、肌红蛋白、抗体和酶都属于球蛋白。

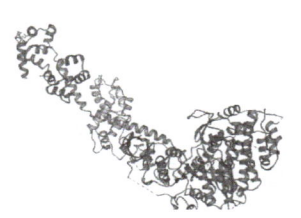

图 13-12　纤维蛋白质（肌球蛋白）

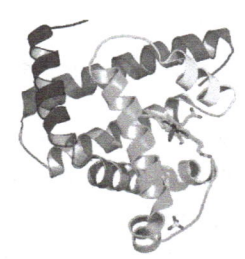

图 13-13　球蛋白质（肌红蛋白）

② 按照水解产物不同，蛋白质分为单纯蛋白质和结合蛋白质。单纯蛋白质（图 13-14）水解只生成 α-氨基酸，例如鸡蛋中含有的清蛋白和球蛋白。结合蛋白质（图 13-15）水解后除了生成 α-氨基酸外，还生成糖类、色素、金属等非蛋白质物质，例如，色蛋白、糖蛋白等。

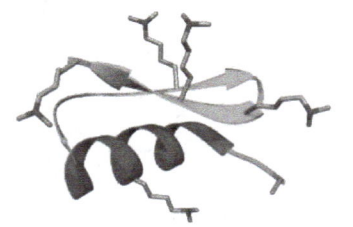

图 13-14　单纯蛋白质

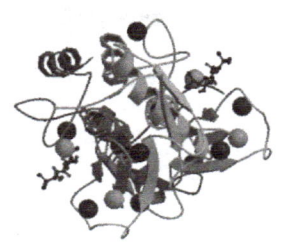

图 13-15　结合蛋白质

四、蛋白质的性质

 新概念

蛋白质的盐析　蛋白质溶液中加浓无机盐溶液（例如硫酸铵、硫酸镁、氯化钠等），使

蛋白质的溶解度降低而从其从水溶液中析出，这种现象称为蛋白质的盐析。

蛋白质的变性 蛋白质在某些条件下（例如，受热、紫外光照射、酸、碱、重金属盐等），性质发生改变而凝固的现象，称为蛋白质的变性。

蛋白质的显色反应 蛋白质和许多试剂（例如浓硝酸、水合茚三酮）发生特殊的颜色反应，称为蛋白质的显色反应。

新知识

1. 蛋白质的盐析

蛋白质的水溶液具有胶体性质，加入轻金属的盐溶液后，蛋白质凝结沉淀，发生盐析作用（图 13-16）。盐析作用是一个可逆过程，即盐析出来的蛋白质可再溶于水，而不影响其性质（图 13-17）。不同蛋白质盐析时，所需盐的最低浓度不同，因此，利用蛋白质的盐析和溶解，可以分离、提纯不同蛋白质。

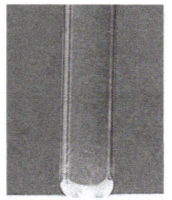

图 13-16　蛋白质盐析沉淀　　　　　　图 13-17　盐析后的蛋白质加水溶解

2. 蛋白质的变性

蛋白质在受热、紫外光照射或酸、碱、重金属盐的作用下，性质会发生改变，溶解度降低（图 13-18）甚至凝固。凝固后的蛋白质在水中也不能溶解（图 13-19）。蛋白质变性后其结构发生了变化，某些生理活性也随之消失，所以蛋白质变性过程是不可逆的。

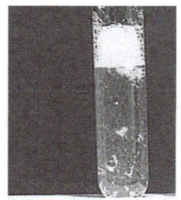

图 13-18　变性后的蛋白质溶解度降低　　　图 13-19　变性后的蛋白质加入蒸馏水不溶解

想一想

蛋白质的变性有重要的意义，你能用蛋白质的变性理论解释以下实例么？
① 蒸煮消毒。
② 太阳底下暴晒棉被。
③ 在医院打针时，医生用酒精棉球消毒。
④ 误食重金属盐，医生让患者口服大量牛奶并催吐。
高温、暴晒、酒精让组成细菌的蛋白质成分变性从而杀死细菌；患者口服牛奶，让牛奶中的蛋白质代替机体的蛋白质与重金属反应，从而达到保护机体免受重金属盐伤害的目的。

现在，大家明白了，王奶奶用鸡蛋给小狗皮皮解毒，用到的就是蛋白质变性的原理，水银是重金属，可以让机体的蛋白质变性，小狗吞下后，水银破坏了小狗体内的重要器官从而出现中毒症状，而鸡蛋清中的清蛋白可以和重金属反应，从而缓解了机体中毒，达到了保命的效果。

3. **显色反应**

(1) 黄蛋白反应　分子中含有苯环的蛋白质与浓硝酸作用，立即呈现黄色。若用氨水处理，则又变成橙色。

(2) 缩二脲反应　蛋白质分子结构中含有酰胺键，在蛋白质的氢氧化钠溶液中加入数滴稀的硫酸铜溶液，发生缩二脲反应，溶液呈现紫色或者粉红色。

注意：此操作硫酸铜溶液不能过量，如若过量，在碱性条件下，有蓝色氢氧化铜蓝色沉淀生成，干扰紫色反应。

(3) 茚三酮反应　蛋白质与茚三酮加热反应，呈现蓝紫色，此反应非常灵敏。可用于蛋白质的鉴定。

随堂练一练

一、填空题

1. 在蛋白质溶液中加入 $HgCl_2$ 溶液，蛋白质_____，这种变化称为蛋白质的_____。

2. 高温消毒灭菌的原理是_____。

二、选择题

蛋白质溶液在做如下处理后，仍不丧失生理作用的是（　　）。

A. 加氢氧化钠溶液

B. 加硫酸铵溶液

C. 加浓硫酸

D. 用福尔马林浸泡

三、判断题（下列叙述对的在括号中打"√"，错误的打"×"）

1. 蛋白质溶液用浓硫酸处理后，仍不丧失其生理作用。（　　）

2. 欲将蛋白质从水溶液中析出，而又不改变它的性质，应加入氯化钠或硫酸钙溶液。（　　）

实验大爆发

蛋白质的盐析和变性实验

一、实验目的

① 验证蛋白质盐析和变性的化学性质。

② 理解蛋白质盐析和变性的区别。

③ 掌握从鸡蛋中提取清蛋白的实验要点。

二、实验原理

1. 盐析原理

蛋白质的水溶液具有胶体性质，加入浓的轻金属的盐溶液后，会发生盐析作用，使蛋白质凝结沉淀，加蒸馏水稀释后，沉淀溶解，过程可逆，说明盐析变化是物理变化过程。

2. 变性原理

蛋白质在加热、强酸、强碱、重金属盐、紫外光照射及有机试剂等作用下，会发生变性反应，变性后的蛋白质失去生理活性，变性过程不可逆，是化学变化过程。

三、实验仪器、材料和药品

1. 实验仪器、材料

试管四支、试管架一个、试管夹一个、酒精灯、烧杯、玻璃棒、漏斗、鸡蛋一枚。

2. 药品

过饱和硫酸铵溶液、蒸馏水。

四、实验步骤

1. 实验预处理

（1）制备饱和硫酸铵溶液　将80g硫酸铵溶解到100mL蒸馏水中，加热到80℃左右，将未溶解的部分过滤，取滤液，放至室温，平衡一两天，会发现有结晶析出，取上清液备用。

（2）蛋白质溶液的制备　取一个鸡蛋，直接磕打到蛋清蛋黄分离器上，将蛋清流入小烧杯里。向烧杯内注入60～80mL的蒸馏水，用玻璃棒轻轻搅动，可以观察到，蛋清中的清蛋白溶于水，而球蛋白显示絮状物。用漏斗将絮状物过滤，得到鸡蛋中的清蛋白溶液。

2. 实验步骤

（1）蛋白质的盐析实验　取2～4mL清蛋白溶液于洁净试管中，缓慢滴加饱和硫酸铵溶液，滴入2mL左右，可见清蛋白溶液有明显的絮状物析出。将上述试管中部分絮状液体混合物转移至另一只洁净试管中，在此试管中滴加3～6mL蒸馏水，可以观察到絮状沉淀又溶解，形成透明溶液。

（2）蛋白质的变性实验　取2～4mL清蛋白溶液置于试管中，将试管加热，可以观察到蛋白质凝结，将凝结的蛋白质放入盛有清水的试管中，可以发现凝结的蛋白质并未溶解。

五、实验操作关键及注意事项

① 盐析用的硫酸铵容易吸潮，因而在使用前，一般先磨碎，平铺放入烤箱内60℃烘干后再称量，这样更准确。

② 盐析的成败取决于溶液的pH值与离子强度，溶液pH值在4.7左右，蛋白质容易沉淀。

③ 在加入盐时应该缓慢均匀，搅拌也要缓慢，越到后来速度应该越缓慢，如果出现一些未溶解的盐，应该等其完全溶解后再继续加盐，以免引起局部的盐浓度过高，导致蛋白质失活。

④ 也可采用在蛋白质溶液中滴加硫酸铜溶液来验证蛋白质变性的方法，此时应采用低浓度的硫酸铜溶液，浓度过高则影响实验效果。

生物酶

生物酶是由活细胞产生的具有催化作用的有机物，大部分为蛋白质，也有极少部分为 RNA，是参与体内新陈代谢及各种反应的催化剂，如图 13-20 所示。

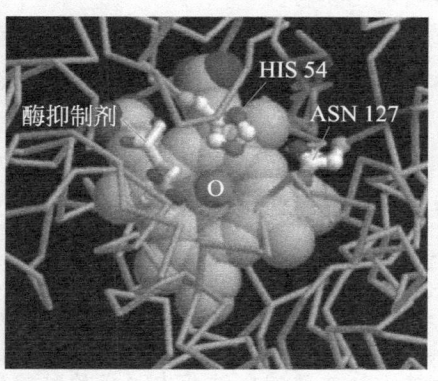

图 13-20　生物酶

像其他蛋白质一样，酶分子由氨基酸长链组成，氨基酸链在空间盘绕折叠，而使整个酶分子成为特定的三维结构。但是生物酶与其他蛋白质的不同之处在于酶都具有活性中心，而这个活性中心决定着酶的活性即催化作用，如图 13-21 所示。

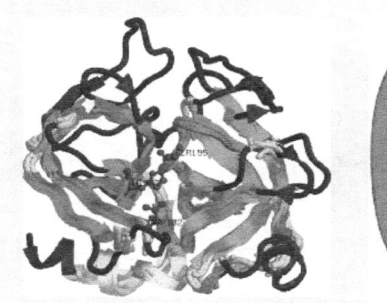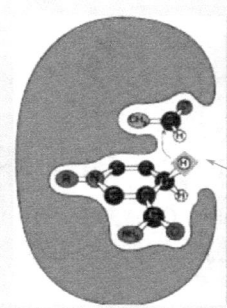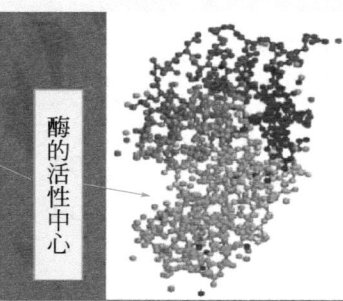

图 13-21　生物酶的活性中心

与普通催化剂相比，酶的催化作用具有以下几个特点：

① 高效性　酶的催化效率是一般无机催化剂的 $10^7 \sim 10^{13}$ 倍。

② 专一性　一种酶只能催化一类物质的化学反应。

③ 低反应条件　酶催化反应不像一般催化剂需要高温、高压、强酸、强碱等剧烈条件，而可在较温和的条件下(常温、常压)进行。

④ 易变性失活　在受到紫外线、热、射线、表面活性剂、金属盐、强酸、强碱及其他化学试剂如氧化剂、还原剂等因素的影响时，生物酶的空间结构会发生变化，和蛋白质一样会变性。

⑤ 其他　可降低生化反应的反应活化能。

本章小结

基本概念

糖类：多羟基醛或多羟基酮以及水解后生成多羟基醛或多羟基酮的物质称为糖类，糖类又称为碳水化合物。

单糖：不能水解成更小分子的多羟基醛或多羟基酮。

二糖：水解后能生成两分子单糖的化合物称为二糖。

多糖：水解后能生成十几个甚至成百上千个单糖的化合物称为多糖。

α-氨基酸：羧酸分子中的 α-氢原子被氨基取代后的生成物称为 α-氨基酸。α-氨基酸是组成蛋白质的基本结构单元。

肽：一个 α-氨基酸分子中的氨基与另一个 α-氨基酸分子中的羧基发生缩合反应，失去一分子水，生成的产物称为肽。

肽键：氨基酸缩合过程中形成的酰胺键（$-\overset{\overset{O}{\|}}{C}-NH-$）称为肽键。

二肽：由两个 α-氨基酸分子失去水分子而形成含有一个肽键的化合物称为二肽。

多肽：多个 α-氨基酸分子缩合失去水分子形成含有多个肽键的化合物称为多肽。

结构和通式

一、糖的通式：$C_n(H_2O)_m$

（1）葡萄糖

$$CH_2-CH-CH-CH-CH-\overset{\overset{O}{\|}}{C}-H$$
$$\quad\ |\quad\ \ |\quad\ \ |\quad\ \ |\quad\ \ |$$
$$\quad OH\quad OH\quad OH\quad OH\quad OH$$

葡萄糖的开链结构式

（2）果糖

$$CH_2-CH-CH-CH-\overset{\overset{O}{\|}}{C}-CH_2OH$$
$$\quad\ |\quad\ \ |\quad\ \ |\quad\ \ |$$
$$\quad OH\quad OH\quad OH\quad OH$$

果糖

二、氨基酸的通式

$$H_2N-\overset{\overset{H}{|}}{\underset{\underset{R}{|}}{C}}-COOH \qquad R\ 代表的是不同氨基酸的侧链基团$$

糖类及蛋白质的分类

一、糖类的分类

根据糖类能否水解及水解后的产物分为单糖、二糖、多糖三类。

二、氨基酸的分类

① 根据氨基酸侧链所连接的基团不同，可分为脂肪族氨基酸、芳香族氨基酸和杂环氨基酸。

② 根据氨基酸分子中氨基和羧基的数目不一样，分为酸性氨基酸、碱性氨基酸和中性氨基酸。

三、蛋白质的分类

① 按照溶解度不同，分为纤维蛋白质和球蛋白质。

② 按照水解产物不同，分为单纯蛋白质和结合蛋白质。

氨基酸的命名

1. 俗名命名法

蛋白质水解得到的 α-氨基酸通常按照来源和性质用俗名来命名。

2. 习惯命名法

根据氨基酸分子中氨基和羧基的相对位置不同，氨基酸可分为 α-氨基酸，β-氨基酸，γ-氨基酸，…，ω-氨基酸，蛋白质水解后得到的均是 α-氨基酸。

3. 系统命名法

通常是将羧酸看成母体，氨基看成取代基，其命名规则和羧酸相同。

化学反应

一、糖类

1. 麦芽糖的水解

$$C_{12}H_{22}O_{11} + H_2O \xrightarrow{H^+或酶} 2\,C_6H_{12}O_6$$
$$\text{麦芽糖} \qquad\qquad \text{葡萄糖}$$

2. 蔗糖的水解

$$C_{12}H_{22}O_{11} + H_2O \xrightarrow{H^+或酶} C_6H_{12}O_6 + C_6H_{12}O_6$$
$$\text{蔗糖} \qquad\qquad \text{葡萄糖} \quad \text{果糖}$$

3. 光合作用

$$6CO_2 + 6H_2O \xrightarrow{光照} C_6H_{12}O_6 + 6O_2$$

4. 淀粉水解

$$(C_6H_{10}O_5)_n \xrightarrow[H_2O]{H^+或酶} (C_6H_{10}O_5)_m \xrightarrow[H_2O]{H^+或酶} C_{12}H_{22}O_{11} \xrightarrow[H_2O]{H^+或酶} C_6H_{12}O_6$$
$$\text{淀粉} \qquad\qquad \text{糊精} \qquad\qquad \text{麦芽糖} \qquad\qquad \text{葡萄糖}$$

二、氨基酸和蛋白质

1. 氨基酸缩合

氨基酸　　　　　　　氨基酸　　　　　　　　　二肽

2. 蛋白质的反应

（1）蛋白质的盐析

（2）蛋白质的变性

（3）显色反应

① 黄蛋白反应

② 缩二脲反应

③ 茚三酮反应

*第十四章

高分子化合物

晓慧今年读中职一年级，因为住宿，她多会买一些生活用塑料制品，例如塑料盆、塑料杯等，有时候还会买一些塑料瓶装的饮料。最近她突然发现，这些塑料制品的底部都有一个数字，矿泉水瓶底下是"1"，塑料餐盒底下是"5"，而细心的她也发现，标有数字"1"的饮料瓶受热以后会变形，而标有数字"7"的水杯就可以很安全地盛放热水。那么这些数字究竟代表着什么意义呢？它与温度有什么关系呢？让我们和晓慧一起在本章知识里找到答案。塑料制品底部的数字见图 14-1。

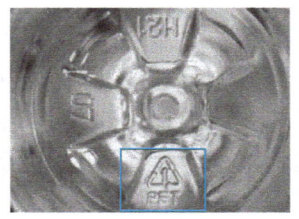

图 14-1　塑料制品底部的数字

 完成本章的学习后，你可以做到

① 知道高分子化合物合成的方法，了解其分类；
② 能运用习惯命名法给高分子化合物命名，并熟悉其商品名称和英文缩写符号；
③ 根据高分子化合物的特征知道其应用范围；
④ 会利用常压蒸馏装置测定液体有机化合物的沸点；
⑤ 了解塑料、合成纤维、橡胶和树脂四种重要的高分子材料；
⑥ 掌握有机玻璃的制备方法。

第一节
高分子化合物的基本概念

🔄 新概念

高分子化合物　由一种或几种小分子化合物经过聚合而成的大分子化合物，简称为高分子化合物或聚合物。

单体　合成聚合物的小分子化合物称为单体，单体分子中含有双键等不饱和键。

自由基　指化合物的分子在光热等外界条件下，共价键发生均裂而形成的具有不成对电子的原子或基团。在书写时，一般在原子符号或者原子团符号旁边加上一个"·"表示没有成对的电子，如甲基自由基书写成 $CH_3\cdot$。

引发剂　又称自由基引发剂，指一类容易受热分解成自由基（即初级自由基）的化合物，可用于引发烯类、双烯类单体的自由基聚合和共聚合反应。

聚合反应　由单体合成聚合物的反应。

链节　聚合物中重复的结构单元。

聚合度　链节的数目，用 n 表示。

一、高分子化合物的合成

🔄 新知识

高分子化合物又称聚合物，其分子量很高，从几万到几百万不等，但是它们的结构比较简单，都是由简单的结构单元以重复的方式连接而成，例如，我们第三章学过的聚乙烯，就是许多乙烯单体通过聚合而成的。聚乙烯的分子片段模型见图 14-2。

$$n\,CH_2 \!=\!\!= CH_2 \xrightarrow[200\sim300℃，100MPa]{\text{少量过氧化物}} +\!\!\!\left(CH_2 \!-\! CH_2\right)_{\!n}$$
$$\text{乙烯(单体)} \qquad\qquad\qquad \text{聚乙烯(高聚物)}$$

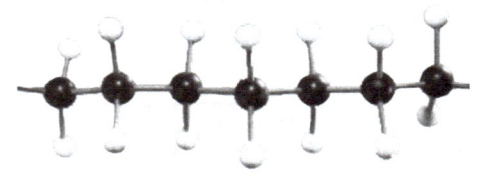

图 14-2　聚乙烯的分子片段模型

▶ 理论剖析助手

分析乙烯聚合成聚乙烯的过程。

分析与解答

乙烯单体经过链引发、链增长和链终止三个过程聚合成聚乙烯。

1. 链引发

乙烯单体在引发剂（一般为过氧化物）的作用下，π 键断裂，形成具有活性的单体自由基。

$$CH_2 = CH_2 \xrightarrow{\text{引发剂}} \cdot CH_2 - CH_2 \cdot$$

2. 链增长

具有活性的单体自由基，能打开第二个乙烯分子的 π 键，形成新的自由基。新自由基的活性并不衰减，继续和其他乙烯分子结合成单元更多的链自由基，从而实现了链的增长。

$$\cdot CH_2 - CH_2 \cdot + CH_2 = CH_2 \longrightarrow \cdot CH_2 - CH_2 - CH_2 - CH_2 \cdot$$
$$\cdot CH_2 - CH_2 - CH_2 - CH_2 \cdot + CH_2 = CH_2 \longrightarrow \cdot CH_2 - CH_2 - CH_2 - CH_2 -$$
$$CH_2 - CH_2 \cdot$$
$$\sim\sim\sim CH_2 - CH_2 \cdot + CH_2 = CH_2 \longrightarrow \sim\sim\sim CH_2 - CH_2 - CH_2 - CH_2 \cdot$$
$$\cdots\cdots$$

3. 链终止

自由基活性高，有相互作用而终止的倾向。

$$\sim\sim\sim CH_2 - CH_2 \cdot + \cdot CH_2 - CH_2 \sim\sim\sim \longrightarrow \sim\sim\sim CH_2 - CH_2 - CH_2 - CH_2 \sim\sim\sim$$

$\sim\sim\sim CH_2 - CH_2 - CH_2 - CH_2 \sim\sim\sim$ 是聚乙烯的结构片段，我们习惯于将其简写成 $-\!\!\!\left(CH_2 - CH_2\right)\!\!\!\frac{}{n}$。其中，$-CH_2 - CH_2-$ 是聚乙烯重复的结构单元，即链节；n 是链节的数目，即聚合度。可以看出，聚乙烯的分子量是链节式量（同乙烯单体分子量）的 n 倍。

想一想

聚乙烯的分子式 $-\!\!\!\left(CH_2 - CH_2\right)\!\!\!\frac{}{n}$ 中含有两个相同的 $-CH_2-$ 结构，那么可以把聚乙烯简写成 $-\!\!\!\left(CH_2\right)\!\!\!\frac{}{n}$ 么？

乙烯单体在聚合过程中，双键中的 π 键打开，形成 $-CH_2 - CH_2-$ 结构，进而转变成聚乙烯的结构单元。聚合物的分子式应该是其单体单元（或结构单元）的重复，而不是没有实际意义的某个单元结构的重复。因此聚乙烯的分子式应该写成 $-\!\!\!\left(CH_2 - CH_2\right)\!\!\!\frac{}{n}$，而不是 $-\!\!\!\left(CH_2\right)\!\!\!\frac{}{n}$。

▶ 理论剖析助手

某高分子化合物的部分结构如下：

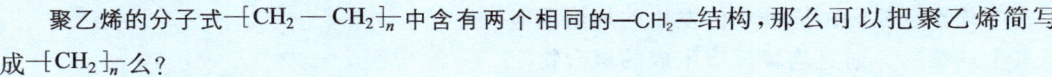

请分析该聚合物的单体结构式及链节。

分析与解答

因碳碳单键可以旋转，因此该聚合物片段可以改写成如下形式：

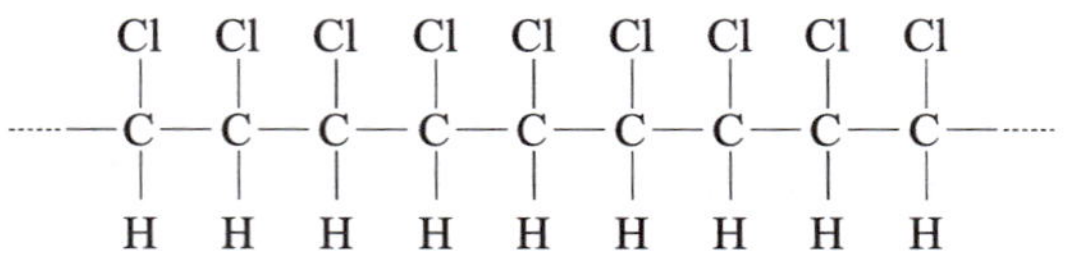

虽然可以看出该聚合物是 —C— 结构的重复，但显然该结构并不是该聚合物的结构单

元；发生聚合反应的单体需打开碳碳双键中的 π 键，形成骨架只有碳碳单键相连的直链结构，因此单体中需含有两个碳原子和一个双键（如果含有三个或者更多碳原子，则聚合形成的碳链具有支链结构；如果含有碳碳三键，则主碳链将出现双键相连的情况），所以其单体

是 HC=CH，链节是 —HC—CH—。

随堂练一练

1. 用方程式表达聚氯乙烯合成时的链引发、链增长及链终止过程。
2. 写出下列聚合物单体的结构式及链节。

(1) $-[CH_2-CH]_n-$　　(2) 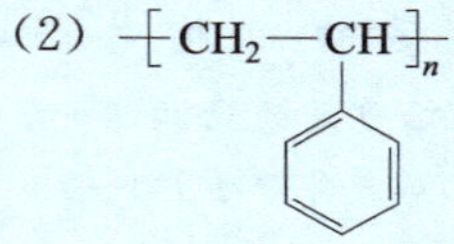 $-[CH_2-CH]_n-$　　(3) $-[CH_2-C=CH-CH_2]_n-$
　　　　　OH

　(1) 加聚反应　是指一种或多种单体通过相互加成而形成高聚物的反应，在该反应中无低分子物质的析出。

　(2) 均聚反应　由同种单体发生的加聚反应。

　(3) 均聚物　通过均聚反应生成的聚合物。

　(4) 共聚反应　由不同单体发生的加聚反应。

　(5) 共聚物　通过共聚反应生成的聚合物。

　(6) 缩聚反应　是指一种或多种单体通过缩合而形成高聚物的反应，在该反应中同时伴有低分子物质（如 H_2O、HCl 等）的析出。

　(7) 缩聚物　通过缩聚反应生成的聚合物。

　由单体合成聚合物的两类基本反应类型是加成聚合和缩合聚合。

　加成聚合又叫加聚反应，按照参加反应的单体种类的多少，加聚反应分为均聚反应和共聚反应。

　丁二烯发生均聚反应生成聚丁二烯。聚丁二烯和聚乙烯等都是均聚物。

$$n\,CH_2{=}CH{-}CH{=}CH_2 \xrightarrow{\text{均聚}} -[CH_2{-}HC{=}CH{-}CH_2]_n-$$

丁二烯　　　　　　　　　　聚丁二烯(橡胶)

▶▶▶ 理论剖析助手

　写出丁二烯均聚的过程。

分析与解答

1. 链引发

$$CH_2=CH-CH=CH_2 \xrightarrow{引发剂} \cdot CH_2-CH=CH-CH_2 \cdot$$

2. 链增长

$$\cdot CH_2-CH=CH-CH_2 \cdot + CH_2=CH-CH=CH_2 \longrightarrow \cdot CH_2-CH=CH-CH_2-CH_2-CH=CH-CH_2 \cdot$$

3. 链终止

$$\sim\!\!\sim\!\!CH_2-CH=CH-CH_2 \cdot + \cdot CH_2-CH=CH-CH_2\!\!\sim\!\!\sim \longrightarrow$$
$$\sim\!\!\sim\!\!CH_2-CH=CH-CH_2-CH_2-CH=CH-CH_2\!\!\sim\!\!\sim$$

共聚反应是由不同单体发生的加聚反应，例如乙烯和丙烯合成乙丙橡胶。

$$n\,CH_2=CH_2 + n\,CH_2=CH-CH_3 \xrightarrow{共聚} \left(CH_2CH_2CH_2CH \right)_n$$
$$\overset{}{\underset{CH_3}{}}$$

缩合聚合又叫缩聚反应，典型例子就是己二胺和己二酸反应合成聚己二酰己二胺。

$$n\,H_2N\!-\!\left(CH_2\right)_6\!-\!NH_2 + n\,HOOC\!-\!\left(CH_2\right)_4\!-\!COOH$$

$$\xrightarrow{缩聚} H\!-\!\left[NH\!-\!\left(CH_2\right)_6\!-\!NH\!-\!\overset{O}{\overset{\|}{C}}\!-\!\left(CH_2\right)_4\!-\!\overset{O}{\overset{\|}{C}} \right]_n\!\!OH + (2n-1)H_2O$$

聚己二酰己二酸(尼龙-66)

缩聚反应因为同时具备缩合出低分子物质和聚合成高分子物质的双重特征，具有很好的发展前景。

对接生产

尼龙

尼龙是聚酰胺合成纤维的商品名，最早由美国杰出科学家卡罗瑟斯(Carothers)(图 14-3)和他的科研小组发明的。自 1935 年被合成以来，尼龙以其优良的耐磨性能受到了人们普遍的喜爱，成为金属、木材等传统材料的替代品。尼龙的各种产品从丝袜、衣服到地毯、绳索、渔网等，甚至在二战期间，尼龙还被用于制造降落伞、飞机轮胎帘子布、军服等军工产品。1958 年 4 月，我国第一批聚己内酰胺(商品品为锦纶)试验样品在辽宁省锦州化工厂试制成功。尼龙分子见图 14-4。尼龙生产车间见图 14-5。

图 14-3　科学家卡罗瑟斯

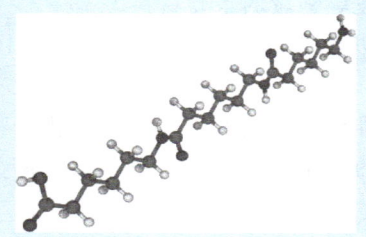

图 14-4　尼龙分子

图 14-5　尼龙生产车间

随堂练一练

一、填空题

1. 加聚反应是由一种或多种＿＿＿＿＿＿，通过相互＿＿＿＿＿聚合成＿＿＿＿＿的过程。

2. 根据反应单体的种类不同，加聚反应可以分为＿＿＿＿＿反应和＿＿＿＿＿反应。

3. 缩聚反应是指一种或多种＿＿＿＿＿通过＿＿＿＿＿而形成＿＿＿＿＿的反应，在该反应中同时伴有＿＿＿＿＿＿＿＿＿＿＿＿＿＿＿的析出，缩聚产物也叫＿＿＿＿＿。

4. 人造象牙中重要成分的结构式是$\left(\!CH_2\!-\!O\right)_{\overline{n}}$，它是通过加聚反应制得的，则合成人造象牙的单体是＿＿＿＿＿＿＿。

二、完成反应方程式并写出产物名称

1. $n\,H_2C\!=\!CH\!-\!CN \xrightarrow{\text{均聚}}$

2. $n\,CH_2\!=\!CH\!-\!CH\!=\!CH_2 + n\,HC\!=\!CH_2 \xrightarrow{\text{共聚}}$
   （下方 CN）

二、高分子化合物的分类

新概念

树脂　是指受热软化后，在外力作用下有流动倾向的固态、半固态或液态有机聚合物。

塑料　以合成树脂为基础，再加入辅助剂聚合而成的一种高分子化合物。

橡胶　一类线型柔性高分子聚合物，因其具有优良的弹性，所以又称弹性体。

纤维　长度比直径大很多倍并且具有一定柔韧性和强力的纤细物质。

线型高分子化合物　链状结构的高分子化合物，有直链型和支链型两种。

体型高分子化合物　网状结构的高分子化合物，一般是线型高分子链上存在可相互作用的官能团，在一定条件下交联而成。

人造纤维　以天然纤维为原料，经过化学处理与机械加工而得到的纤维。

合成纤维　由单体聚合而成的纤维。

化学纤维　人造纤维及合成纤维的统称。

新知识

高分子化合物作为一种后起的新型材料，其发展的速度及应用的广泛性大大超过了传统材料，成为工业、农业、国防和科技等领域的重要材料。

① 高分子化合物按照来源可以分为天然高分子化合物（图 14-6）和合成高分子化合物。

合成塑料、合成橡胶、合成纤维等都是人工合成高分子化合物（图 14-7），它们又被称为三大合成材料。目前，合成材料的使用已经远远超过了天然高分子材料，成为 21 世纪不可或缺的应用材料。

② 高分子化合物按照分子链的结构分类，可分为线型高分子化合物和体型高分子化合物。

图 14-6 天然高分子化合物

图 14-7 人工合成高分子化合物

构成线型高分子的各链节之间连成一条长链，长链上也可有支链，线型高分子化合物呈卷曲不规则的线团状，例如聚乙烯等，图 14-8 为聚乙烯的线型结构模型及聚乙烯材料。

(a) 聚乙烯的线型结构模型　　　　**(b) 聚乙烯材料**

图 14-8 聚乙烯的线型结构模型及聚乙烯材料

带支链的线型高分子化合物之间互相交联，形成具有三维空间网状结构的体型高分子化合物，例如环氧树脂（图 14-9）、淀粉（图 14-10）等。

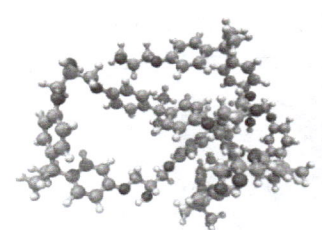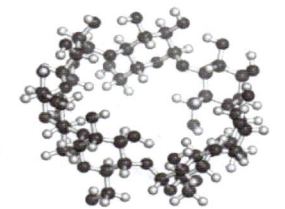

图 14-9 环氧树脂　　　　　　　　图 14-10 淀粉的分子结构模型

③ 按照物理形态和用途分类，高分子化合物又分为塑料、橡胶、纤维、黏合剂、涂料、功能高分子化合物和生物高分子化合物等，这种分类方法是人们经常使用的一种分类方法。

按照塑料的受热行为和是否具备反复成型的加工性，塑料又分为热塑性塑料和热固性塑料两大类。

橡胶按其来源分为天然橡胶（图 14-11）和合成橡胶（图 14-12）两大类。天然橡胶是取自橡胶树、橡胶草等植物的胶乳，后经加工而成，因此橡胶一词在印第安语中的意思为"流泪的树"也不足为怪。1770 年，英国化学家普里斯特利发现橡胶可用来擦去铅笔字迹，当时将这种用途的材料称为"rubber"，也就是我们沿用至今的橡皮。

图 14-11　天然橡胶

图 14-12　合成橡胶

纤维是一类发展比较早的高分子化合物，棉、毛、蚕丝等都属于天然纤维；黏胶纤维（人造棉）、乙酸酯纤维属于人造纤维；聚酰胺纤维（尼龙）、聚酯纤维（涤纶）、聚丙烯腈纤维（腈纶）等属于合成纤维，尼龙、涤纶、腈纶并称为三大合成纤维。人造纤维和合成纤维统称为化学纤维。天然纤维——蚕丝见图 14-13。合成纤维见图 14-14。

图 14-13　天然纤维——蚕丝　　　　　　　　　图 14-14　合成纤维

对接生活

白色污染

塑料制品质轻、防水、耐用、生产技术成熟、成本低，常被用作包装材料。包装用的塑料大部分最终以废旧薄膜、塑料袋和泡沫塑料餐具的形式，被丢弃在环境中，散落在市区、风景旅游区、水体、道路两侧，不仅影响景观，造成"视觉污染"，而且因其难以降解对生态环境造成潜在危害。因为用作包装用的塑料一般都制作成白色，所以我们把这种污染又称为白色污染(图 14-15)。

图 14-15　白色污染

我国防治白色污染遵循"以宣传教育为先导，以强化管理为核心，以回收利用为主要手段，以替代产品为补充措施"的原则。加强宣传教育，提高全社会的环境意识，教育人们养成良好的卫生习惯，在自身严格遵守环保法规的同时，积极制止身边的不良行为。作为一名学生，我们也要树立环保意识，从自身做起，禁止使用一次性塑制餐具，不乱丢垃圾，选择使用环保购物袋等，爱护环境，拒绝白色污染！

随堂练一练

1. 三大合成材料是指_____、_____、_____。
2. 三大合成纤维是指_____、_____、_____。
3. 常见的天然纤维有_____、_____、_____、_____。化学纤维分为两大类，一类是_____，如人造棉、人造丝等，另一类是_____。
4. 羊毛的主要成分是_____，人造羊毛的主要成分是_____。
5. 发展绿色食品，避免白色污染，增强环保意识是保护环境，提高人类生存质量的重要措施。绿色食品是指（　　）。
   A. 有叶绿素的营养食品　　　　B. 经济附加值高的营养食品
   C. 绿颜色的营养食品　　　　　D. 安全、无公害的营养食品
6. 白色污染是指（　　）。
   A. 冶炼厂的白色烟尘　　　　　B. 石灰窑的白色粉末
   C. 聚乙烯等塑料垃圾　　　　　D. 白色建筑废料

三、高分子化合物的命名

新知识

IUPAC 系统命名法比较严谨、复杂，因此未普遍使用。天然高分子化合物一般都采用俗名，例如淀粉、蛋白质、脂肪等。而合成高分子化合物以单体为基础进行命名，最常用的有以下几种方法。

1. 习惯命名法

习惯命名法是高分子化合物命名普遍采用的方法，通常是根据单体或者聚合物的结构命名。

（1）以"聚"字命名　通常适用于烯类单体合成的均聚物，一般是在单体名称前加个"聚"字，例如乙烯、氯乙烯的聚合物叫聚乙烯、聚氯乙烯。表 14-1 列举了按照这种方式命名的聚合物。

表 14-1　常见"聚"字命名的聚合物

聚合物名称	英文缩写符号	单体	聚合物结构式
聚乙烯	PE	$H_2C\!=\!CH_2$	$-\!\!\left(H_2C\!-\!CH_2\right)_{\!n}$

聚丙烯	PP	$H_2C\!=\!CH$
		    CH_3
			$-\!\!\left(H_2C\!-\!CH\right)_{\!n}$
			     CH_3

聚氯乙烯	PVC	$H_2C\!=\!CH$
		    Cl
			$-\!\!\left(H_2C\!-\!CH\right)_{\!n}$
			     Cl

聚苯乙烯	PS	$H_2C\!=\!CH$
		    （苯环）
			$-\!\!\left(H_2C\!-\!CH\right)_{\!n}$
			    （苯环）

聚四氟乙烯	PTFE	$F_2C\!=\!CF_2$	$-\!\!\left(F_2C\!-\!CF_2\right)_{\!n}$

[2] 以"树脂"命名　通常适用于由两种单体合成的缩聚物，一般是在两单体的简称后面加"树脂"二字，例如，苯酚和甲醛的缩聚物叫酚醛树脂，尿素和甲醛的缩聚物称为脲醛树脂。常见以"树脂"命名的聚合物见表 14-2。

表 14-2　常见以"树脂"命名的聚合物

聚合物名称	合成单体	聚合物结构式
酚醛树脂	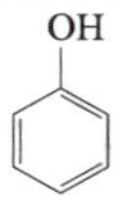	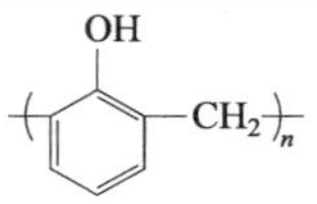
脲醛树脂		
醇酸树脂	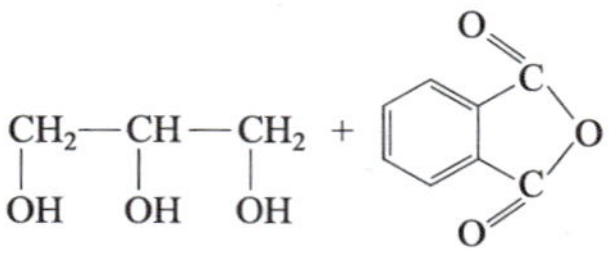	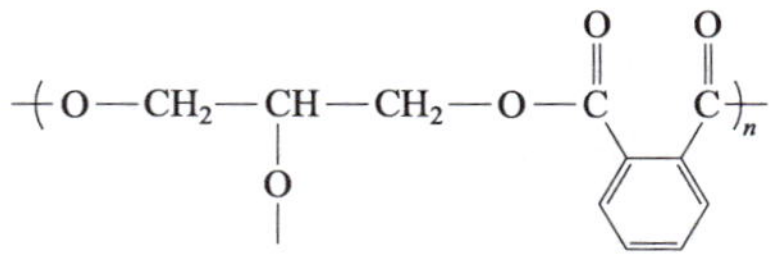
双酚 A 型环氧树脂	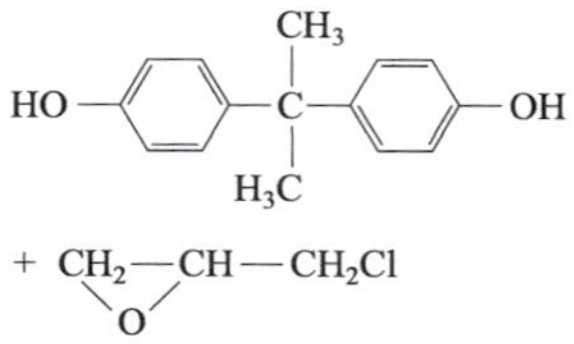	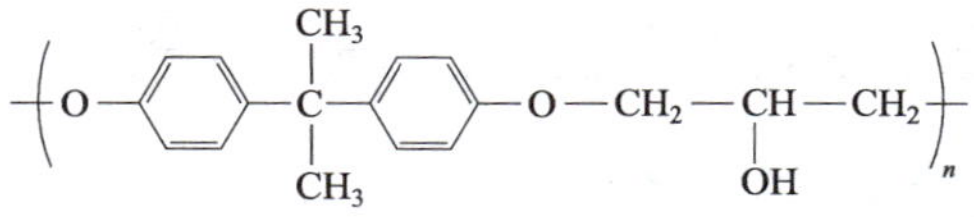

[3] 以"橡胶"命名　通常适用于共聚合成的橡胶，一般是在两单体简称后面加上"橡胶"二字。例如，由 1，3-丁二烯和苯乙烯共聚得到的共聚物就叫丁苯橡胶。常见以"橡胶"命名的聚合物见表 14-3。

表 14-3　常见以"橡胶"命名的聚合物

聚合物名称	合成单体	聚合物结构式
丁苯橡胶	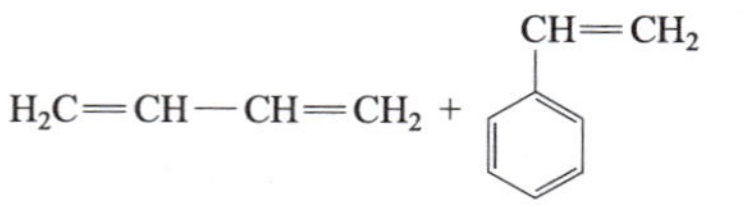	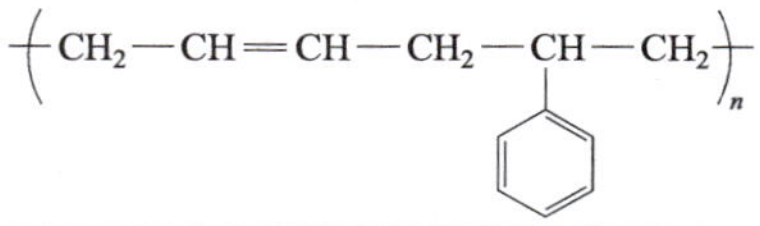
乙丙橡胶	$CH_2{=}CH_2 + CH_2{=}CH{-}CH_3$	
丁腈橡胶		
顺丁橡胶	$H_2C{=}CH{-}CH{=}CH_2$	

2. 商品俗名

商品俗名一般是按照高分子化合物的结构特征来命名的。

[1] 尼龙　尼龙是聚酰胺的俗称，代表一类聚合物。尼龙后边的两个数字分别代表二元胺和二元酸的碳原子数，因此聚己二酰己二胺俗称尼龙-66，尼龙-610 是己二胺和癸二酸的缩聚物。当尼龙后只附一个数字时，则代表氨基酸或内酰胺的聚合物，数字同样代表碳原子数，例如，尼龙-6 是己酰胺的聚合物。

[2] 以"纶"字命名　在中国，习惯以"纶"字作为合成纤维的后缀字，例如俗称为尼龙的聚酰胺类聚合物在中国的商品名为锦纶。表 14-4 列举了我们通常所讲的"六大纶"。

表 14-4　以"纶"命名的六大合成纤维

商品名称	聚合物名称	聚合物结构式
尼龙	聚酰胺-6（尼龙-6）	$\left[\text{NH}+\text{CH}_2\right]_5\overset{\text{O}}{\text{C}}\right]_n$
涤纶（又称的确良）	聚对苯二甲酰乙二醇酯	$\left[\text{OH}_2\text{CH}_2\text{CO}-\overset{\text{O}}{\text{C}}-\bigcirc-\overset{\text{O}}{\text{C}}\right]_n$
腈纶	聚丙烯腈	$\left[\text{CH}_2-\text{CH}\right]_n$ 下接 CN
维尼纶	聚乙烯醇缩甲醛	$\left[\text{CH}_2-\text{CH}-\text{CH}_2-\text{CH}\right]_n$ O　O　CH$_2$
氯纶	聚氯乙烯	$\left[\text{CH}_2-\text{CH}\right]_n$ 下接 Cl
丙纶	聚丙烯	$\left[\text{H}_2\text{C}-\text{CH}\right]_n$ 下接 CH$_3$

3. 英文缩写命名

有些聚合物还采用英文缩写的符号命名，例如 PE 代表的就是聚乙烯，PVC 代表的是聚氯乙烯，见表 14-1。

对接生活

塑料制品底部数字的秘密

数字"1"代表 PET(聚对苯二甲酸乙二醇酯)　一般的矿泉水瓶、饮料瓶都用这种材质。其耐热至 70℃易变形，长时间重复使用可能会释放出有害物质。

数字"2"代表 HDPE(高密度聚乙烯)　常见的白色药瓶、清洁用品、沐浴产品使用这种材质。不要循环使用，可用来作储物容器装其他物品。

数字"3"代表 PVC(聚氯乙烯)　常见雨衣、建材、塑料膜、塑料盒等使用这种材质，可塑性优良，价钱便宜，故使用很普遍。

数字"4"代表 LDPE(低密度聚乙烯)　市场上的保鲜膜、塑料膜等多用这种材质，但它耐热性不强，不建议将裹着保鲜膜的食物放在微波炉里一起加热。

数字"5"代表 PP(聚丙烯)　微波炉餐盒采用这种材质，耐 130℃高温，透明度差，可以放进微波炉中加热，在小心清洁后可重复使用。

数字"6"代表 PS(聚苯乙烯)　是用于制造碗装泡面盒、发泡快餐盒的材质，不能用于装强酸(如柳橙汁)、强碱性物质，不能放进微波炉中。

数字"7"代表 PC(其他类)　常见水壶、太空杯、奶瓶使用这种材质，质量差或使用不当，可能会析出对人体有害的物质双酚 A，使用时不要高温加热。

随堂练一练

1. 命名下列聚合物。

(1) $+CH_2-CH+_n$
              CN

(2) $+CH_2-CH+_n$
              (苯环)

(3) $+CH_2-CH-CH_2-CH+_n$
          O O
             CH_2

(4) $+CH_2-CH=CH-CH_2-CH_2-CH+_n$
                                       CN

2. 写出下列聚合物的英文缩写及结构式。

(1) 聚乙烯   (2) 聚丙烯   (3) 聚氯乙烯

3. 通常所说的"六大纶"是指 _____ 、_____ 、_____ 、_____ 、_____ 、_____ 。

有机化学实验室

沸点的测定

沸点测定操作步骤

沸点测定分常量法和微量法。

安装圆底蒸馏瓶。将待测沸点的液体倒入蒸馏瓶内，加入两粒沸石，安装蒸馏头、温度计，注意，温度计水银球的上限应和蒸馏头侧管的下限在同一水平线上。安装直形冷凝管、接收头和接收瓶，通入冷却水，打开电源，调节电压，缓慢加热至液体沸腾，沸腾时会有气体冷凝流出，调节加热速度，使流出液速度为每秒钟 1～2 滴。注意，温度计上保留一滴液体，此时，温度计上指示的温度即为该液体的沸点。

在一根长 7～8cm，一端封闭，内径为 4～5mm 的小试管中加入两滴待测沸点液体，液柱高约 1cm；将一根长 5～6cm，一端封闭，内径为 1～1.5mm 的毛细管，封口端向上放入小试管中，用橡皮圈将小试管固定在温度计一侧，注意，内管中液体位于水银球中部。在提勒管中加入导热液体，液面高度达上支管上口处，将附有小试管的温度计用侧面开口的软木塞固定在提勒管中，加热导热液，随着温度的升高，观察到内管中有小气泡缓缓地从液体中逸出，当温度升高到沸点稍高时，管内将有一连串的气泡快速逸出，此时停止加热，随着导热液温度的降低，气泡溢出的速度慢慢减慢，当气泡不在冒出，而液体刚要进入内管时，立即记下温度，此温度即为该液体的沸点。将温度降低几摄氏度，重复上述操作，记录第二次沸点温度，两次温度差以不应超过 1℃为宜。

第二节
重要的高分子材料

> **你知道高分子化合物的特殊性能吗?**
>
> **热塑性**　线型高分子化合物受热到一定温度会变软,进而熔化成液体,将熔化的液体放入模子里,冷却后变成特定形状的固体,此固体再加热又会软化。
>
> **热固性**　体型高分子化合物加热后不但不熔化,当加热到一定温度后,其结构还会遭到破坏,这种特性称为热固性。
>
> **溶解性**　线型高分子化合物可以溶解在适当的有机溶剂中,体型高分子化合物只能被溶剂溶胀而不溶解。
>
> **弹性**　线型高分子化合物在通常情况下呈卷曲状,当受到外力拉伸时,分子链被拉长,卷曲收缩又迅速恢复到原来的形状,这就是高分子材料的弹性。
>
> **电绝缘性**　高分子化合物具有良好的电绝缘性能。

一、塑料

🔹 新概念

聚乙烯　乙烯单体的聚合物,简写为 PE,结构式为 $\left[H_2C-CH_2 \right]_n$。

聚丙烯　丙烯单体的聚合物,简写为 PP,结构式为 $\left[H_2C-\underset{\underset{CH_3}{|}}{CH} \right]_n$。

聚苯乙烯类树脂　大分子链中包含苯乙烯结构(—HC—CH₂—)的一类树脂,常见的有聚苯乙烯、ABS 树脂。

聚甲基丙烯酸甲酯　甲基丙烯酸甲酯的聚合物,俗称有机玻璃,缩写为 PMMA,结构式为 $\left[CH_2-\underset{\underset{\underset{OCH_3}{|}}{\underset{C=O}{|}}}{\overset{\overset{CH_3}{|}}{C}} \right]_n$ 。

🔹 新知识

按照塑料的受热形式,塑料可分为热塑性塑料和热固性塑料。常用的热塑性塑料有聚乙烯类、聚丙烯类、聚氯乙烯类和聚苯乙烯类等;常用的热固性塑料有聚苯乙烯类树脂、丙烯酸类树脂、酚醛树脂等。

1. 聚乙烯

聚乙烯质轻、无毒、耐腐蚀、耐低温,具有优良的电绝缘性,价格低廉又易于加工成型,因此成为通用合成塑料中应用最广泛的热塑性聚合物。低密度聚乙烯制品见图 14-16。

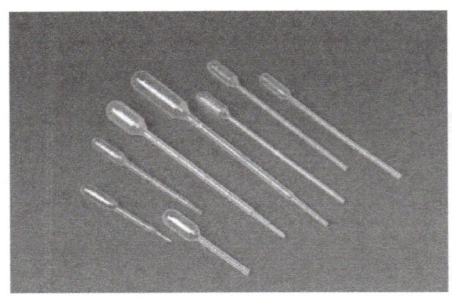

图 14-16　低密度聚乙烯制品

德国化学家齐格勒用低压法合成了高密度聚乙烯（HDPE），又称低压聚乙烯，如图 14-17 所示。

图 14-17　高密度聚乙烯制品

2. 聚丙烯

聚丙烯的电绝缘性和耐腐蚀性优良，力学性能和耐热性在热塑性塑料中最高，又因价格低廉，所以聚丙烯目前已成为发展速度最快的塑料品种，其产量仅次于聚乙烯和聚氯乙烯，居第三位。

▶▶▶ 理论剖析助手

分析聚丙烯 $-\left(H_2C-CH\right)_n-$ 的线型结构。
                              |
                            CH_3

分析与解答

聚丙烯的重复单元由三个碳原子组成。其中两个碳原子在主链上，一个碳原子以支链的形式存在。

甲基排列在分子主链的同一侧称为等规聚丙烯；若甲基无秩序地排列在分子主链的两侧称为无规聚丙烯；当甲基交替排列在分子主链的两侧称为间规聚丙烯，如图 14-18 所示。

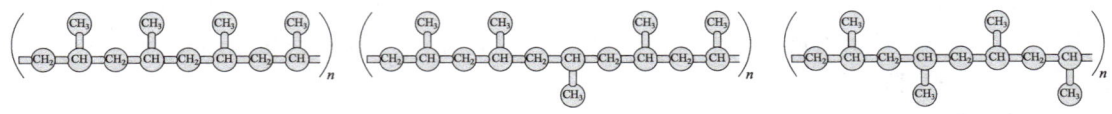

(a) 等规聚丙烯　　　　　　　(b) 无规聚丙烯　　　　　　　(c) 间规聚丙烯

图 14-18　聚丙烯中甲基的排列

3. ABS 树脂

ABS 树脂是在对聚苯乙烯改性过程中开发出来的新型热塑性材料，是丙烯腈、丁二烯和苯乙烯的三元共聚物，A 代表丙烯腈，B 代表丁二烯，S 代表苯乙烯。

$$A \quad n\,CH_2{=}CH{-}CN$$
$$B \quad n\,CH_2{=}CH{-}CH{=}CH_2$$
$$S \quad n\,CH{=}CH_2$$
$$\xrightarrow{\text{引发剂}} \left(CH_2{-}\underset{CN}{CH}{-}CH_2{-}CH{=}CH{-}CH_2{-}CH\right)_n$$

ABS树脂

读一读

ABS 树脂的用途

ABS 树脂具有优异的综合性能，其刚性好，冲击强度高，耐热、耐低温、耐化学药品，机械强度和电器性能优良，易于加工，容易涂装，易着色，还可以进行喷涂金属、电镀、焊接和粘接等二次加工性能，是用途极广的一种工程塑料。例如，在汽车工业中，ABS 树脂可制作手柄、挡泥板、热空气调节导管等；在航空工业中，可用来制作机舱装饰材料及橱窗、隔声材料等。ABS 树脂及制品见图 14-19。

图 14-19　ABS 树脂及制品

4. 聚甲基丙烯酸甲酯

聚甲基丙烯酸甲酯是迄今为止合成透明材料中质地最优异，价格又比较适宜的品种，因此成为玻璃的理想替代材料。又因其具有良好的化学稳定性和耐候性，被广泛应用于飞机制造业、汽车工业（图 14-20），还可以作为医用、军用及建筑用玻璃等。同时 PMMA 树脂也

图 14-20　PMMA 的制品

是无毒环保的材料，可用于生产餐具、卫生洁具等。

1. 聚乙烯、聚丙烯属于_____性塑料；PMMA、ABS 树脂属于_____性塑料。

2. 常用的塑料袋、农用膜的材质为_____。

3. 汽车保险杠、轮壳罩、仪表盘、方向盘等的材料是_____，手柄、挡泥板的材料是_____，车窗玻璃的材料是_____。

4. 用方程式表达等规聚丙烯合成时链引发、链增长和链终止的反应过程。

二、合成纤维

🌀 新知识

1. 聚酰胺纤维

聚酰胺纤维简称 PA，俗称尼龙，又叫锦纶。PA 的品种很多，有 PA6、PA66、PA11、PA12、PA46、PA610、PA612、PAl010 等，但是，PA6 和 PA66 在所有品种中占绝对主导地位，约占尼龙产量的 90% 以上。

2. 聚酯纤维

聚酯纤维简称 PET，又叫涤纶，俗称"的确良"，也是一种理想的纺织材料。其最大的优点是抗皱性和保型性很好，易洗、快干、免烫，具有较高的强度与弹性恢复能力。涤纶还具有良好的热稳定性和光稳定性，抗暴晒、耐高温超过天然纤维和其他合成纤维。

3. 聚丙烯腈纤维

聚丙烯腈纤维又叫腈纶，俗称"人造羊毛"，其特点是蓬松耐晒，保暖性好，可制成多种毛料、毛线、毛毯等，也可制作成人造毛皮、长毛绒、膨体纱、水龙带、雨伞布等。

如何区分羊毛织物与化学纤维织物

区分羊毛和化纤的方法有多种，比如光泽度、手感等。对于经验不丰富的我们来说，用燃烧的方法要稳妥一些。从布料的毛边抽一根丝，用火点燃，羊毛接近火焰时先卷缩，燃烧时有烧毛发的焦煳味，燃烧后灰烬较多，为带有光泽的硬块，用手指一压就变成粉末。而化学纤维如尼龙接近火焰时迅速卷缩，燃烧比较缓慢，有芹菜气味，趁热可以拉成丝，灰烬为灰褐色玻璃球状，不易破碎。

三、橡胶

🌀 新知识

1. 丁苯橡胶

丁苯橡胶是最早工业化的合成橡胶，目前约占合成橡胶总产量的 55%，是产量和消耗量最大的合成橡胶胶种。丁苯橡胶的分子结构式为：

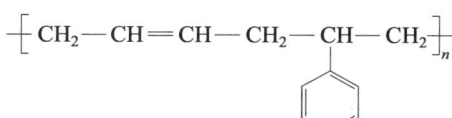

丁苯橡胶的加工性能及制品的使用性能接近于天然橡胶，硫化后的丁苯橡胶比天然橡胶更耐磨、耐热、耐老化及耐硫化。

2. 乙丙橡胶

乙丙橡胶的耐老化、电绝缘性能和耐臭氧性能突出，用途十分广泛，可以作为轮胎胎侧、胶条和内胎以及汽车的零部件。

3. 丁腈橡胶

丁腈橡胶是目前用量最大的特种合成橡胶，其分子结构式为：

丁腈橡胶是耐油、耐老化性能较好的合成橡胶。此外，它还具有良好的耐水性、气密性及优良的黏结性能。

读一读

天然橡胶的来源

1493～1496 年，哥伦布第二次航行发现新大陆到美洲时，发现一种球能从地上跳起来，捏在手里则会感到有黏性，经了解才知道这种球是由一种树流出来的浆液制成的，后来哥伦布将这种球带回了欧洲，此后欧洲人才知道橡胶这种物质。

这种从树中流出来的物质就是天然橡胶，天然橡胶是一种以聚异戊二烯(也叫橡胶烃)为主要成分的天然高分子化合物，聚异戊二烯含量在 90% 以上，还含有少量的蛋白质、脂肪酸、糖分及灰分等。

随堂练一练

1. 下列说法错误的是（　　）。

A. 天然纤维就是纤维素

B. 合成纤维的主要原料是石油、天然气、煤和农副产品

C. 化学纤维的原料是纤维素

D. 生产合成纤维的过程中伴随着物理变化

2. 在有机溶剂中，难溶解但能溶胀的高聚物结构通常是（　　）。

A. 线型结构　　　　B. 无定形结构　　　　C. 晶体结构　　　　D. 体型结构

3. 下列说法正确的是（　　）。

A. 线型结构的高分子材料可溶解在相应的有机溶剂中

　　B. 体型结构的高分子材料难溶于有机溶剂
　　C. 线型结构的高分子材料具有热固性
　　D. 体型结构的高分子材料具有热塑性

实验大爆发

有机玻璃的制备

一、实验目的

① 通过实验了解聚合反应的基本原理和特点。

② 掌握制备有机玻璃的操作技术。

二、实验原理

聚甲基丙烯酸甲酯（PMMA），俗称有机玻璃，是重要的合成材料之一。因其优良的光学性能，相对密度小，以及在低温下仍能保持其独特的性能而被广泛应用。本实验是用过氧化苯甲酰（BPO）为引发剂，甲基丙烯酸甲酯进行自由基聚合来制备聚甲基丙烯酸甲酯。聚合过程为：

　　1. 引发剂分解

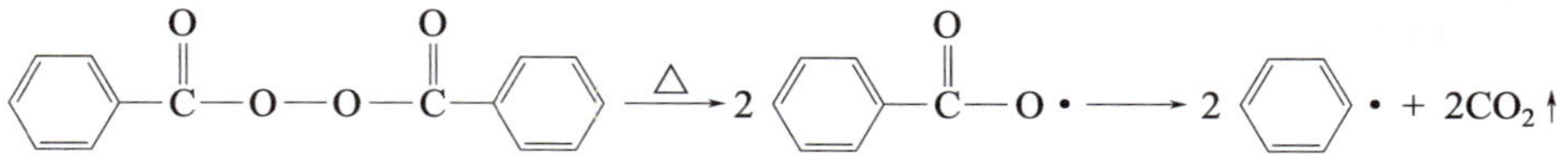

　　2. 链引发

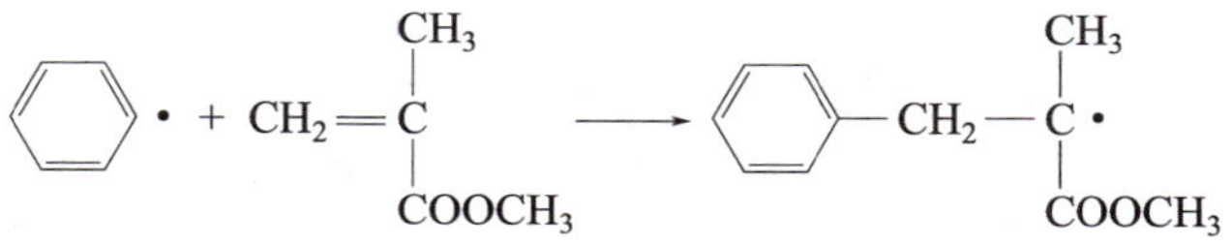

　　3. 链增长

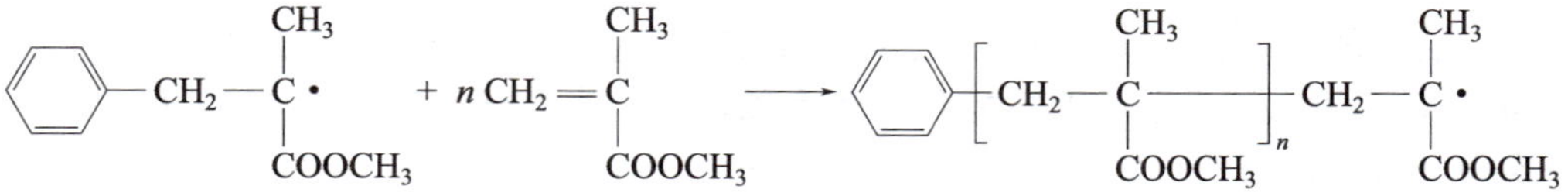

　　4. 链终止

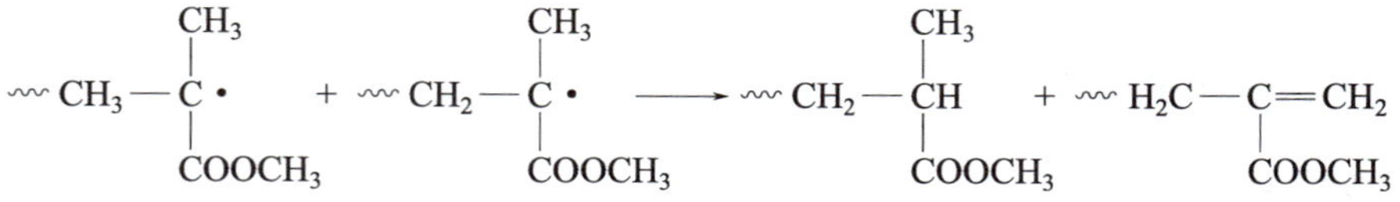

三、实验仪器、材料和试剂

　　1. 实验仪器、材料

仪器名称	规格	数量	仪器名称	规格	数量
三角瓶	50mL	1只	量筒	50mL，100mL	各1只
电炉	1kW	1台	试管	10mm×70mm	1支
变压器	1kV	1台	烧杯	1000mL，400mL	各1只
温度计	100℃	1支	制模玻璃	100mm×100mm	2块

另备：橡皮条、玻璃纸、描图纸、胶水、试管夹、玻璃棒若干。

2. 药品

试剂名称	规格	用量
甲基丙烯酸甲酯（MMA）	新鲜蒸馏，沸点为 100.5℃	30mL
过氧化二苯酰（BPO）	重结晶	0.05g
邻苯二甲酸二丁酯（DBP）	分析纯	2mL

四、实验步骤

1. 制模

将一定规模的两块玻璃板洗净后烘干。用透明玻璃纸将橡皮条包好，使之不外漏。将包好的橡皮条放在两块玻璃板之间的三条边上，用带有胶水的描图纸把玻璃板的三条边封严，留出一边作灌浆用，制好的模板放入烘箱，于 50℃烘干。

2. 预制灌浆

在洗净烘干的三角瓶中加入 30mLMMA、0.05gBPO 及 2mLDBP，待 BPO 完全溶解后，将三角瓶放入水浴中，逐步加热至 90～92℃，保温（注意：聚合过程中，不断用玻璃棒搅拌，使之均匀散热并感知浆液的黏度），当浆液的黏度如甘油时，立即取出三角瓶，在盛冷水的烧杯中冷却至 40℃左右，立即将浆液注入模中，另取一条描图纸封住模板的最后一边。

3. 低温聚合、高温聚合

将注有浆液的模板放入 50℃烘箱内低温聚合，当成柔软透明固体时，继续聚合 2h，使之完全反应，然后再冷却至室温。

4. 脱模

取出模板，将其浸入水中浸泡一会儿，撑开玻璃板，即得有机玻璃平板。

五、实验关键操作和注意事项

在聚合过程中，散热问题困难会导致凝胶效应，出现自加速现象，有爆聚的危险，所以采用两段聚合法，第一阶段在较高温度下聚合，加快聚合速率，在转化率不是十分高的情况下，之后进行第二阶段的聚合，低温聚合降低反应速率，防止爆聚。

知识拓展

新型高分子材料

新型高分子材料则是指除了塑料、合成橡胶以及合成纤维以外的较为崭新的合成材料。

1. 第二肌肤

研究者将一种含有聚硅氧烷的凝胶均匀涂抹在皮肤上，保证聚硅氧烷能够与皮肤黏附在一起，随后再涂抹另一种含有铂金成分的特殊凝胶，使皮肤上的聚硅氧烷发生交联，这样形成的薄膜就可以粘贴在脸部或者其他部位的皮肤上。

2. 透明木头

美国马里兰大学的胡良兵教授研究组发明了一种透明的木头。他们去除了木头里有颜色的木质素成分，但保留了木头独特的纤维素微管骨架结构，然后在其中填充了光折射率匹配的环氧树脂，实现了木头在光学上的透明，如图 14-21 所示。

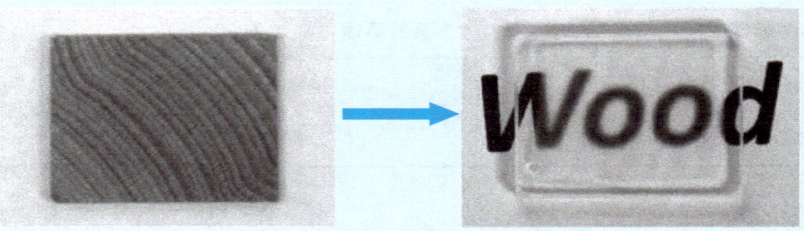

图 14-21　原始木头和透明木头

本章小结

基本概念

高分子化合物：由一种或几种小分子化合物经过聚合而成的大分子化合物，简称高分子或聚合物。

单体：合成聚合物的小分子化合物称为单体，单体分子中含有双键、三键等不饱和键。

自由基：指化合物的分子在光、热等外界条件下，共价键发生均裂而形成的具有不成对电子的原子或基团。

引发剂：又称自由基引发剂，指一类容易受热分解成自由基（即初级自由基）的化合物，可用于引发烯类、双烯类单体的自由基聚合反应。

聚合反应：由单体合成聚合物的反应。

加聚反应：是指一种或多种单体通过相互加成而形成高聚物的反应，在该反应中无低分子物质的析出。

均聚反应：由同种单体发生的加聚反应。

共聚反应：由不同种单体发生的加聚反应。

缩聚反应：是指一种或多种单体通过缩合而形成高聚物的反应，在该反应中同时伴有低分子物质（如 H_2O、HCl 等）的析出。

分　类

① 按照来源分类，高分子化合物可以分为天然高分子化合物和合成高分子化合物。合成塑料、合成橡胶、合成纤维被称为三大合成材料。

② 按照分子链的结构分类，高分子化合物分为线型高分子化合物和体型高分子化合物。

③ 按照物理形态和用途分类，高分子化合物又分为塑料、橡胶和纤维、黏合剂、涂料、功能高分子化合物和生物高分子化合物等。

命　名

1. 习惯命名法

习惯命名法是高分子化合物命名普遍采用的方法，通常是根据单体或者聚合物的结构命名。

（1）以"聚"字命名　适用于烯类单体合成的均聚物，一般在单体名称前加个"聚"字。

（2）以"树脂"命名　适用于两种单体合成的缩聚物，一般在两单体的简称后面加"树脂"二字。

（3）以"橡胶"命名　通常适用于共聚合成的橡胶，一般在两单体简称之后加上"橡胶"二字。

2．商品俗名

商品俗名一般是按照高分子化合物的结构特征来命名的。

（1）尼龙　聚酰胺的俗称。

（2）以"纶"字命名　合成纤维的后缀字。

3．英文缩写命名

有些聚合物还采用英文缩写的符号命名。

化学反应

一、聚乙烯的合成

$$n\,CH_2 = CH_2 \xrightarrow[\text{200～300℃，100MPa}]{\text{少量过氧化物}} -(CH_2 - CH_2)_n$$

乙烯(单体) 　　　　　　　　　聚乙烯(高聚物)

反应机理：

1．链引发

$$CH_2 = CH_2 \xrightarrow{\text{引发剂}} \cdot CH_2 - CH_2 \cdot$$

2．链增长

$$\cdot CH_2 - CH_2 \cdot + CH_2 = CH_2 \longrightarrow \cdot CH_2 - CH_2 - CH_2 - CH_2 \cdot$$

$$\cdot CH_2 - CH_2 - CH_2 - CH_2 \cdot + CH_2 = CH_2 \longrightarrow \cdot CH_2 - CH_2 - CH_2 - CH_2 - CH_2 - CH_2 \cdot$$

$$\sim\!\!\sim CH_2 - CH_2 \cdot + CH_2 = CH_2 \longrightarrow \sim\!\!\sim CH_2 - CH_2 - CH_2 - CH_2 \cdot$$

3．链终止

$$\sim\!\!\sim CH_2 - CH_2 \cdot + \cdot CH_2 - CH_2 \sim\!\!\sim \longrightarrow \sim\!\!\sim CH_2 - CH_2 - CH_2 - CH_2 \sim\!\!\sim$$

二、丁二烯的均聚

$$n\,CH_2 = CH - CH = CH_2 \xrightarrow{\text{均聚}} \left[H_2C - HC = CH - CH_2 \right]_n$$

丁二烯 　　　　　　　　　聚丁二烯(橡胶)

三、乙丙橡胶的共聚

$$n\,CH_2 = CH_2 + n\,CH_2 = CH - CH_3 \xrightarrow{\text{共聚}} -(CH_2CH_2CH_2CH)_n$$
$$\qquad\qquad\qquad\qquad\qquad\qquad\qquad\qquad\qquad CH_3$$

四、聚己二酰己二胺（尼龙-66）的缩聚

$$n\,H_2N-(CH_2)_6-NH_2 + n\,HOOC-(CH_2)_4-COOH$$

$$\xrightarrow{\text{缩聚}} H\left[NH-(CH_2)_6-NH-\overset{O}{\underset{}{C}}-(CH_2)_4-\overset{O}{\underset{}{C}} \right]_n OH + (2n-1)H_2O$$

聚己二酰己二酸(尼龙-66)

五、尼龙-6 的缩聚

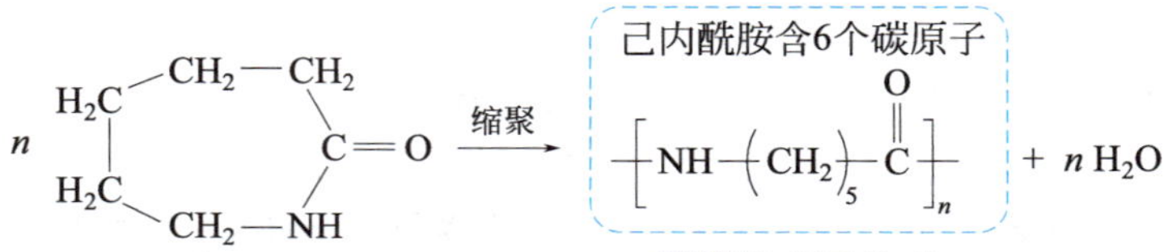

己内酰胺

己内酰胺含6个碳原子

聚酰胺-6(尼龙-6)

六、ABS 树脂的合成

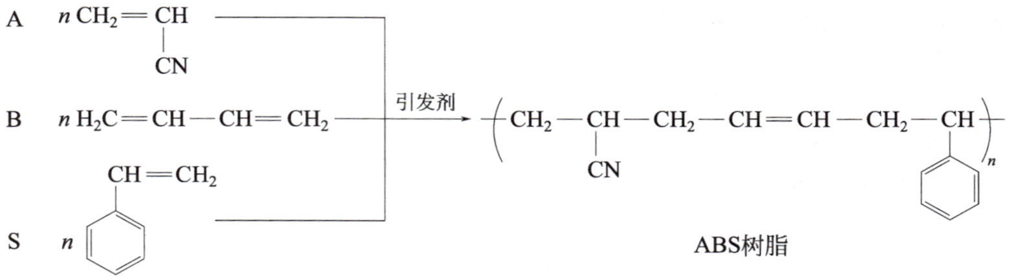

ABS树脂

参考文献

[1] 初玉霞. 有机化学. 北京：化学工业出版社，2006.

[2] 邓苏鲁. 有机化学. 北京：化学工业出版社，2006.

[3] 初玉霞. 有机化学实验. 北京：化学工业出版社，2013.

[4] 余红华. 化学基础. 北京：化学工业出版社，2014.

[5] 高职高专化学教材编写组. 有机化学. 北京：高等教育出版社，2016.

[6] 颜丽，韩凤荣，崔庆荣等. 有机化学. 武汉：华中科技大学出版社，2014.

[7] 孙洪涛. 有机化学. 北京：化学工业出版社，2013.

[8] 邓苏鲁，黎春南. 有机化学例题与习题. 北京：化学工业出版社，2006.

[9] 高职高专化学教材编写组. 有机化学. 北京：高等教育出版社，2015.

[10] 张丽萍，杨建雄. 生物化学简明教程. 北京：高等教育出版社，2015.

[11] 潘祖仁. 高分子化学. 北京：化学工业出版社，2011.

[12] 黄丽. 高分子材料. 北京：化学工业出版社，2010.

[13] 张蕾，余雯，周晓睛等. 水蒸馏法提取金桔精油的工艺研究. 食品科技，2010：16-19.

[14] 凌育赵. 水蒸气蒸馏法提取柑桔皮中的香精油. 广东化工，2005：42-43.

[15] 齐欣，高鸿宾. 有机化学简明教程. 第2版. 天津：天津大学出版社，2011.

[16] 高职高专化学教材编写组. 有机化学. 第4版. 北京：高等教育出版社，2013.

[17] 黎春南. 有机化学. 第2版. 北京：化学工业出版社，2009.

[18] 初玉霞. 有机化学. 第3版. 北京：化学工业出版社，2012.

[19] 郑振涛，等. 2,2-二甲基环丙烷甲酸的合成与拆分. 辽宁化工，2007，36（12）：802-805.

[20] 宋东伟，张义友. 有机化学，长春：吉林大学出版社，2017.

[21] 李军，沙乖凤，杨家林. 有机化学，武汉：华中科技大学出版社，2014.

[22] 刘斌. 医用化学. 北京：高等教育出版社，2003.

[23] 徐寿昌. 有机化学. 北京：高等教育出版社，2014.

[24] 姜文风，陈宏博. 有机化学学习指导. 大连：大连理工大学出版社，2002.

[25] 刘斌. 有机化学学习指导. 北京：人民卫生出版社，2003.

[26] 刘斌. 有机化学. 北京：人民卫生出版社，2003.

[27] 唐玉海. 有机化学. 北京：化学工业出版社，2011.

[28] 李梅. 有机化学. 哈尔滨：哈尔滨工程大学出版社，2014.

[29] 周健民，黄祖良. 有机化学. 南京：江苏科学技术出版社，2013.